丛 书 主 编 石长顺
丛书副主编 郭 可 支庭荣

21世纪高校网络与新媒体专业系列教材

网络文化教程

李文明 季爱娟 主 编
刘秀峰 陈印昌 副主编

图书在版编目 (CIP) 数据

网络文化教程 / 李文明，季爱娟主编 . —北京：北京大学出版社，2016. 1
(21 世纪高校网络与新媒体专业系列教材)
ISBN 978-7-301-25946-7

Ⅰ . ①网… Ⅱ . ①李… ②季… Ⅲ . ①计算机网络 – 文化 – 高等学校 – 教材 Ⅳ . ① TP393-05

中国版本图书馆 CIP 数据核字 (2015) 第 132305 号

书　　名	网络文化教程 WANGLUO WENHUA JIAOCHENG
著作责任者	李文明　季爱娟　主编　刘秀峰　陈印昌　副主编
责任编辑	李淑方　韩文君
标准书号	ISBN 978-7-301-25946-7
出版发行	北京大学出版社
地　　址	北京市海淀区成府路 205 号　100871
网　　址	http://www.pup.cn　新浪微博：@ 北京大学出版社
微信公众号	通识书苑（微信号：sartspku）　科学元典（微信号：kexueyuandian）
电子邮箱	编辑部 jyzx@pup.cn　总编室 zpup@pup.cn
电　　话	邮购部 010-62752015　发行部 010-62750672　编辑部 010-62767857
印 刷 者	天津中印联印务有限公司
经 销 者	新华书店
	787 毫米 ×1092 毫米　16 开本　17.25 印张　380 千字
	2016 年 1 月第 1 版　2023 年 12 月第 5 次印刷
定　　价	42.00 元

---

21 世纪高校网络与新媒体专业规划教材

编 委 会

总　　序

教育部在2012年公布的本科专业目录中，首次在新闻传播学学科中列入特设专业“网络与新媒体”，这是自1998年以来为适应社会发展需要，该学科新增的两个专业之一（另一个为数字出版专业）。实际上，早在1998年，华中科技大学就面对互联网新媒体的迅速崛起和新闻传播业界对网络新媒体人才的急迫需求，率先在全国开办了网络新闻专业(方向)。当时，该校新闻与信息传播学院在新闻学本科专业中采取“2＋2”方式，开办了一个网络新闻专业(方向)班，面向华中科技大学理工科招考二年级学生，然后在新闻与信息传播学院继续学习两年专业课程。首届毕业学生受到了业界的青睐。

在教育部新颁布《普通高等学校本科专业目录(2012)》之后，全国首次有28所高校申办了网络与新媒体专业并获得教育部批准，继而开始正式招生。招生学校涵盖“985”高校、“211”高校和省属高校、独立学院四个层次。这28所高校的网络与新媒体专业，不包括同期批准的45个相关专业——数字媒体艺术和此前全国高校业已存在的31个基本偏向网络新闻方向的传播学专业。2014年、2015年、2016年、2017年又先后批准了20、29、47和36所高校网络与新媒体专业招生，加上2011年和2012年批准的9所高校新媒体与信息网络专业招生，到2018年全国已有169所高校开设了网络与新媒体专业。

媒体已成为当代人们生活的一部分，并逐渐走向21世纪的商业和文化中心。数字化媒体不但改变了世界，改变了人们的通信手段和习惯，也改变了媒介传播生态，推动着基于网络与新媒体的新闻传播学教育改革与发展，成为当代社会与高等教育研究的重要领域。尼葛洛庞帝于《数字化生存》一书中提出的“数字化将决定我们的生存”的著名预言(1995年)，在网络与新媒体的快速发展中得到应验。

据中国互联网络信息中心(CNNIC)2019年8月发布的《第44次中国互联网络发展状况统计报告》显示，截至2019年6月，我国网民规模已达8.54亿，较2018年年底增长2598万，互联网普及率达61.2%，较2018年年底提升1.6个百分点。互联网用户规模的迅速发展，标志着网络与新媒体技术正处在一个不断变化的流动状态，且其低门槛的进入使人与人之间的交往变得更为便捷，世界已从“地球村”走向了“小木屋”，时空概念的消解正在打破国家与跨地域之间的界限。加上我国手机网民数量持续增长，手机网民规模已达8.47亿，较2018年年底增长2984万，网民使用手机上网的比例达99.1%，较2018年年底提升0.5个百分点。这是否更加证明移动互联网时代已经到来，“人人都是记者”已成为现实？

网络与新媒体的发展重新定义了新媒体形态。新媒体作为一个相对的概念，已从早期的广播与电视转向互联网。随着数字技术的发展，新媒体更新的速度与形态的变化时间越来越短(见图 1)。当代新媒体的内涵与外延已从单一的互联网发展到网络广播电视、手机电视、微博、微信、互联网电视等。在网络环境下,一种新的媒体格局正在出现。

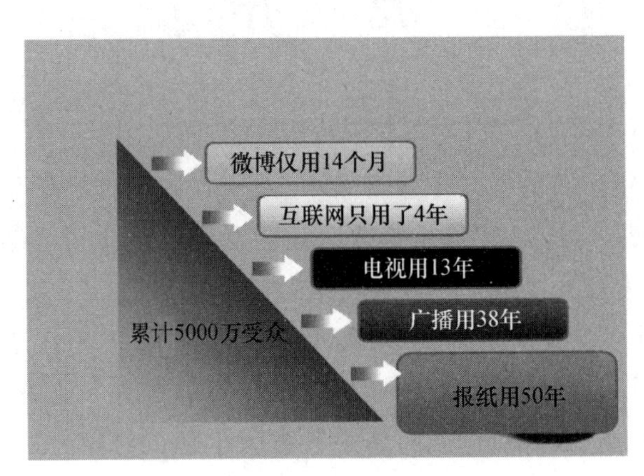

图 1 各类媒体形成"规模"的标志时间

基于网络与新媒体的全媒体转型也正在迅速推行,并在四个方面改变着新闻业,即改变着新闻内容、改变着记者的工作方式、改变着新闻编辑室和新闻业的结构、改变着新闻机构与公众和政府之间的关系。相应地也改变着新闻和大众传播教育,包括新闻和大众传播教育的结构、教育者的工作方式和新闻传播学专业讲授的内容。

为使新设的"网络与新媒体"专业从一开始就走向规范化、科学化的发展建设之路,加强和完善课程体系建设,探索新专业人才培养模式,促进学界之间的教学交流,共同推进网络与新媒体专业教育,由华中科技大学广播电视与新媒体研究院及华中科技大学武昌分校(现更名为"武昌首义学院")主办,北京大学出版社承办的"全国高校网络与新媒体专业学科建设"研讨会,于 2013 年 5 月 25—26 日在武汉举行。参加会议的 70 多名高校代表就议题网络与新媒体专业培养模式、网络与新媒体专业主干课程体系等展开了研讨,通过全国高校之间的学习对话,在网络与新媒体专业主干课和专业选修课的设置方面初步达成一致意见,形成了网络与新媒体专业新建课程体系。

网络与新媒体主干课程共 14 门:网络与新媒体(传播)概论、网络与新媒体发展史、网络与新媒体研究方法、网络与新媒体技术、网页设计与制作、网络与新媒体编辑、全媒体新闻采写、视听新媒体节目制作教程、融合新闻学、网络与新媒体运营与管理、网络与新媒体用户分析、网络与新媒体广告策划、网络法规与伦理、新媒体与社会等。

选修课程初定 8 门:西方网络与新媒体理论、网络与新媒体舆情监测、网络与新媒体经典案例、网络与新媒体文学、动画设计、数字出版、数据新闻挖掘与报道、网络媒介数据分析与应用等。

这些课程的设计是基于当时全国 28 所高校网络与新媒体专业申报目录、网络与新媒体专业的社会调查,以及长期相关教学研究的经验讨论而形成的,也算是首届会议的一大收获。新专业建设应教材先行,因此,在这次会议上应各高校的要求,组建了高校网络与新媒体专业系列规划教材编写委员会，全国参会的26所高校中有50多位学者申报参编教材。在北京大学出版社领导和李淑方编辑的大力支持下，经过个人申报、会议集体审议，初步确立了30余种教材编写计划。这套网络与新媒体专业系列教材包括：

《网络与新媒体概论》《西方网络与新媒体理论》《新媒体研究方法》《融合新闻学》《网页设计与制作》《全媒体新闻采写》《网络与新媒体编辑》《网络与新媒体评论》《新媒体视听节目制作》《视听评论》《视听新媒体导论》《出镜记者案例分析》《网络与新媒体技术应用》《网络与新媒体经营》《网络与新媒体广告》《网络与新媒体用户分析》《网络法规与伦理》《新媒体与社会》《数字媒体导论》《数字出版导论》《网络与新媒体游戏导论》《网络媒体实务》《网络舆情监测与分析》《网络与新媒体经典案例评析》《网络媒介数据分析与应用》《网络播音主持》《网络与新媒体文学》《网络与新媒体营销传播》《网络与新媒体实验教学》《网络文化教程》《全媒体动画设计赏析》《突发新闻教程》《文化产业概论》等。

这套教材是我国高校新闻教育工作者探索"网络与新媒体"专业建设规范化的初步尝试，它将在网络与新媒体的高等教育中不断创新和实践，不断修订完善。希望广大师生、业界人士不吝赐教，以便这套教材更加符合网络与新媒体的发展规律和教学改革理念。

石长顺

2014年7月

2019年9月修改

（作者系华中科技大学广播电视与新媒体研究院院长、教授；

武昌首义学院副校长，兼任新闻与文法学院院长）

前　言

本书旨在从文化学角度，界定网络文化概念，解析网络文化基本结构，揭示网络文化本质特征，诠释文化与网络文化、现实文化与传统文化之间的相互关系，完善网络文化研究范畴。

全书对网络文化进行系统梳理与全面阐释，采用文化基本理论界定网络文化概念，搭建包括网络文化资源、网络文化行为、网络文化心态、网络文化制度和网络文化传播在内的网络文化理论与应用并重的体系。

全书从政治、经济、文化等多个领域，立体审视网络文化发展。在理论建构的基础上，一方面，结合网络发展各个时期所产生的文化现象，选取电子邮件、网页浏览、网络聊天工具、博客、微博、网络社交平台等一系列案例，进行特定时期网络文化发展的解析；另一方面，截取互联网中普遍关注的相关话题等页面进行展示，使全书的版式更为生动活泼，在增强可读性的同时，也令读者对网络文化能有更为直观的感受。同时，创新性地引入经济学相关理论，并将传统文化与网络文化分别视为文化的存量与增量，探讨文化经济的发展。作为该教材的亮点，还从新兴“增量文化”分析中，寻找诠释人类文化现象新的突破口，并同传统的“存量文化”相辅相成，力求点亮一座新哲理的思想灯塔。此外，致力于探讨网络文化传播的基本规律，力求增强理论著作的针对性与可读性。

本书适合作为高校网络与新媒体专业开设的专业方向课程的教材，也适合跨专业通识课程和文化素质教育课程的教材使用，还可满足广大普通读者了解和掌握网络文化知识的需要。

作为人类 20 世纪的伟大发明之一，互联网的发展步伐极为迅猛，网络文化可谓日新月异。要想准确而全面地把握网络文化的发展脉络，难度系数实在太大。这些年来，我们一直致力于追寻网络文化的嬗变轨迹，一方面尽可能穷尽相关的文献资料，一方面尽可能跟踪新出现的各种网络文化现象，并努力在理论与实践有机结合的基础上，阐释网络文化的内在机制与外部表现，为自己、也为读者寻觅相对满意的答案。然而，限于时间、精力和学识，全书的漏洞仍然不少。希望有心的读者，能与作者一起不断编织补丁，共同修复书中的漏洞，使之能够日臻完善。更希望本书能起到抛砖引玉的作用，激发大方之家，以更好地解释框架，更富学理地诠释网络文化丰富多彩的内涵和动态发展的外延。

本书被列入 2011 年国家社会科学基金后期资助项目（批准号 11FXW002）的最终成果（结项证书号 20120578）。

本书的出版，同所在单位各位领导与同事的热忱关心、大力支持，同北京大学出版社及其责任编辑的慧眼识金、砥砺打磨密不可分。在此，一并表示深深的谢意。

编　者

目　录

绪　论

学习目标

1. 了解网络文化建设与管理的重要性。
2. 明辨当代人"第四成长环境"和"第五习惯"的利与弊。
3. 具备网络文化建设与管理的国际视野。

截至2014年6月，我国网民规模达6.32亿，较2013年年底增加1442万人；互联网普及率为46.9%，较2013年年底提升1.1个百分点。[1]当互联网让全球不同地域的电脑实现在线联网之时，网络信息的传播及其衍生的网络活动由此肇始。"今日的网络，不仅结合了科技，更连接了人类、组织和社会。"[2]网络不仅是技术的存在，更是文化的存在。

自20世纪80年代诞生以来，网络媒体就以超乎想象的速度，延伸到社会的各个层面。随着网络技术的发展，中国网络媒体已经进入"大众传媒时代"，成为我国新闻舆论的重要力量，成为传播社会文化、实现国家利益的新型战略工具。[3]网络传播的迅速发展，把人类文明推向一个更高的层次，电子政务、数字政府概念陆续进入公众领域，网络文化建设，也逐步成为中国特色社会主义文化建设的重要组成部分。

进入21世纪，网络使"地球村"成为现实，成为各个国家扩大影响、提升软实力的竞斗场。[4]各国在信息、网络技术拥有程度、应用程度以及创新能力上的差异，使得网络文化分布严重不均。少数西方发达国家大肆向目标受众传播其自身的价值观，在一定程度上造成网络文化的多元化危机，也对我国社会主义文化事业的发展，甚至社会稳定、国家安全造成极大威胁。

一、抓好网络文化建设与管理：社会转型期的一大要务

当前，随着计算机技术、通信技术和网络技术的快速发展，包括传统固定互联网与新兴移动互联网在内的网络传播风生水起，整个社会面临从工业社会向信息社会转型升级，信息同物质与能量一起，成为人类社会可持续发展的基本要素。作为信息传播的重要形态，网络文化在社会生活中的地位与作用日益凸显。[5]

网络文化随着互联网的迅速普及和快速发展应运而生，网络虚拟环境从社会交往、学习工作和日常生活等各个方面对人们的价值取向、道德观念、文化思想和行为模式等产生着潜移默化的影响，并逐渐渗透到人类社会的政治、经济、文化、军事等非日常生活领域，成为人们文化生活中不可或缺的重要组成部分，对人们的生产方式、生活方式和思维方式产生了深刻的影响。[6]网络时代离不开借助网络传播的力量来促进发展。在这

种情况下，可以说，抓好网络文化建设与管理，已成为社会转型期的一大要务。

（一）抓好网络文化建设与管理的重要性

人类历史上的每一次技术变革，都给社会生活带来了革命性的影响。伴随着互联网的崛起而形成的网络文化，同样深刻地影响着政治过程和政治行为。美国著名未来学家阿尔温·托夫勒（Alvin Toffler）预言的"网络政治时代"，正逐步成为现实。今天，互联网已成为越来越多的人参与政治的重要选择。网络文化为民主政治建设开创的新路径，必将对中国民主政治的进步、政府决策的公开透明和社会秩序的和谐稳定，发挥越来越重要的独特作用。积极健康的网络文化，是传播社会主义先进文化的新途径、扩大宣传思想工作的新阵地，也是提供公共文化服务的新平台、承载人们健康精神文化生活的新空间。网络媒介本身所具有的区别于传统媒介的性质和特征，使其在政治领域的影响力不断加深和拓展。对于社会转型期来说，抓好网络文化建设和管理，具有重要的意义和作用。

网络文化之所以称其为网络文化，不仅标示了其生存空间，从更深层的意义上说，也是在昭示其与技术之间的紧密关联。[7]广义上的网络文化，包含了生发于网络时代的一切人类文化现象，而尤其需要我们去"建设"的网络文化，则是狭义上的网络文化，它主要指建立在网络技术基础上的、数字化的精神创造活动及其成果。因为从狭义上说，网络文化就是指在网络空间场域中所发生的关于政治、经济、社会、军事、教育、工作学习、交往沟通、文学艺术、休闲娱乐等侧重人文精神性和娱乐性的生活方式与存在形态及其所映射的社会心理等方面的总和。

从网民数量与网络技术的发展来看，我国已经成为网络大国，正在向网络强国迈进。依法治网、科学治网、技术管控、网络技术创新普及等，是网络文化建设的前提与保障；网络传播内容与传播方式的创新，是网络文化建设的根本。利用网络平等、包容、无国界的传播特征，以中国的表达方式传播中国声音，树立并展示新世纪中国的"大国形象"，努力建设具有中国特色的网络文化，关乎国家民族命运和青少年的健康成长。

网络文化是一种俗文化，即大众文化，是普通流行的文化，它具有通俗性，具有习惯性，有时还具有不自觉性。网络文化这种俗文化是在短时间内形成的，常常是在现代已有的文化内涵不能满足网民需求的情况下才出现的。这种现象告诉管理者这样两个问题：一是对网络文化的管理要有超前意识，应在某种网络文化现象出现之前就有一套可行的对策，以便引导网络文化的发展；二是创造新的网络文化，一旦科学的、大众化的网络文化占领了市场，非科学的网络文化就失去了存在的环境条件。实施这种管理方法的前提是科学认识网络文化。否则，以俗治俗的管理，是不可能真正见效的。

网络文化是一种正在形成中的新文化，对其进行管理还应注意指导性管理与制度化管理的科学结合。指导性管理是一种建立在网民高素质与高自律基础上的管理，它强调网民的自觉性。现在，我国网民大多是年轻人，要提高指导性管理的效果，一项重要工作是提高网民的素质，强化对网民的培训。在信息社会，对网民进行培训不仅是加强网络文化管理所必需的，还是信息社会提高信息利用率所必需的。现在所出现的网络文化现象，基本上都是自发形成的，如果能够加强对网络文化活动的指导，一定会提高网络文化的质量。制度化管理是网络文化管理的一种重要形式，是网络文化活动规范化的保证。目前我国的网络文化管理还缺乏制度化，多是一些条例性的规定。这些规定常常出现在某种网络文化现象之后，只能起到限制某种网络文化现象的作用，很难规范网络文化行为。强调制度化管理，其目的在于从制度上促使指导性管理行之有效，确保网络文化健康发展。

总之，要促进网络文化的健康发展，充分发挥网络文化在建设和谐社会中的作用，当前和今后一个时期的重要任务，是要在探索和建立中国式网络文化模式上下功夫。一种网络文化模式的建立，并不是凭借人们的主观意志，而是必须建立在科学的基础之上。在我国，所谓科学的基础，主要是指中国的文化基础和现实状况、中国网络技术基础及其发展前景、中国网民的文化素养以及其他方面的素养、中国人民对网络文化的认知度和利用度等，只有在坚实的基础上建立起网络文化发展模式，才能真正充分发挥网络文化的正能量。

（二）如何加强网络文化建设与管理

互联网是一个技术平台，也是一个经营平台，更是一种媒介。这几种角色之间既相互融合，又相互渗透，从而使网络文化呈现出独特、多变的景观。正是由于互联网的复杂属性，决定了网络文化的丰富性。所以，从互联网的属性尤其是“关联”属性出发来探讨网络文化建设与管理，尤为必要和重要。互联网主要具有与技术相连、与资本联姻、与现实交错三大“关联”属性，由此决定了网络文化建设的三条可行性路径：重视网络文化自身的“内力”作用、加强网络文化产品管理、提升网民的新媒介素养。

1. 重视网络文化自身的“内力”作用

任何事物的发展，都有其内在的规律，网络文化也不例外。

根据伊尼斯（Harold A. Innis）的传播偏向理论，传播与媒介都是具有偏向性的，如口头传播偏向与书面传播偏向、时间偏向与空间偏向等。按照他的观点，媒介的偏向取决于其物理特性，而特定的偏向又会催生出新的文化；媒介偏向及其局限性，使得这种文化形成特定群体的权力垄断；理想的传播格局，是时间偏向与空间偏向相互制衡。就互联网而言，一方面，不少生发于此的优秀精神文化成果，都能够在网友的检验下得以保留、传承、发展；另一方面，互联网本身又是一种能够超越时空界限的媒介。因此，在某种程度上说，互联网的技术特性，决定了它既具备一定的时间偏向，又能够兼顾一定的空间偏向。

尽管网络文化对技术具有较强的依赖性，但从长远看，技术只能提供一种外向的导控和制衡，大众与商业的力量，才是网络文化发展的最终主导力量。随着网络的普及与网络应用的深入，网络文化同主流文化之间的互动将日益密切，两者的关系也会从简单的对抗，走向对话、合作甚至融合。网络文化自身向主流文化的靠拢与网络媒介的主流化以及两者之间的交织作用，都会促使其逐步摘下“反传统”“反主流”的个体文化的帽子，而向主流文化拓展。如果不顾网络自身的内在规律，一味地将一些反主流文化封杀、叫停，不仅会违背网络文化发展的客观规律，还不利于其长期而富有活力地健康发展。

此外，健康、有序的网络舆论环境，能够为网络文化的健康成长创造适宜的氛围，对其建设起到积极的促进作用。网络舆论环境不仅是网络文化形成和发展的主要空间，还同网络文化相互影响，甚至能引导网络文化的走向。许多固定下来的网络文化形式，正是从一系列网络舆论中提炼和萃取出来之后逐步积淀而成的，例如网络流行语的形成。针对纷杂的网络民意，人民网舆情监测室秘书长祝华新的观点似乎不无道理："互联网有自身的生态逻辑，在各种观点的交相呈现和反复激荡中，逐步形成多元互补的格局。只要信息安全流动，网络舆论就具有某种'对冲功能'。"

总之，网络文化建设不能操之过急，不能忽视其自身的"内力"作用。

2. 强化网络文化产品的建设与管理

网络文化产品，是网络文化的重要表现形式，也是网络文化传播的重要手段。由于网络文化所特有的商业属性，好的网络文化产品应当是经济效益与社会效益并重，其中不可缺少的是作为网络文化根基的精神内核，它不仅能促进高品位文化信息的传播，还能够形成积极向上的网络舆论。某种形态的网络文化一经确立，对于其内容的积极建设和完善，是促使其整体向好的根本手段。因此，加强网络文化产品的管理，无疑是加强网络文化建设的重要手段。

目前，由于高水平的原创能力不足，我国拥有自主知识产权和具有中国文化元素的网络文化产品尚不够丰富。当务之急，在于提升网络文化产品与服务的供给能力。首先，提高网络文化产品供给能力，满足网民的精神文化需求。提供丰富的网络文化产品，是满足网民精神文化需求的前提。这就需要大力扶持网络文化产业，将网络文化产业纳入文化产业发展规划，对具有较大影响力的新闻网站、行业信息网站和内容提供商等进行整体规划，从税收、资金等方面提供政策扶持。与此同时，应加快网络文化队伍建设，形成与网络文化建设与管理相适应的管理队伍、舆论引导队伍、技术研发队伍，培养一批政治素质高、业务能力强的专业干部。

3. 提升网民的新媒介素养

网络文化是网络社会与现实社会互动的产物，也是两种社会形态之间的桥梁。其中，网民的作用至关重要。无论在现实社会中还是在网络社会中，个体的人，都是社会行为最基本的要素。由于现实中经济、地域发展的差异与受教育程度的不同，人们的人生观、价值观和道德境界等，都会呈现出不同程度的差异。这些差异表现在网络中，就会出现广大网民对同一事物所持的认识不同、对同一问题所持的解决思路与方法不同等区别。目前，网络上出现的各种"不和谐"现象，追根溯源，其实都是"人"的问题。

长期以来，传统的媒介素养都将重点放在受众主体性的培育及其媒介批判意识的提升上，更多地强调受众对大众传播媒介所带来的现实社会问题的回应与行动。然而，在互联网这一特殊空间中，媒介的传播形式与文化特性都发生了巨大变化，人们的媒介观念也随之转换，受众不仅参与到网络文化的体验、分享中，甚至参与到网络文化的创造、生产中。过去那种针对已经存在的媒介危害进行纠偏与省察的被动式媒介素养教育，显然已经不能满足现实需求。“网络媒介素养”或“新媒体媒介素养”的培育，成为媒介素养教育所面临的新课题。

在建设网络文化的过程中，提升网民的媒介素养，更要专注于提升其网络媒介素养。具体而言，就是要帮助其正确认识互联网、充分理解互联网，从而科学、合理、建设性地使用互联网。有必要指出的是，对互联网中那些良莠不齐、好坏参半的现象，进行一定的制度、法律约束自然是必不可少的，但法治、平等、开放是网络文化的核心精神，尽管网络文化会裹挟“污泥”，却不可因噎废食。无论从技术功能还是从自身属性上讲，互联网都应成为媒介自由主义理论的践行者。为了更好地推动社会理性地前行，社会中的每个成员接受教育无疑是必要的。因此，加强网络文化建设最根本的手段，还是要从个体的人做起，从政府、家庭、学校、社会等多方面入手，有步骤、有秩序地不断提升广大网民的媒介素养，引导网民树立正确的价值取向与心态，这才是加强网络文化建设的核心与大计所在。

二、网络生活：网民的“第二人生”

网络虚拟世界，已成为当今时代的“第二社会”；网络生活，已成为网民的“第二人生”。所谓“第二社会”，也称虚拟的“第二现实世界”，是在新经济浪潮的影响之下，以互联网为核心，以虚拟应用为基础而形成的一个完整的社会形态，具备了多样化的经济、文化和政治贡献，有着分工明确的管理者、制造者和消费者，具备一切现实社会所具备的组成元素。[9]所谓网民的“第二人生”，是区别于“第一人生”，即现实生活，或曰“第一社会”真实生活的“第二社会”之虚拟生活。

（一）网络造就的“第二人生”

所有现实生活，通过面对面的人际交往完成信息交换，可以较好地保证信息的真实性和私密性。如果说“第一人生”是以个体生存为主导的生活模式的话，那么，交往则是个体的生存本能。但是，在现实生活中，个体常常受到诸种条件的限制，其开放性受到约束。而网络生活是一个以假设性集体为主体的生活模式。在这个集体中，个人可以选择个性化主导，也可以选择附属于集体完成沟通。网络虚拟世界形成了没有地域差别和时间差别的环境，同时也减弱了信息的真实性和安全性。

在真实的“第一人生”中，人们因为血缘姻亲保持私密的交往，将家庭作为最重要的社会交往单位，而网络则提供了一种全新的社会基础，将个体的作用放到最大，以单个个体作为最小单位进行网络生活，从而鼓励个性化发展，在一定程度上推动了社会进步。

风靡全球的网络游戏《第二人生》(*Second Life*)，就是一个很好的例子。通过键盘操作，玩家可以在“第二人生”里钻来钻去——这是哈佛大学的一个模拟法庭，让学生们一起上课；这是 IBM 的总部，求职面试和新产品发布都在这里举行；这是一个类似酒吧、夜总会的场所，进去以后可以自己设计一个形象，旁边有一个人可以和你聊天，这是真的人，在那里有一个代号；这是瑞典政府在“第二人生”里面设置的领事馆办事处；这是韩国总统竞选时的形象……“第二人生”不仅仅是对现实生活的简单模拟，在这个虚拟世界里，人们的创造力和想象力得到充分发挥，大量带有智力劳动特征的产品被制造并存储起来。正因为如此，从来没有哪一种新生事物能像“第二人生”这样激发出如此多类型、深层次的思考。不光普通人在互联网这个虚拟世界里津津乐道，现实社会中的专家、学者也纷纷参与其中。几乎每个人都会根据各自不同的知识背景、宗教信仰、文化偏好对“第二人生”做出完全不同的诠释，而这些诠释又都能自圆其说。研究政治学的学者认为它是一部尚未书写完成的自由市场经济史，哲学家在这里看到了与真实生命等价的“人工生命”，社会学家则把它看作是社会发展史在虚拟社会的类型演变。存在于现实生活中的虚拟世界，对现实社会的影响力尚无法预期，但却已经并且正在不断继续侵蚀“现实”这个概念。

（二）网络“虚拟世界”中的需求假象

线上生活省略了线下个体的自然需求，去除了烦琐的生存问题，更关注个体的感情诉求，满足网民在一种新的生活模式中的感性表达。在网络上，人们更加关注信息的质量，这些信息虽然是“被浓缩了的信息”（省却视觉印象的信息，容易导致其他人对信息的不信任），[10]但并没有浓缩信息的真伪，只是美化了信息的载体，造成若一种说法被公众信服，则代表持该账号的人可以被公众信服的假象。这就可以解释为什么很多名人开微博、博客，在遭遇某些公关危机时，往往托词“账号被盗”，试图摆脱可能造成的不良影响。而在现实中，话语权威产生的影响力往往不易被动摇，因为他们直接面对公众，他们的表达方式具有真情实感，容易引起共鸣，从而获得信任。

网络的虚拟性，还将使用网络的行为视为一种“遁世”体验。[11]所谓遁世体验，也称逃避现实的体验。它不是消极的遁世，而是休闲者积极参与到一种网络创设的环境中，短暂逃离单调、忙碌的现实生活。当代都市人在现实生活中承受着太多的工作和生活的压力，他们迫切希望能回归自然、享受田园风光，短暂地忘却城里的紧张生活。

网络在一定阶段呈现出“世外桃源”的假象，人们认为在网络中能够逃离现实生活带来的压迫感，摆脱个体在社会中受到的影响。然而现实是，任何自由都是在一定范围内受到限制的自由。随着网络“实名制”的发展、网络监管，网络越希望进一步创造新的“第二人生”，也就越进一步朝着与现实人生同质化的方向发展。

（三）虚拟照进现实

无疑，对网民们来说，类似于“第二人生”的虚拟社区已经与其现实生活高度吻合，并且日新月异地发展着。它的意义如此重大，涉及生命、道德、生存、生活方式，也有可能改变人的一生。

至此，笔者认为，虚拟社区对网民现实生活的影响，应当特别引起注意。这类影响是多方面的、深远的。虚拟社区以其不同于现实生活的特征，使得人与人之间的心理认同变得相对简单，但一旦与现实相关，人与人之间相处，还是会遵守现实的明规则或潜规则。技术的发达并不能杜绝犯罪，相反，它催生着更“发达”的犯罪形式。技术在一定程度上解决了距离问题，但它“遥控”不了一切。更多的人际交往问题，是技术所无法解决的。

网络使人摆脱了束缚在身上的一些枷锁，使人在某种程度上达到了诗意化生存。在脱离了物质、身体束缚的网络生活中，个人思维力量的边界有多宽广，网络生活的空间就有多宽广。网络生活的自由性，可以使主体随着思维力量的延伸而随意驰骋。你可以一会儿是恶魔，一会儿是上帝；可以构建一个逻辑的世界，也可以描绘一个个破碎的场景。

在网络生活中，每个人都可以按照平等和开放的原则接近理想的生活。但是，网络这一技术平台，也增加了人们对“线上”的依赖。我们向往、沉迷于网络所提供的美好、自由自在的生活，但这种生活只有在虚拟社会中才能实现。“在人类主体意识空前觉醒的现时代，人们越是追求自己的主体性，就越是发现自己对物的依赖，人的社会关系和能力越来越物化，越来越成为非人即物的社会关系和能力。因而人的主体意识越强，就越是陷入主体性的困惑之中。”[12]所以有人说，网络是人的主体性陷阱，是造成人的主体性悖论和人性异化的原因。

网络提供的“第二人生”虽然是虚拟的，但始终是现实世界的影子，当然不能超出人的思维，但是也的确在相当程度上使人们触及了一种“虚拟”的“真实”。[13]在这个世界中，“本我”始终隐藏在不暴露的安全状态下，表达出交往中不为人知的自我人格特征。这种看似完全相反的人生状态，其实质恰恰是最完整的人生表现，丰富了一个社会人应该具备的特征。

三、网络文化的“三位一体”

依附于现代科学技术，特别是多媒体技术，网络文化以计算机技术和通信技术的有机融合为物质基础，以发送和接收信息为核心，借助技术手段，超越了地域限制，成为一种时域文化，它是信息时代的特殊文化，是人、信息、文化“三位一体”的产物，也是人类社会发展的产物。[14]

（一）人的主体性及主体间性在网络文化中的显现

人既是网络文化创造的主体，也是网络文化生产力系统中最重要的因素。人在与网络文化的相互影响、相互制约、相互作用的过程中，逐步实现全面而自由的发展。就人在网络文化进程中的主体性而言，人的文化自觉是网络文化产生的源泉，人的能动性是网络文化发展的推动力量，人的创造性是网络文化发展的重要条件。就网络文化促进人的发展而言，网络文化作为人类总体不断追求进步的重要表征，其整合性、规范性和理想性等特性，对于人的发展具有塑造、濡化、调节、提升的功能。就人与网络文化的相互影响而言，人的本质在网络虚拟空间的社会化发展，是人在与网络文化的互动共振中适应网络文化并加以创造的表征。

人作为认识与体验的主体，积极主动地识别、选择、接收和采集客体的各种信息，并自觉地进行信息加工、处理、检验、评价、储存和传输。人们创造了数字技术，这一技术则为信息资源的存储、复制、转发、管理和变革等，创造了无数的机遇。网络交往中，人的主体间性集中表现为平等性、对等性、符号化、交互性等特征。

(二) 网络信息对人的影响和对文化的作用

信息作为与物质、能量并列构成世界的三大要素之一,具有重大的价值。就像不能没有空气和水一样,人类也离不开信息。电脑的诞生、光导纤维的出现,导致了一个全球网络化时代的到来,从而使信息的传播从自然王国进入了自由王国。网络信息资源具有存储数字化、表现形式多样化、以网络为传播媒介、数量巨大、增长迅速、动态传播、信息源复杂等特点。网络信息对人类的影响分正负两方面:一方面,人们可以及时得到无限的网络信息,达到开放与互动的目的;另一方面,网络垃圾信息泛滥,对人类的价值观造成不同程度的负面影响。

合理利用包括网络信息在内的各类社会信息,对人类的生产、生活至关重要。网络传播技术,给人类提供了一种以信息数字化为标识的崭新生活方式,它超越了纯技术的界域,在全球范围内成为一种文化信息现象。网络造就的"虚拟现实",作为一种可以创建、体验虚拟世界的互联网系统,在文化领域引起根本性的变革。网络文化创造的虚拟生活,已成为人们真实生活的一部分。

信息技术使得网络文化产品的开发和传播不断增长,文化产业数字化,给文化产业的存在形态和发展趋势带来了革命性的变化,如数码电影、数码电视、数码娱乐、数码出版、数码摄影等。其中,数码电影采用胶片和放映机,通过卫星、光纤电缆或光碟传送或发行到影院,带来了电影制作、发行、保存等全过程的变化,出现了全球性的电影革命。[15]

网络传播的跨时空、超容量、双向互动等特性,扩展了人们的沟通方式,加速了文化互动进程。比尔·盖茨在《未来之路》中说:"信息高速公路将打破国界,并有可能推动一种世界文化的发展,或至少推动一种文化活动、文化价值观的共享。"

(三) 网络文化促使人的"向文而化"

文化是人的基本生存方式。"文化"既指自然的人化,也指人的人化,即"文"化。人脱离兽性、原始蒙昧等状态,从而"更加成为人""越来越像人",这可以称作人的"向文而化"。人的"向文而化",意味着人充分的社会化,意味着个人通过生存于社会并介入社会活动,通过教化、教育,获得社会认可的社会角色、知识系统、价值标准、行为模式等,发展起自己的文化性格和价值系统,从而被"化"为现实的、完整意义上的人。

在网络文化中,人们接触到大量的科学知识、价值观念等信息,接受社会取得的既有文明成果,可以比在网络以外的空间中所获得的知识和信息更多、更丰富,这就是在接受文化,被网络文化所"化"。网络文化允许各种不同意见的发表、交流。全球性的信息流动,超越了时空的限制,为人类在更大程度上和更高水平上"向文而化"提供了平台和机会。

网络文化极大地影响甚至改变了人类的生活方式、工作方式、交流方式、娱乐方式乃至思维方式。例如,网络文化使人们的思维方式由一维向多维、由平面向立体、由线性向非线性、由收敛型向发散型转变,变革了人们的文化价值观及信息观、时空观、等级观等,并产生了新的认知模式。也就是说,网络文化已成为人类新的生存方式之一。[16]网络的文化总动员和文化的网络总动员正在全社会范围内展开，网络文化正在成为主流文化不可或缺的组成部分，二者之间的良性互动，将影响文化发展的未来走势与新型样态。

四、网络：当代网民的“第四成长环境”

随着互联网的快速发展和广泛应用，越来越多的年轻人伴随网络文化的发展成长，变得慢慢离不开网络。网络已如春雨润物般渗透进人们的生活。互联网正以活跃的姿态和快捷的步伐，跻身于报刊、广播、电视等主流媒体之列而被称为“第四媒体”。伴随着网络传播的崛起与发展，网络媒介不仅成为一种先进的传播手段，还为人类设计了一个前所未有的、影响整个社会生活的新传播环境——网络环境。[17]这个环境，即当代网民继家庭、学校、社会之后的“第四成长环境”。

（一）网络环境的现状

环境总是与一定的空间或范围有关。从小的角度看，网络环境可以理解为“学习者在追求学习目标和问题解决的活动中可以使用多样的工具和信息资源并相互合作和支持的场所”；从大的方面理解，网络环境可以包括整个虚拟世界，也就是所谓的“赛伯空间”(Cyberspace)。也就是说，网络环境不仅指网络资源与网络工具发生作用的地点，还可以包括学习氛围，学习者的动机状态、人际关系、教学策略等非物理形态。

那么，我们现在的网络环境是怎么样的呢？用一个词来形容，那就是“鱼龙混杂”。众所周知，网络上充斥着真真假假的信息，网络为广大网民提供了一个求知与沟通的广阔平台。通过互联网，人们可以加强交流、开阔思路和视野、提高学习效率、丰富娱乐生活。但是，网络是一把“双刃剑”，它在给我们带来种种便利的同时，也在侵蚀着人们的思想，产生众多的负面影响，诸如网络暴力、网络色情、网络恶搞、网络黑客等，对人们的价值观、世界观产生了巨大的影响。

（二）网络环境与家庭、学校、社会的相互关系

在网络普及之前，家庭、学校、社会，是人成长的三大重要环境。我们每个人一出生，就有了一个家庭。这个家庭不论是开放的，还是保守的、传统的，是工薪族的、小康型的，还是拥有家族企业的、父母为官的，等等，都会影响人们的成长。在学龄前，家庭的潜移默化，对每个人的成长都是至关重要的。“三岁看大，七岁看老”，在一定的层面上道出了家庭环境的重要性。不仅如此，家庭还伴随人的一生，从幼年、少年到青年、中年，甚至老年，都会不同程度地受其影响。

入学后，家庭的影响开始逐渐削弱，此时人对社会接触未深，学校成为成长环境中最重要的一环。作为学生，开始从课堂上系统而有序地接受知识，并逐渐确立个人信念、形成品格和一些重要观念。许多家长为了能让孩子接受良好的教育，不惜花重金在教育资源优良的地方买房，以便孩子能够在较好的学校入学或升学。从家长对学校水准的重视，我们不难发现，学校对人成长的重要作用。

在逐渐长大的过程中，人们慢慢开始并且越来越多地接触社会。社会上的风气、思

潮、娱乐、经济、政治等，都给人的成长打上深浅不一的烙印。社会环境作用于公民成长最明显的一点，就是随着社会整体环境的变化，每一代人呈现出每一代人的特质，以至于出现相当明显的“代沟”。

“网络时代”的到来，打破了原有的三大重要成长环境，使得当代人的成长环境更为复杂和立体化。四重环境，交叉影响着当代人的成长轨迹。

（三）“第四成长环境”的影响

据《黑龙江晨报》报道，中国网民每天的上网时间是美国用户的两倍以上。而《大江晚报》的报道则指出：第三届网民健康状况调查显示，35.5%的网民日均上网时间在8～12小时之间，甚至有17%的网民认为自己日均上网时间在12小时以上。24.6%的网民曾经尝试过连续上网24小时以上，并且有22%的网民习惯连续上网，中间不休息。在现代生活中，我们几乎越来越离不开网络。另一项调查则显示，越来越多的人不能接受一个星期不上网，甚至三天，以至一天不上网都无法忍受。

随着互联网的迅速发展，网络已经成为人们日常生活中不可缺少的一部分，在给人们的工作、生活带来便利的同时，也在改变着人们的情感交流方式。一些调查表明，相对于子女，父母对计算机、网络普遍不熟悉、不了解，相当多的父母对网络感到陌生，不会使用互联网，以至于造成了经常使用网络的孩子和不经常接触网络的父母之间的“数字鸿沟”。可以这样说，网络时代使孩子们第一次比他们的父母能更轻松地面对环境的变化。[18]

但是，网络并不是影响家庭生活的根源。相反，网络环境给家庭成员的沟通与交流，提供了一个新的平台。孩子和父母，均可以在彼此不被打扰的情况下，通过电子邮件、QQ等聊天工具进行平等对话，将自己的想法表达出来。同时，在周末，父母可以和孩子一起上网看电影、玩游戏，共同建立网上家园。父母的参与，可以正确引导孩子的网络行为，降低孩子沉溺网络和在网络上受骗上当的可能性，以及减少网络犯罪行为的出现。

在网络上，我们可以自主地选择自己感兴趣的信息，查阅各种资料，阅读各种图书。网络开放性的环境，就像是一个大型知识自助餐厅或信息超市，给我们提供了自主选择的机会，这是与学校传统的灌输式教育完全不同的。在网络开放、自主的环境下，青少年的学习积极性更高，也更加容易吸收信息。但是网络的开放性，也会造成学生沉溺网络游戏而忽视了学习，或者由于错误价值观的引导，走向网络犯罪。因此，在网络环境中，学校同样具有引导作用，教师应帮助学生树立正确的价值观、世界观。

网络环境与现实社会一样，是一个大熔炉，充满着各种信息、各色人物。网络的出现，让许多青少年提前体验了社会生活。可以说，网络就是现实社会的缩影。网络环境与现实社会是相互影响的。良好的网络环境有利于先进文化的传播，当然，网络色情、网络黑客、网络欺诈等，也会给社会造成巨大的负面影响。

五、上网：当代人的“第五习惯”

从第一本书面世，到街道上充斥卖报的吆喝声，直至20世纪初期广播流行，随后经历了无声电视、黑白电视、彩色电视的变换，到现在，上网，已经成为当代人参与传播活动的“第五习惯”。

（一）“第五习惯”的原因

上网作为一种生活方式，已经超越了习惯的一般含义。它和读书、看报、听广播、看电视区别开来。因为读书、看报、听广播、看电视这几项，都是可以主观选择的，而未来我们将生活在一个网络世界，这将使我们很难自主选择上不上网。上网将成为我们被动接受的一个习惯。换句话说，上网，将超越习惯而成为一种必需。

“我们为什么要上网?”在天涯社区的“瞭望天涯”板块，曾针对这一问题进行过探讨。有的说“每日上网，只为一份心情，在工作的压力和生活的烦琐中给自己一份解脱”；有的说“在现代化的社会里，上网成了消费最低的娱乐活动”；也有的说“上网是了解社会，提高自己的一个渠道”……要追溯上网的初衷，通常一千个网民就有一千个理由。

相对于图书、报刊和广播、电视等传统媒体“点对面”的传播方式，网络传播则是“点对点”方式，即特定的信息针对特定的用户，是典型的小众化传播。互联网的开放性、便利性、互动性以及网上信息的丰富性与服务的多样性，使越来越多的网民将互联网作为获取信息的主要渠道。在网络媒体里，传播者与受众处于同一种状态中。参与者是分散而流动的，他们可以随时参与又可以随时退出。网络是虚拟的，人们的身份、地位、角色都虚拟化了，可以不必拘泥于仪式化的固定时间和场所。传播者身份的开放性，使受传者亦可以拥有一定的话语权，进而积极主动地参与传播。在个人网站上，特色与个性，更是传播者身份趋于平民化的生动体现，例如在新浪微博上，明星、大众和专家学者之间可以多向“互动”。这种个性和特色，弥补了传统媒体传播内容与传播方式无个性的缺憾，正是网络吸引人们参与的一个重要缘由。

（二）“第五习惯”的表现

上网已成为人们一种新的习惯，表现在网上交友、网上恋爱、网上购物、网上寻职、网上会议等诸多方面。互联网为现代人提供了生活的便利，把人们想做的许多事情都搬到了网上，上网者只要轻轻点击几下鼠标，就能达成愿望。现在，人们讨论网络的功能时，并不是问网络能做什么，而是问网络还有什么不能做。有人甚至认为，人类除了户外运动、聚餐、为生育繁衍所必须进行的生理活动之外，几乎什么都可以通过上网来完成。

互联网的多方面用途，使得当代人的生活难以离开网络。学习时，网络可以提供搜索、查询与交流服务；需要娱乐时，网络提供随身随时方便快捷的娱乐服务；需要交流时，网络可以提供聊天平台……上网这种新习惯的形成是必然的，网络已经时时刻刻影响着人类的现实生活。

有人说，概括互联网对人类生活涉及面之广的最好词语是“一网打尽”。且不论用“一网打尽”这个词来形容网络功能是否夸张，我们所看到的事实是：网络正以不可阻挡的气势，大踏步闯入人类的生存空间，并逐渐成为人类生活中不可或缺的内容与工具，在很大程度上开始影响着人类的生存与发展。

（三）“第五习惯”的利与弊

尼古拉斯·尼葛洛庞帝(Nicholas Negroponte)在《数字化生存》的前言中这样写道："计算不再只和计算机有关,它决定我们的生存。”的确,数字化科技带来了我们时代的巨大变迁,人们的生活方式也随之发生改变。我们已习惯于互联网介入工作与生活中,习惯于便利的数字化信息传输,沉醉于数字技术制造的超现实影像中。这一切,在潜移默化中改变了人们的生存形态与思维方式。正如《数字化生存》所言,信息时代比特将超越原子,成为人类生活的基本交换物。

当一部分人喊着“内事不决问太太,外事不决问百度”的口号,不亦乐乎地享受着搜索引擎带来的便利时,另一部分冷静者站出来说,习惯的力量是可怕的,网络世界里,无数的链接、无数的通道使我们习惯了迅速地搜集数据、迅速地浏览页面,习惯于复制、粘贴以及蜻蜓点水式的浏览。网络,让我们的记忆力越来越差,而且越来越多的人已经不能再像从前那样集中注意力做事情,而是过度依赖网络,缺乏主观思考能力。同时,传统人际交往方式的减少,也影响正常的社会秩序。网络的24小时“互联网时间”,使人们可以随时随地上网。人们习惯了键盘、鼠标、电子邮件、QQ聊天、收看网络电视等,网络的即时化,大大改变了人们工作与休息的节奏,人们所交往的更多是“网中人”而非周围的甚至面对面的人。

任何事物都有正反两面,我们需要客观辩证地看待事物。上网这个“第五习惯”的养成,必然有利有弊。网络之利,构成人们选择它的理由,如自由的生存空间、零界限的沟通、便捷的消费方式、源源不断的商机、个性化的学习方式等。习惯于利用网络的优势,这对人们来说也是一件幸事。比如,电子商务的发展,网络营销方式的转变,可以促进品牌建设和产品销售与服务推广,可以创造经济效益;人们政治参与的能力和自觉性提高,可以保障普通民众应有的权益,如此等等,不一而足。

六、国际视野:网络文化建设与管理的宏观考察

在人类文化史上,还从来没有出现过像网络文化这样影响广泛深刻的文化形态。谁认识不清网络文化的深刻影响,谁就必定成为时代的落伍者。

网络文化作为高科技发展的产物,是人类文明进步的标志,它汇集了世界各国的政治、经济、科技、文化、艺术等信息及其成果。网络文化的发展,有利于我国吸收、借鉴世界各国的先进经验和优秀成果,为中国特色社会主义的政治、经济和文化建设开辟一个崭新的领域,对于促进我国经济、政治、文化和社会发展以及加快融入全球化进程,具有革命性的推动作用。

发展网络文化,光靠仿照、照搬的办法,注定造成网络文化“无特色”“无生机”“无内涵”的“三无”困境,使文化很难走出国门,走向世界。

（一）网络文化建设的国际经验及其启示

国外对于网络文化的研究,早在20世纪90年代初便已拉开序幕,其发展大致经历了三个阶段:第一阶段为90年代前期的初识网络阶段,主要涉及网络文化究竟是好是坏

的争论;第二阶段为90年代中期的网络文化本体研究阶段,主要研究虚拟社区和在线身份识别;第三阶段为90年代后期以来的网络文化综合研究阶段,研究扩展到多个领域,不同学术背景的学者从各自的专业视角出发对网络文化进行研究,出现了众多交叉科学,产生了丰富的研究成果。例如,恩格尔认为,网络文化的特殊性,使得民族国家在其管理上遇到诸多难题。同时,他又指出,民族国家和法制并非无能为力,"仍然可以找到许多对因特网内容的国内外提供者、使用者、经营者以及因特网供应商进行管制的现实办法"。[20]国外学者对网络色情与青少年保护问题尤为关注。斯特凡·东布罗夫斯基(Stefan Dabrowski)等人分析了网络色情对儿童的严重危害,讨论如何保护和教育儿童免受网络低俗信息的侵害,并呼吁社会要针对年轻人上网采取一整套保护措施。[21]帕特利夏·格林菲尔德(Patricia Greenfield)等学者则在实证研究过程中,通过观察青少年聊天室的大量谈话发现,性话题占了所有谈话的5%,粗俗语言占了3%,比起不受监控的聊天室,受监控的聊天室的情况要好得多。[22]总之,国外学者注重数据调查,深层次分析原因,为网络环境治理作出了初步探索。

网络文化管理,是世界各国都会遇到的问题。[23]我们可以从中汲取先进经验,结合中国的实际情况,制定行之有效的措施。国外基本依靠完善的法律法规,对网络内容进行审查与管理。美国、英国、日本、法国、德国、芬兰、韩国、印度、新加坡等国家,都针对互联网的管理制定了严格的法律法规。这些法律法规,大多以网络实名制为切入点,以保障政府对网络信息的监管。例如,网络最为发达的美国,相当重视网络立法,从20世纪70年代以来,美国政府制定了一百三十多项法案来维护网络发展秩序。完善的网络法律,使得美国公民的网络行为有法可依,也保证了网络文化的良性发展。此外,美国还组建了一支网络媒体专业监管部队,严格管控网上言论,全时监控网上舆情,纠正、删除错误信息,引导利己报道。从总体上看,各国网络文化管理的方式不同,做法各异,但都注重从实际出发,加强网络管控,对负面信息进行预研预判,减少或消除网络对社会的危害和负效应,将网络文化纳入社会管理的可控范围,促使其积极健康地服务发展大局。

国外网络文化建设与管理的做法与经验,给我们这样一些启示[24]:第一,网络文化是新生事物,由良莠不齐到良性发展必然要经历一个漫长的过程,人们对其形成正确的认知和接受态度也有一个过程。第二,各国、各地区由于社会政治制度、经济发展水平、民众意识形态以及民族文化背景等方面的不同,对网络的管理模式也有一定的差异,但没有哪个国家会真正放弃管理,差别只在于采取何种方式进行管理。第三,网络存在与发展一定不能危害国家和社会。一旦危害到国家安全,危害到社会秩序和公共利益,危害到青少年的健康发展,各国都会运用各种方式和手段,采取强有力的措施加强管理。第四,网络是一个虚拟世界,对网络的管理是一个系统工程。既要有市场和行业力量、公民自律的良心、舆论的软约束,也要有通过立法将一些基本网络道德规范上升为法律法规的硬约束;既要靠政府主导、立法管制,也要靠民众参与、广泛监督,全社会共同行动。各个国家的管理侧重点各有不同,但没有一个国家的管理手段和方法是单一的,都是综合的、多管齐下的。第五，网络是高科技发展的产物，因此以技术控制技术，以技术手段监控网络就成为对网络进行有效管理的必然选择。第六，针对网络隐匿性、交互性所造成的管理难题和带来的社会负面效应，有必要实行实名登记制，以防范和打击网络违规和犯罪。

（二）繁荣网络文化，促进东西方文化交流

当今世界，存在着两种性质不同的文化，即东方文化和西方文化。[25] 西方文化是以科学技术理性为主导的文化，以人对自然的改造为主轴，实际上是人与物质、能量打交道而铸造成的文化。这种文化，大大推动了人类物质文明的发展，但也带来了西方现代社会目前的许多弊病。东方文化是以人文伦理精神为特征的文化，即以人活动的行为意向世界为主轴、为对象、为主要内容。东方文化的主体，是中国传统文化。这种文化，是一种内求文化——求义而不求利的“君子文化”。中国传统文化对人类认识自身和促进人类精神文明发展，做出了许多贡献。

如今，在国际互联网上，东西文化正在频繁、激烈地交融、碰撞，这就需要我们采取积极的态度和有效的措施来应对。我国当前着重需要的是弘扬科学精神，普及科学技术，吸收西方文明成果，使科学精神与人文精神紧密结合起来。当然，我们更要发挥中华文化对世界文明的促进作用，使中华文化成为全人类共同的精神财富。今天，由信息高速公路建设造成的网络文化，把世界连成了一个“地球村”，每个人都是地球村的一个居民，每个人都应对其负责，并受其规范的约束。中华传统文化所强调的修身养性道德自律和整体观念、群体意识等，恰好适应了网络文化建设与管理的需求，弥补了西方文化的不足，丰富了全球网络文化的内容。

中国特色网络文化作为中国特色社会主义文化的一个组成部分，在文化强国战略中发挥着重要的作用。在发展中国特色网络文化的进程中，要积极全面地加强网络文化建设和管理。要坚持“建设”和“管理”两手抓的方针，使网络文化既保持中国特色，又体现时代特点，把互联网建设成为传播社会主义先进文化的新途径、公共文化服务的新平台、人们健康精神文化生活的新空间。

本章小结

随着计算机技术、通信技术和网络技术的快速发展，包括传统固定互联网与新兴移动互联网在内的网络传播风生水起，整个社会面临从工业社会向信息社会的转型升级，信息同物质与能量一起，成为人类社会可持续发展的基本要素。作为信息传播的重要形态，网络文化在社会生活中的地位与作用日益凸显。抓好网络文化建设与管理，已成为社会转型期的一大要务。

网络虚拟世界，已成为当今时代的“第二社会”；网络生活，已成为网民的“第二人生”、第四成长环境、第五习惯。网络文化借助技术手段，超越了地域限制，成为一种时域文化，它是信息时代的特殊文化，是人、信息、文化“三位一体”的产物，也是人类社会发展的产物。作为一种新的文化形态，网络文化虽然尚未成熟，但它已经并正在继续深刻地改变着人们的生产方式、生活方式、行为方式乃至思维方式，人类的精神生活和物质生活，都与网络文化发生了紧密的联系。

人们利用互联网开展文化和经济活动，互联网成了传播社会主义先进文化的新途径，政治参与的新方式，公共文化服务的新平台，人们精神文化生活的新空间，对外宣传的新渠道。网络文化成为新的文化增长点，网络文化产业成为新的经济增长点。不过，我国网络文化走出去的能力不足，亟须借鉴网络文化建设的国际经验来繁荣网络文化，促进东西方文化交流。

思考与练习

1. 新时期网络文化建设的重要性体现在哪些方面？
2. 如何理解网络文化的“三位一体”？
3. 分析网络文化建设与管理的国际经验。

参考文献

[1] 中国互联网络信息中心.第34次中国互联网络发展状况统计报告[R].2014.

[2] 唐·泰普斯科特.数字化成长:网络时代的崛起[M].大连:东北财经大学出版社,1999:86.

[3] 李荣,王安中.社会主义核心价值观与网络文化建设[J].社会科学战线,2014(9).

[4] 任冠庭.从法律视角浅析政府如何加强网络文化环境管理[J].法制与社会,2014(1).

[5] 周溯源,李文明.网络化时代的中国学术[J].中国社会科学文摘,2011(6)

[6] 张元,丁三青,李晓宁.网络道德异化与和谐网络文化建设[J].现代传播,2014(4).

[7] 宫承波,田园.基于互联网“关联”属性的网络文化建设路径探析[J].国际新闻界,2013(12).

[8] 周鸿铎.如何加强我国网络文化建设与管理[EB/OL].(2011－02－12).http://blog.sina.com.cn/s/blog_6e9caf1b0100odrd.html

[9] 顾明毅,周忍伟.网络舆情及社会性网络信息传播模式[J].新闻与传播研究,2009(5).

[10] 奥格尔斯等.大众传播学:影响研究范式[M].北京:中国社会科学出版社,2000:196.

[11] 吉尔摩.体验经济[M].北京:机械工业出版社,2008:52.

[12] 郭湛:主体性哲学——人的存在及其意义[M].昆明,云南人民出版社,2002:10.

[13] 孟威.网络互动:意义诠释与规则探讨[M].北京:经济管理出版社,2004:24.

[14] 佚名.网络文化——新时代的新文化[N].解放日报,2005－10－10.

[15] 柯秀经.浅析网络文化的新特性[J].肇庆学院学报,2003(3).

[16] 李文明,吕福玉.论网络文化的结构与功能[J].现代视听,2010(10).

[17] 张品良.网络文化传播——一种后现代的状况[M].南昌:江西人民出版社,2007:20.

[18] 魏曼华.家庭代间关系的变化与上网活动的家庭管理[EB/OL].(2004－10－11).http://baby.sina.com.cn/news/2004－10－11/13822.shtml

[19] 魏苏伟.中国特色网络文化建设的问题及对策探讨[J].重庆科技学院学报(社会科学版)2014(2).

[20] 恩格尔.对因特网内容的控制[J].国外社会科学,1997(6).

[21] Stefan C. Dombrowski, Karen L. Gischlar and Theo Durst, “Safeguarding Young People from Cyber Pornography and Cyber Sexual Predation: A Major Dilemma of the Internet,” Child Abuse Review,

Vol. 16, No. 3, 2007, pp. 153－170.

[22] Patricia Greenfield, Kaveri Subrahmanyam and David Smahel, "Connecting Developmental Constructions to the Intemet: Identity Presentation and Sexual Exploration in Online Teen Chat Rooms," Developmental Psychology, Vol. 42, No. 3, 2006, pp. 395－406.

[23] 卢晶，霍蓉光，韩茜. 网络文化建设的对策研究[J]. 吉林省教育学院学报(上旬)，2014(3).

[24] 陈昱旭. 地方政府网络文化建设与管理现状及对策研究——以重庆合川为例[EB/OL]. (2013－09－06). http://theory.people.com.cn/n/2013/0906/c40537－22828998.html

[25] 吕晓波. 图书馆在网络文化建设中的地位和作用[J]. 无线互联科技，2014(2).

第一章　网络文化界定

学习目标

1. 了解网络文化的概念。
2. 了解网络文化的基本结构。
3. 了解网络文化的本质特征。
4. 了解网络文化的主要功能。

在由传统社会向现代社会转型的过程中，网络为人们带来了一种全新的交流方式。在现实世界里无法想象的事件，在网络里却有可能发生。研究者把在网络世界里引起较大影响的网络现象，视为网络虚拟空间里的文化狂欢活动。从“网络恶搞”到“火星文”风行，从“人肉搜索”到“全民偷菜”，从“贾君鹏事件”到“犀利哥的传说”……借助网络工具，人们在虚拟空间内上演了一幕又一幕文化狂欢。“狂欢文化各种粗鄙、不登大雅之堂的言语和表达、行为和动作都可以表现。这正是和网络文化有着不约而同地契合。”[1]

第一节　从文化的定义观照网络文化的概念

要明确网络文化这一概念，不能不从它的上位概念文化说起，因为它们之间是种属关系，即包含与被包含关系。通俗地说，就是大类与小类之间的关系。概括地说，网络文化是文化的一个子集。[2]

一、什么是文化

（一）文化的一般定义

文化，既是一种十分复杂的社会现象，也是一个内涵和外延都很丰富的概念。文化一词，拉丁语称“colere”，本意是耕作土地。据统计，有关“文化”的定义，多达400余种。

从总体上看，这众多的定义，大致可以分为三类：第一类是人类学意义上的文化概念，把文化看作是人的一种行为模式；第二类是社会学意义上的文化概念，把文化看作是一定社会历史的生活结构以及反映这一结构的价值体系；第三类是心理学意义上的文化概念，把文化解释为人特有的基本心理状态的社会普遍重要性的表现。

1871年，英国文化人类学奠基人泰勒（Tylor），在其著作《原始文化》中，首先使用“文化”（culture）这一名词。按照他的定义，文化，或者文明，就其广泛的民族学意义来说，是包括全部的知识、信仰、艺术、道德、法律、风俗以及作为社会成员的人所掌握和接受的任何其他的才能和习惯的复合体。这里,泰勒对“文化”的定义,既包括处于精神层面的能力,也包括这些精神内容所影响的社会成员的行为习惯。

根据2000年版《辞海》的解释,广义的文化指人类在社会实践过程中所获得的物质、精神的生产能力和创造的物质、精神财富的总和。狭义的文化指精神生产能力和精神产品,包括一切社会意识形式:自然科学、技术科学、社会意识形态。有时又专指教育、科学、文学、艺术、卫生、体育等方面的知识与设施。由此可见,文化是人类物质文明和精神文明的总和。

按照美国著名文化批评家杰姆逊(Frederic Jameson)的说法,“文化”起码有三种含义:一是个性的养成,个人的培养;二是指文明化了的人类所进行的一切活动,与自然相对;第三种含义即日常生活中的吟诗、绘画、看戏、看电影之类。第一种文化是人的心理方面的,是个人的人格形成的因素;第二种是社会性的;第三种则是修饰性的。通常,我们讨论文化,是从第二种定义入手的,即文化是人的对象化活动的产物,是人处理其与客观世界的多重现实的对象性关系和解决人类心灵深处永恒矛盾的方式。

述及对文化的理解,当前学术界可谓形形色色、五花八门。在今天全球化的语境中,文化昔日的边界毫无疑问已经纷纷敞开了大门,文化的概念扩展已势所必然。1982年,在墨西哥举行的第二届世界文化政策大会上,联合国教科文组织成员国给文化下的定义值得我们充分重视:文化在今天应被视为一个社会和社会集团的精神和物质、知识和情感的所有与众不同显著特色的集合总体,除了艺术和文学,它还包括生活方式、人权、价值体系、传统以及信仰。这种界定,不再将文化局限于某种思想或艺术,而是包括了日常生活的方方面面。

美国学者克鲁柯亨(Clyd Kluckhohn)在《文化概念:一个重要概念的回顾》中,归纳和总结了众多不同的文化定义,并提出了学术界公认较为具体而精致的含义:文化是历史上所创造的生存样式的系统,既包含显性式样又包含隐性式样;它具有为整个群体所共享的倾向,或是在一定时期中为群体的特定部分所共享。[3]

(二)文化的基本形态

大千世界的文化,不外乎三种形态,即自然文化、科学文化和人文文化。

自然文化是通过地壳运动,借助风雨雷电这些自然化活动而形成的,是大自然赐给人类的文化财富,如黄山、泰山、峨眉山等。这些文化是自然界在长期演化中形成的,但也需要人们去发现、整理和培育。这叫作“自然的人文”。联合国教科文组织所认定的自然遗产,就属于这种形态。我国最近申遗成功的丹霞地貌,就是典型的自然文化。

科学文化、人文文化则是人类自己“向文而化”,也就是人类自己创造的文化,如哥德巴赫猜想、长城等。从本质上说,文化就是“人化”。事实上,文化的主体和客体都是人本身,文化对于经济、政治、社会的能动作用,也是通过对人的影响来实现的。

(三)文化的构成要素

文化在人类时空中的存在及其运动是一个四维结构。或者说,人类文化,是由彼此相关的四大要素所构成的,它们是:物质、精神、制度和传播。[4]

1. 物质

(1) 环境的物质性。无论是自然环境还是人文环境，都是物质的。

(2) 生存的物质性。人的存在方式和生存环境以及人类所创造的一切器物(产品、商品、工具、生产手段等)和该器物得以创造的条件，也是物质的。

因此，物质性，是文化首要的和根本的特性。

2. 精神

人类是地球上唯一具有精神生命的动物。人是两个生命，即肉身生命和精神生命及两者之间动态联系的统一体。所谓“文化之动物”“符号之动物”和“精神之动物”等说法，实质均在于强调人类作为文化主体的精神性及其精神意义。

3. 制度

制度，是人类文化的构成模式与组织范式。如果说物质文化在“物”、精神文化在“心”，那么，制度文化则在于“心”与“物”之间。

4. 传播

传播，是人之现实存在的运动方式之一。传播本身就是构成人类文化整体的基本要素。任何文化形态及其文化属性，都是在一定的时空中存在与演替的。传播就是动态的文化样式。所谓传承文明，首要的就是文化的传播。

不过，总体来说，学术界使用最广泛的是文化的三分法，即物质文化、行为文化和精神文化。

“在人类文化变迁中，如果说第一代文化是以语音为载体的语音文化，第二代文化是以文字为载体的文字文化，那么第三代文化则是以电子—电磁波为载体的电子—电磁波文化，电子—电磁波文化为人类文化样式的创新奠定了坚实的基础。”[5]网络的出现，是人类文化传播历史上一次空前的革命。网络展现的是一部科技文化史，网络文化的诞生，是文化史上的一个里程碑。有人说，网络的出现，不亚于纸张对人类文化的冲击。

二、什么是网络文化

正如文化概念的定义多样化一样，网络文化的定义也呈现多元化的特征。

(一) 对网络文化的不同界定

网络文化是文化和文化产品的集合。作为一种正在发展和建设中的文化，人们对它的认识也处于发展变化中。学术界对网络文化含义的认识，由于研究的角度与侧重点不同，其表述和理解也有多种。

有学者认为，网络文化，广义上就是网络时代的人类文化。网络文化又称赛伯空间文化。这是1984年美国科幻作家威廉·吉布森(William Gibson)，在他的科幻三部小说里，新创的一个奇怪的用语——“赛伯空间”。“赛伯空间是思维和信息的虚拟世界，它把信息高速公路作为最基本的平台，通过计算机实现人与人之间的感情交流与文化交流，而无须面对面接触，只需在电脑键盘上击键而已。赛伯空间文化是知识经济时代特有的文化”。[6]

一些学者进一步区分了广义和狭义的网络文化，但在具体表述上却显示出较大的差异。如李仁武在《试论网络文化的基本内涵》一文中提出，从狭义的角度理解，网络文化是指以计算机互联网作为“第四媒体”所进行的教育、宣传、娱乐等各种文化活动；从广义的角度理解，网络文化是指包括借助计算机所从事的经济、政治和军事活动在内的各种社会文化现象。[7]而毛为忠则提出：网络文化是建立在因特网基础上的一种不分国界、不分地区的信息文化，它以计算机技术和通信技术的融合为物质基础，以上网者为主体，以虚拟的赛伯空间为主要传播领域，以数字化为基本技术手段，为人类创造出一种新的生存方式、活动方式和思维方式。从狭义的角度来看，网络文化将知识和信息以计算机可以识别的代码形式记录下来，并且通过计算机互联网进行传播和交流。从广义的角度来看，网络文化是网络时代的人类文化，它是人类传统文化、传统道德的延伸和多样化的展现。[8]还有一些学者在概括网络文化特性的基础上，对网络文化作出界定，但这些界定仍然具有很大差异。王忠武提出：所谓网络文化是以各种网络产品为物质依托，按照一定的网络规范组成的包含各种与网络有关的精神现象的总和。[9]高云、黄理显提出：网络文化是指随着科学技术的发展和电脑网络的普及和应用，人们借助于计算机和互联网进行各种活动时所形成的具有自身鲜明特征的信息文化。[10]冯永泰则在指出对网络文化进行定义存在着“从文化看网络”和“从网络看文化”两种切入方法后，提出了一个综合性的定义：网络文化是以网络技术为支撑的基于信息传递所衍生的所有的文化概念和文化活动形式的综合体。[11]郭良则把网络文化界定为“由于电脑网络的应用和普及而给人们带来的新的、与众不同的经验和感受及其形成的观念和行为上的特征”。[12]

以上列举的几种代表性的定义，既反映了各位学者对网络文化这一概念的不同理解，也显示了他们对网络文化本质属性的共同把握。[13]

从差异上看，各种网络文化定义的视角存在着明显的不同：有的侧重于宏观，寻求广义的界定；有的侧重于微观，探讨具体的含义。有的着眼于技术层面；有的着眼于思想方面；有的着眼于行为和活动方面；还有的力图作出思想、技术、行为的综合概括。

从共同性来看，几乎所有的网络文化定义，都直接或间接包含以下几个共同点或共同因素：

第一，普遍承认网络文化产生的基础是计算机网络技术和现代通信技术的发展，承认计算机互联网是网络文化存在和发展的平台。

第二，普遍认同网络文化是对现代经济社会发展，特别是对知识经济和网络经济发展的反映。

第三，都看到了网络文化的本质是一种与传统文化不同的新型信息文化。

正是这些差异和共同点，为我们进一步分析和把握网络文化的含义奠定了重要的基础。

（二）网络文化的科学内涵

通过上述分析，我们可以看到，网络文化的概念虽然已经被广泛使用，但要想对其做出较为科学、准确的界定，并得到较为广泛的认同，仍然是一个十分困难的问题。

其所以如此，主要有两方面的原因：一方面，基于互联网发展速度迅猛，网络文化正处于形成与发展过程中，人们对网络文化及其影响的思考还处在初级阶段；另一方面，也是由于文化概念本身的复杂性所致。

前已述及，迄今为止，人类关于文化的定义就有400多种。由于文化定义的不同，势必引发对网络文化的不同理解。正因为如此，各种有关网络文化定义的纷争，还将长期存在。

尽管如此，我们还是可以从分析现有的各种定义入手，站在哲学的高度，来构建一个相对合理、简单明确的网络文化定义。[14]

从马克思主义哲学坚持社会物质生产是一切社会现象产生的基础这一基本观点出发，借鉴各位学者关于网络文化的各种定义，遵从简单实效，便于分析问题的原则，可以对网络文化给出如下定义：网络文化是以计算机互联网和现代通信技术为基础，以虚拟网络空间为存在形式的现代新型文化形态，这种文化形态是对现代社会经济、政治和社会心理发展状态的反映，也是对现实文化和传统历史文化的再造和继承，网络文化所创造的“虚拟世界”和“现实世界”的文化互动，带来了人的生存方式的深刻变革。从广义上来讲，网络文化是指借助计算机网络所从事的一切人类创造和交流活动及其所衍生的所有产品，包括物质文化、行为文化与精神文化等形式；从狭义上讲，网络文化主要指存在于赛伯空间的人类精神文化形态，包括存在于网络空间内的一切人的知识、信息、思想、心理、行为和活动方式等。

这一定义的科学性，可以从以下三方面得到阐释。

首先，这一定义从哲学的视角，依据马克思主义哲学关于社会存在决定社会意识、物质生产是一切社会现象产生的基础这一基本原理，着眼于网络文化与现实文化的关系来揭示网络文化的本质属性：一方面，网络文化与文化（一般）的本质属性都是一样的，作为观念形态或观念的附属物，都是对人类社会物质生产方式和生活方式的反映，受人类物质生产和科技发展水平制约；另一方面，网络文化与文化（一般）不同，它是在现有的文化基础上产生的，是借助于计算机技术、网络技术和现代通信技术实现的对已有文化成果的继承、利用和再造，是以虚拟空间为存在形式的新型文化形态。

其次，这一定义指明了网络文化产生的物质基础和本质特征：一方面，网络文化是人以现代科技为手段对传统文化的再造，网络文化对现代科技和传统文化具有依赖性；另一方面，网络文化与传统文化一样，都具有属于人的特征，是人的创造物，反过来又会影响人的生存与发展。网络文化作为一种现代网络人的存在方式，正在引起人的生活方式的深刻变化。

再次，这一定义避免了对网络文化的模糊理解。

第一，避免了对网络文化作泛化的理解。网络文化是网络时代的特殊文化形态，是现代社会的亚文化系统，不能把网络文化泛化为“网络时代的人类文化”。网络时代的文化创造和文化传播，大部分要依托计算机互联网来进行，但计算机互联网的空间覆盖还是有限的，即使互联网在将来覆盖了全球每一个角落，也不会覆盖人类文化创造和传播的全部空间。不仅如此，把网络文化定义为“网络时代的人类文化”，还会混淆人类文化与亚文化之间的关系，给研讨网络文化与传统的人类文化之间的互动，带来消极影响。

第二，避免了对网络文化作“过狭”的理解。网络文化是以计算机网络系统为平台，以计算机技术和现代通信技术为手段，对现代社会经济发展和政治进步状况的反映。网络文化不只是对网络经济和网络政治的反映，而且是对整个社会政治、经济和文化发展的反映。不能把网络知识、网络心理、网络道德、网络精神仅仅理解为关于网络的知识、关于网络的道德和关于网络的心理及精神，而应该理解为通过计算机网络来创造和发展的、以网络形式存在的人类精神和人类文化心理。就其本质来讲，网络文化是对整个现实社会和虚拟空间一切存在的反映；就未来的发展看，网络文化的成熟状况，代表着整个人类文化的成熟状况。

第三，注意区分了文化与网络文化、现实文化与传统文化的关系。文化是指人类社会所创造的一切物质和精神财富的总和，是对一定社会经济、政治和精神心理的观念形态的反映。在网络文化产生之前，文化表现为现实文化与传统文化的辩证统一。这里，传统文化的含义为历史文化，现实文化则为当代文化。也就是说，文化是当代文化与历史文化的统一。作为网络时代和信息时代的新型文化形态，网络文化一产生，就开始了网络文化与现实文化及网络文化与历史传统文化的互动交流。现实文化和传统历史文化经数字化进入互联网，就演化成网络文化，网络文化外化出互联网，就加入现实文化当中。而当人们强调网络文化作为一种新型文化形态与原有文化形态对比时，又习惯于把现实文化与传统历史文化统称为传统文化，强调网络文化是以传统文化为基础而产生的新型文化。这里，要特别注意两种传统文化在使用过程中的区别。

“网络文化是以网络物质的创造发展为基础的网络精神创造，不是一种地域文化，而是一种时域文化，是人、信息、文化三位一体的产物，是以计算机技术和通信技术融合为物质基础，以发送和接收信息为核心的一种崭新文化。”[15]网络文化是一种蕴涵特殊内容和表现手段的文化形式，是人们在社会活动中依托以信息、网络技术及网络资源为支点的互联网而创造的物质财富和精神财富的总和。从狭义上说，它特指以数字化为前提、以互联网为基础、以电子化传输为依托、以创新和互动为核心，并同现实文化息息相关的文化现象。

网络文化包括三方面的含义：一是网络形成和发展的文化动力与文化支柱，或曰人们内在的文化需求与文化精神，即人们相互交流、获取信息的“文化本性”；二是网络上所产生的各种新的文化现象、所形成的独特的文化形态，例如被称为“网话文”的网络语言和网络原创文学以及新兴的博客、播客、微博等；三是网络中所蕴含的独特而丰富的文化价值和文化精神，它们对其他文化形态产生或多或少、或大或小的冲击与影响，并促进其他文化形态的变革和发展，例如作为终极追求的自由表达与信息共享的精神和在这一过程中所表现出来的探索与创新精神等。

简而言之，网络文化是以互联网为载体、以互动交流为特质的文化形态，通常指网络中以文字、声音、图像等为样态的精神性文化成果，主要包括网络新闻、网络文学、网络视音频和网络论坛、网络游戏、网络音乐、网络动漫以及网络教育、网络培训、网上文艺鉴赏、网上学术交流、网上购物等具体样式。

第二节 网络文化的基本结构

一般认为“网络文化”最早从英语“cyber culture”而来。把“cyber culture”翻译成网络文化，而不直译为计算机文化，是因为它指的是基于计算机网络的文化，是区别于computer literacy（计算机文化）的。

computer literacy 由苏联学者伊尔肖夫（Ershov）首次提出。他认为，“计算机程序设计语言是第二文化”。到 20 世纪 80 年代中期，人们逐渐认识到，“计算机文化”的内涵与外延并不等同于计算机程序设计语言。到 90 年代初，随着网络的发展，“计算机文化”的说法又时髦起来。不过，目前已经由 computer literacy 转化为了 cyber culture，二者的社会背景和内涵及外延已有了根本性的变化。[16]

一、网络文化的五大要素

网络文化是由于网络技术的发展和广泛应用而逐渐形成的一种现代人类文化，包括网络技术基础文化、网络制度文化、网络行为文化、网络心理文化、网络内容文化等。

（一）网络技术基础文化

网络技术基础文化，是一种物化的知识文化，它以满足网民对网络文化内容的需求为目的，直接反映现代人类同自然的关系，是社会生产力发达程度的标志之一。

网络技术基础文化也可称为物质文化。[17]物质层面的网络文化，是对象化了的人类劳动，是能为人类的信息交流提供坚实的物质基础的物质环境。计算机网络设备、网络资源系统和信息技术（计算机技术、网络通信技术），是物质层面网络文化的主要内容。

（二）网络制度文化

网络制度文化，是人们规范网络行为的一种文化，是网络传媒健康发展和实现其功能的保障，包括有关网络传媒活动的政治、经济、法律等规则。

网络制度文化是介于网络物质文化和网络精神文化之间的中介层次，其主要内容包括网络技术规范、网络运行和使用中的各种规则、政策、法规和道德规范等。[18]

（三）网络行为文化

网络行为文化，是人们在网络文化中自然形成的习惯，具有鲜明的民族性、地域性。网络行为文化，是人的网络活动本身所构成的文化。人类活动以网络的方式进行，就构成了网络行为文化。

网络行为文化又分为网络行为活动规范和网络行为方式。网络行为规范，是人们在网络行为活动中所要遵循的要求、规则，包括网络制度、网络行为规范、网络伦理等；网络行为方式，则主要是指人们依赖网络而进行的各项活动，如网络消费、网络娱乐、网络教育、网络经济等。

（四）网络心理文化

网络心理文化，也就是网络传媒心理文化，即在网络活动中人们所表现出来的思想、情感的总称。

网络心理文化主要表现为网络精神文化，包括网络精神成果和网络精神意识。网络精神成果，是指在网络中以声音、文字、图像等形态存在的各种精神性的文化成果。一般说来，现实中的科学、哲学、艺术、语言、文学、宗教等精神文化，都可以以网络的形式存在，成为网络精神文化。网络精神意识，是指网络影响下的人的思想观念，如人的主体意识、心理状态、知识结构、思维方式、价值观念、道德修养、审美情趣和行为方式等。

精神层面的网络文化，是个体和群体的网络意识、情感和素养的集中表现。其中某些精神层面的网络文化发展，在一定阶段外化或物化为网络的基本原则、网络道德规范与网络法规等基本法规与制度，而另一部分则内化成网络思维方式、思想、情感和价值观念等文化心理结构。

（五）网络内容文化

网络内容文化，是由网络功能文化、网络资源文化、网络产品文化、网络受众文化、网络生产者文化、网络客户文化等构成的网络集群文化。

网络文化的这五大要素是相辅相成的：网络技术基础文化，是网络文化的基础或前提，网络文化的其他要素，则受网络技术基础文化的制约；网络制度文化、网络行为文化、网络心理文化、网络内容文化，既是网络技术基础文化发展的结果，又是网络文化的核心。否则，网络技术基础文化也就失去了存在的意义。

二、网络文化的“理想类型”

对于何谓“网络文化”，政府部门和学者们众说纷纭，各种不同的界定已多达100多种。从这些表述来看，对网络文化概念和内涵与外延的理解，可以有不同的视野和方法。

为此，有学者采用马克斯·韦伯（Max Weber）的“理想类型”（ideal type）法研究网络文化的概念。[19]所谓“理想类型”，简单说是一种界定方法，用于厘定那些无法明确定义的社会事实。正如韦伯所指出的那样：理想类型是通过单方面提高一个或更多的观点而获得的，通过把大量单个现象汇聚起来……它们同那些通过一套统一的思想形式而进行单方面强调的观点结合在一起……它具有纯粹观念上划定概念界限的重要性，现实通过它被加以衡量，以便在现实的经验内容方面为某些重要的因素分类，现实也通过它被进行比较。例如，可以从现代社会中提取“分化”“市场化”“契约”“市民社会”等特征，而得到现代社会的理想类型，它是简化的结果，但显示出了与其他社会的不同之处。

根据理想类型方法，我们可以把分析的焦点指向已有的一百余种网络文化概念表述中所常用的“文化模式”“文化内容”“文化本质”三个核心概念，从这三个核心概念的基本特征出发，构建网络文化的内涵与外延。

（一）网络文化模式：一种新的文化形态

在以网络为核心的社会实践中，人的创造性活动与信息网络的影响产生互动，生发出影响人的生存和发展的新的文化形态——网络文化。

1. 网络文化形成独有的文化模式和文化样态

网络文化不仅使人们按照新的模式进行活动和交流，而且创造出新的文化形态。这种文化形态通过主体、客体、中介及其价值四个要素，建构起其自身的逻辑和运作方式，并通过这些要素，把人、自然、社会和历史组成一个有机整体。

网络文化的主体，是指掌握一定网络技术的网民；客体是指网民在开展网上文化活动时的指向，包括自然界、人和社会等；中介是指构成网络的硬件、软件以及通过网络技术平台传输的数字化符号等；价值则指人们通过网络而形成的新的价值观和生活方式，及其对网络主体的物质、精神等方面需求的满足。

2. 网络文化蕴涵着独特而丰富的文化价值和文化精神

网络文化承袭了现代理性精神，并以虚拟的方式将其拓展，创造出一种全新的理性形式——网络理性。

网络理性崇尚网络主体性、网络自由、网络民主等主要网络理念，是网络文化的灵魂。这种独特的文化精神和文化价值，使其具有了其他文化形态所不能比拟的强大的价值渗透功能，不仅引发了人们对以往传统的占主流地位的文化价值规范的反思和探讨，还极大地拓展了现代社会中人们文化生活的深度和广度，塑造出全新的文化价值规范体系。

经过上述界定，网络文化与其他文化形态的关系便一目了然：网络文化是信息社会的亚文化，网络文化独特的文化精神和文化价值对社会政治、经济、文化等其他文化形态产生或多或少、或大或小的冲击和影响。这种影响呈交叉性的导向关系，渗透于各种文化形态之中，促进其他文化形态的变革，却不会从总体上取而代之。

（二）网络文化内容：诸多网络文化现象的综合体

一般来讲，文化是各种物质文化和非物质文化的总和。按照这种理解，网络文化是诸多文化现象的综合体，其中的每一种现象，都可称之为网络文化现象。因此，广义的网络文化包括一切与信息网络技术有关的物质、制度、精神创造活动及其成果，即以网络技术广泛应用为主要标志的信息时代的文化。

实际上，当前许多学者从内容构成角度，对网络文化下的诸多定义，无论是广义、狭义的定义，还是其他的不同界定，实质上都是围绕着文化内容的几个层次展开的。

网络物质文化、行为文化、精神文化，三者既紧密相连，又相互交叉。如果将网络文化看成是一个头尾相接的文化链条，那么这个链条由若干个大文化环（物质文化、行为文化、精神文化）组成，每个大文化环又由无数个小文化环组成，文化环与文化环之间，有的直接连接，有的间接连接，有的则依次相接，有的可能是几个文化环与一个文化环同时相接，还有的则是几个文化环交叉连接在一起。

在网络文化里,不论有多少个文化环,不论文化环以什么形式连接在一起,它们总有相扣之处,形成一个内容交叉而丰富、连接形式多样而紧密的文化链条,而其中每个文化环,都有其自身存在的特殊意义。

(三) 网络文化本质:人类新的网络化生存方式和社会发展图式

文化是人的基本生存方式。人总是生活在文化中,从衣食住行等日常生活到各种社会活动和历史运动,都显示出明确的文化内涵。文化的特性表现在,它不是与政治、经济、科技、自然活动领域或其他具体对象并列的一个具体的对象,而是内在于人的一切活动之中,影响人、制约人、左右人的行为方式的深层次、有机理的东西。

网络文化极大地改变和影响了人类的生活方式、工作方式、交流方式、思维方式、娱乐方式等。例如,网络文化使人们的思维方式由一维向多维、由平面向立体、由线性向非线性、由收敛型向发散型转变,变革了人们的文化价值观及信息观、时空观、等级观和实体观,并产生了新的认知模式。也就是说,网络文化已成为人类新的生存方式之一。

网络之间的信息和意义流动,以及网络对社会实践的作用力,引起了社会结构和人类社会发展模式的变化,构成了现代社会结构的基本线索,成为人类社会新的发展模式。

目前,中国的网络文化已发展成为一种快速发展的文化形态,中国网络文化的参与者正以每年 20%以上的速度增长,我们未来的精神生活和物质生活,都必将与网络文化发生紧密的联系。

三、网络文化的不同层面

网络文化是一个内涵与外延均十分丰富的概念,人们对网络文化的认识角度不尽相同。中国人民大学教授彭兰认为,网络文化可以分成如下层面:[20]

(一) 网络文化行为

网民在网络中的行为方式与活动,大多具有文化的意味,它们就是网络文化的基本层面,是网络文化其他层面形成的基础。

(二) 网络文化产品

这既包括网民利用网络传播的各种原创的文化产品,例如文章、图片、视频、Flash等,也包括一些组织或商业机构利用网络传播的文化产品。

(三) 网络文化事件

网络中出现的一些具有文化意义的社会事件,它们不仅对于网络文化的走向起到一定作用,也会对社会文化发展产生一定影响。

(四) 网络文化现象

有时,网络中并不一定发生特定的事件,但是,一些网民行为或网络文化产品等会表现出一定的共同趋向或特征,形成某种文化现象。

(五) 网络文化精神

即网络文化的一些内在特质。目前,网络文化精神的主要特点表现为自由性、开放性、平民性、非主流性等。当然,随着网络在社会生活中渗透程度的变化,网络文化精神也会发生变化。

不同层面的网络文化交织在一起，构成了复杂的网络文化景观。

第三节 网络文化的本质特征

网络文化是一个“多面体”。不同的人从不同的角度观察网络文化，都会获得各自不同的见解。正因为如此，对于网络文化的特征，学界也仁智互见。

有的学者认为，网络文化的基本特征是网络文化的开放性、虚拟性、互动性、渗透性、共享性。也有学者认为，网络文化具有虚拟性、开放性、集群性、共享性、多元性、平等性和交互性等特征。

这些说法，从不同侧面对网络文化特征进行了有益的探索。但是，作为基本的和本质的特征，应该具有一定的独特性，也就是网络文化所特别具有的，或者说在网络文化中反映最集中或最突出的，最能体现网络文化核心的特征。

新近的研究表明，可以从技术性、文化精神性和主体性组成的三维度模型，来表达网络文化的12种特征（见图1-1）。[21]

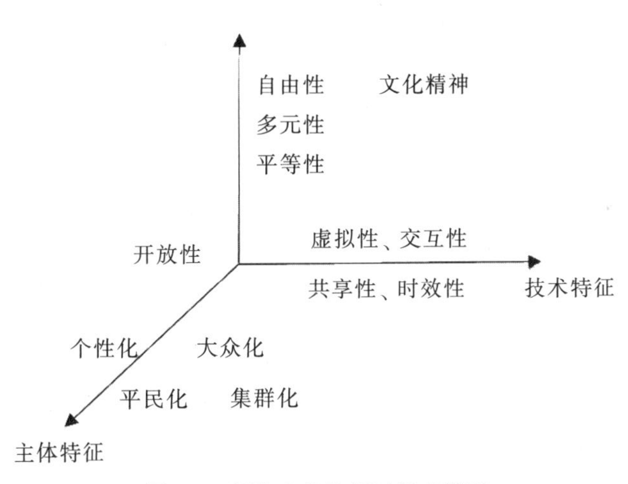

图1-1 网络文化特征三维度模型

一、网络文化的技术特征

网络文化首先是一种技术文化，是信息技术和网络技术进步催生出的文化。每一次技术的革命性突破，都会推动网络文化新方式、新内涵的产生与扩展。可以说，技术特征是网络文化最基本的属性，其他特征都是建立在此基础上的。从技术特征层面观察，网络文化的特性体现的是互联网的特性，最主要的是虚拟性、交互性、共享性和时效性。

（一）虚拟性

虚拟性产生并依赖于虚拟的“赛伯空间”而存在。网络诞生前，人们一直生活在实体空间。网络问世后，人们的生存空间发生了变化。“赛伯空间”是一个由无数符号组成的虚拟空间。在这样的虚拟空间里，每个人都可以尽情表现自己，许多在物理空间中难以实现的梦想、行为等，可以在虚拟空间中实现。在物理空间里人们所建立起来的一整套的准则和习惯被打破，取而代之的是一个全新的网络虚拟世界。

时下，享受网络生活，成了网民们热衷讨论的话题之一。网络生活的最大特点就是它的虚拟性。[22]通过网络，任何人都可以徜徉在虚拟的网络生活中，可以用聊天工具谈情说爱，在虚拟社区中结婚生子，也可以在网络游戏中充分享受胜利的喜悦，更可以在网络论坛中思绪飞扬，畅所欲言。而这一切，更多的时候是与网民真实生活情境大相径庭的，就连网民在网络生活中用的名字往往都不是自己的真实姓名，而是用的另一个在网络生活中能够代表自己身份的符号——网名(ID)。网民在网络生活中追求异样的、理想化的生活状态，寻求各种刺激，而这种追求并不需要网民去冲破道德和法律的界限，而是仅仅通过虚拟的网络生活就可以满足。正是出于这种原因，虚拟的网络生活不再是个例，而是越来越受广大网民青睐的特定群体的集体行为，这便是文化现象了。"所以互联网的这一特色或者说互联网运动的这一理念表征了一种现代性意义，它不仅构成了人们上网的理由，展现了网络的魅力，同时也是网络文化的基本特性之一，更是网络其他文化内涵的基础。"[23]也就是说，虚拟性是网络文化的本质特征。

网络的虚拟性导致网络黑客、网络色情、网络病毒、网络犯罪、网络沉迷等大量社会问题，已经成为危害社会秩序、妨碍社会安全的重大因素。而这些网络问题，正是网络文化具有虚拟性的负面结果。

网络文化所拥有的价值导向，固然有被滥用的危险，但仍然是社会进步的象征，代表着知识与力量，倡导人们崇尚科学与知识；激励人们积极进取、奋发图强；催生平等、自由的观念。"积极的态度是，我们在享受这一现代技术所带来的快捷性和高效率时，对它的负面影响加以防范和遏制，深入探究其内在规律和本质，大力加强网络文化建设。"[24]

(二) 交互性

交互性是指人们在网络活动中发送、传播和接收各种信息时，表现为互动的操作方式。互联网作为一种崭新的传播媒体，区别于其他传统传播媒体的最本质特征，就是交互性。在互联网出现以前，传播媒体的传播交流方式基本上是单向的，互联网改变了这一切。"万维网的最大贡献在于使互联网真正成了交互式的。"[25]

互联网的交互式操作方式表现出多方向、大范围、深层次的特征，这使人们的沟通交流方式面临深刻变革。在网络中，每一个网民不仅是信息资源的消费者，同时又是信息资源的生产者和提供者。人们的信息获取方式由传统的被动式接受转变为主动参与，在沟通碰撞中相互引导，提升了信息的传播效果。

(三) 共享性

信息和资源的高度共享，是网络文化的又一基本特征。

互联网的并行能力很强，它允许在同一时间内对同一信息源进行同主题的多用户访问，基本实现了资源供给与需求的一致性，避免了信息资源的浪费，减少了重复建库的时间和经费浪费等问题。共享性使得网络文化在存在特点和表现形式上都具有极大的趋同性，将本属于个别文化区域的资源，转变成了所有文化的共同资源。

（四）时效性

互联网的传播不受时间和空间的限制，信息的收集、资料的查询，变得更加快捷和有效。通过网络，人们几乎可以以面对面同步的速度传输文字、声音、图像、视频，且不受印刷、运输、发行等因素的限制，可以在瞬间将信息发送给千家万户，而且用户也可以随时方便、快捷地获取所需信息。

二、网络文化的精神特征

文化的精神属性，体现了文化的价值取向和追求，标志着文化赖以生存发展的本质特征。从网络文化的精神属性观察，网络文化具有开放性、平等性、多元性和自由性。

（一）开放性

用户可以访问网络上的各种资源，也可以发表各种言论，上传各种信息。在网络文化中，开放性得到了最深刻而具体的体现。互联网上的不同主题的网站、新闻组、论坛、聊天室、博客等，基本上都是开放的，任何人都可以根据自己的意愿和需要，获取自己想得到的信息，快捷而方便地与世界各地网民进行联络、交流，自由地查询各种信息资源。各种观点、思想、民族文化，在这里都可以找到自己的位置，任何人在任何地点、任何时间都可以自由表达其观点，突破了此前任何形态的文化都是区域性的局限。

传统文化具有条块的特征。也就是说，不同的群体有不同的文化，不同的行业有不同的文化，不同的地域有不同的文化。不属于这一群体，不进入这一行业，不处于同一地域，就很难进入那一领域的文化。换句话说，在获得或者共享某一文化的时候，必须首先具有某一身份。而网络文化对可以上网的人来说，没有这样的预设门槛。对所有有条件上网的人来说，网络是完全开放的，没有条块的划分和限制。[26]

互联网形成了一个开放的网络世界，网上交往完全是在开放的状态下进行的，不受时间、空间的限制。互联网本身就是网络之间的连接，既无开端也无终点，各种文化都能够得到充分的展现和有效的交流。这种交流一方面可能形成所谓的“文化入侵”，但另一方面也使网络文化融合了不同国家和民族的文化特征，人类的文化交融将在网络中最终得以实现。“开放性保证了网络文化的新陈代谢，使网络文化有了无限的生机和活力。”[27]由于开放性，信息的传递更加迅速，信息的使用更加有效，各种风俗时尚和社会热点，总会以最快的速度在网络中得到体现。“不可否认，互联网文化正在逐步消解现实世界中的总体性状况，各种差异、异端的声音正在响起。这是因为网络开放性的传播结构给了每一个上网人发言的机会。个人的多元选择在网络中成为可能。”[28]

一种有前途、有强大生命力的文化，必然具有吐故纳新、兼容并包的胸怀，网络文化也不例外。网络文化能得到快速发展的一大重要因素，就是它的开放性。网络文化以开放的胸怀消化吸收着各种形态的文化。不论是民族的还是异域的，只要经过网络加工，都变成了网络文化的一部分。网络文化的开放性，还表现在它不嫌贫爱富。它既有阳春白雪的高雅，又有下里巴人的通俗。任何阶层、任何文化程度的人，都可以尽情享受网络生活带来的乐趣。这一点，是传统文化所做不到的。网络文化的开放精神同自由、平等、民主等精神紧密联系在一起，为实现观念的多元化、多样化提供了基础。

（二）平等性

信息时代的网络文化，在参与上是垂直的，在交流上是平行的，在关系上是平等的，在选择上是自主的。因为网上交流可以是匿名的，甚至可随时更改或虚拟身份，所以它是一个没有上下级关系、没有等级障碍的平台和自由空间。

现实社会中有着严格的层级界限，而网络环境中所有的网民都是一个符号、一个代码、一个信息点。在点对点交往中，不管是总统还是商店售货员，都可以处在一种自由、平等和直接交流之中。网络环境的信息传播无阻碍状态，激励人们在网络生活中打破层级界限，追求有效和直接的点对点交往。人们在走过“法律面前人人平等”“金钱面前人人平等”的艰难历程后，将随着网络的日益普及，步入一个“网络面前人人平等”的新天地。

正是因为网络上所有的信息、文化都是开放的，可以共享的，所以在网络上所有的人在获取信息的时候就是平等的，而信息的拥有在现实生活中往往成为权力的来源之一，成为不平等的原因之一。在网络上，信息的开放性使得这种不平等降到了最低限度。平等性已经成为网络文化的一个重要特征。网络文化的平等精神，意味着公平、理解，意味着对权威的消解，也意味着对开放、创新机制的保障。

（三）多元性

信息来源的开放性带来了信息内容的多元化。网络上的文化产品没有数量限制，并且兼容各色各类文化产品和价值理念。形形色色的文化样式、价值观念，通过网络的高速传递，呈现在大众面前，满足不同品位、不同心理需求的人们的需要。“网络文化具有多元并存的文化结构，这是指网络文化存在着不同的亚文化，以及相应的意识形态和价值观。比如，主流文化、大众文化和精英文化在网络中就完全共存。”[29] 网络文化的多元性表现在多方面。

首先，网络文化的内容是多元的。网络文化内容的多元性，使得网络具有无限的魅力，吸引着越来越多的人成为网络这一新兴媒体的受众。丰富多彩的网络文化内容，让不同的网民群体，在网络中都可以找到自己的兴致所在。网络游戏、网上聊天、网络论坛、博客、微博、播客、恶搞和自拍等不同的网络文化内容与形式，满足着不同群体的需要。

其次，网络文化的呈现方式是多元的。作为网络文化载体的互联网，与报纸、广播、电视等传统媒体相比，有着明显的比较优势。网络文化的呈现方式，除整合了传统媒体的文字、声音、图像、视音频等方式以外，又增加了实时交互的可能。这种实时交互性，正是互联网的优势所在。

最后，网络文化的主体是多元的。作为网络文化主体的网民，大多来自学生、公司白领、教师、公务员和个体商户等不同群体。“学生文化”“白领文化”“商场文化”以及“娱乐文化”等不同形式的网络文化，通过不同的网站或者网站的不同频道，呈现给不同的群体，满足着不同层面的需求。

（四）自由性

网络文化的自由特性，体现在人们可以自由参与、自由发表言论、自由表达观点、自由选择行为方式、自由决定价值取向等方面。

网络文化求同存异，具有很强的包容性。网络突破了传统文化的各种限制，为每一个上网的用户提供了广阔的自由对话的领域。网络文化不仅增强了不同地域文化和传统文化之间的接触与交流，而且扩大了不同文化背景下的个体之间的接触，为个体的异地远程联系提供了方便。人们在网上可以在任意时间就任意主题，进行多媒体形态的联络。这种文化联系的自由度，是前所未有的。

三、网络文化的主体特征

文化的主体是参与其中的人，网络文化也不例外。从主体特征的角度看，网络文化具有个性化、大众化、平民化和集群化。

（一）个性化

文化主体个性化的特征，在网络空间里得到淋漓尽致的体现。由于在网络里是虚拟、匿名的，就给人们提供了充分展现自己个性的舞台。在网络空间，没有强加的价值标准，不存在统一的是非观念，没有强制的规范约束，只要不危及社会，不有意伤害他人，人们就可以尽情展现自我。

“如果说农业社会是一种以生存为主导性的消费，工业社会是一种发展型消费，那么，信息社会则是一种以个性化为特征的创造型消费。”[30] 网络信息纷繁复杂，每个人都可以在网络上选择自己需要或者感兴趣的信息。正是因为可以选择不同的信息，所以网络文化在不同的个体身上，可以有不同的发展和演绎。网络文化落实到个体，不可能被统一成一种模式，而必然是个性化的体现。正是这种个体的多样化选择，使得网络文化具有多样性。

网络的本质，是解放每个人的生产力。由于网络文化的开放、自由性，也为个性化提供了平台，个人可以根据自己的兴趣、爱好选择学习的内容、进程，选择交流的伙伴。互联网如广阔的海洋，任你在信息海洋中自由游泳、大胆冲浪、展现自我。

“客文化”流行就是网络文化个性化特征酣畅淋漓的体现。几乎所有的门户网站、新闻网站和部分专业网站，都为适应网民需要，纷纷搭建了各种平台，形成了千姿百态的客文化，诸如博客、播客、威客、炫客、闪客、维客、印客、拼客、黑客等。

（二）大众化

网络文化的大众化，体现在覆盖范围的广泛性和参与受众的广泛性上。

网络使用者不分阶层、民族、贫富、老幼、男女等，都可以上网访问。它是一种几乎没有门槛、没有限制的文化交流与沟通载体。

由于互联网的匿名性和互动性，在网络上淡化、模糊甚至消除了作家与读者，记者、编辑与受众的区别和界限，使人人参与、人人是主角成为可能。比如，《两只蝴蝶》等网络歌曲，没有经过任何电视台的宣传包装，而得以在一夜之间迅速唱遍大江南北，为群众所喜闻乐见，就足以说明网络文化在大众中的影响力。

（三）平民化

网络文化是“草根文化”，有着很强的平民特征。

在传统媒介上，普通民众缺少话语权，但在网络上，任何人都可以畅叙胸怀、指点江山，自由发表观点，表现出对传统的颠覆和对权威的挑战。人们不再仰视专家和学者，而是将他们的观点与自己所掌握的知识与信息进行比较分析，从新的角度提出自己的看法。对于社会热门话题，大到强国富民，小到菜篮民生，普通百姓都可以说三道四、评头论足。网络孕育了无数的“草根”名人。

从互联网上可以及时搜集到大量信息，使得少数人对信息和知识的垄断难以为继。互联网的内容无所不包而且不受时空限制，只要能上网，则不分阶层贵贱，任何网民都可以对其各取所需，资源共享。

在国内，网络早已不是知识和财富的象征，而是大众娱乐消费的新方式。通过网络来倾诉自己的情感，消磨闲暇时光，已经成为新一代城市“草根”的首选。

（四）集群化

网络文化呈现出多群体化的文化结构，尤其是在互联网发展到 Web 2.0 阶段后，通过即时通信工具、博客圈、微博圈、论坛等，在网络空间中建立群组极为方便。即使是某个人自己创建的个性栏目，也有可能会成为由喜欢它的网民所形成的群体文化的栖息之所。

网络文化的集群性，还体现在多样和自由选择上。一个人可以自己建群营造部落，同时也可参加其他栏目、群组的讨论。这时，他就成为那个栏目中那些情趣相投的人群中的一员，即其他群体文化的一部分。

综上所述，网络文化是以网络技术为支撑的基于信息传递所衍生的所有文化活动及其内涵的价值观念和文化活动形式的综合体。网络文化的主体是参与网络中的人。网络文化是建立在互联网及其衍生工具基础上的社会活动和行为方式、思维方式、生活方式及价值观念等。网络文化的形成与发展，同互联网的形成与发展是密不可分的。从技术层面看，网络文化具有虚拟性、交互性、共享性和时效性特征；从精神层面看，网络文化体现了文化的价值取向和追求，网络文化具有开放性、平等性、多元性、自由性；从主体特征的角度看，网络文化具有个性化、大众化、平民化和集群化。

第四节　网络文化的主要功能

网络文化的丰富内涵和外延，使它具有多方面的功能，并呈现出蓬勃的发展态势和良好的发展前景。

一、网络文化功能简析

网络文化区别于传统文化方式的最大特点，是集现代媒体和信息载体于一身，因而使广大公众不仅成为网络文化的主体,也成为文化消费市场的主体。[31]平民化和市场化这两块蕴涵着推动社会进步的优势资源的有效耦合,极大地提升了网络文化的社会价值,是网络文化产生巨大社会推动力的源泉,进而具有任何传统文化方式所无法替代的优势。网络文化的强大冲击波,体现在与社会进步潮流一致的平民文化价值取向上,它让公众广泛参与社会事务并成为真正的主人。现实中的网络文化的平民化价值取向,已经悄然改变着人们在现实社会中的活动方式,改变着社会组织包括国家、政府、企业和家庭的架构和运行方式。从这个意义上说,平民文化价值是现代网络文化的主旋律。

网络文化的出现,是互联网这一新媒体出现的必然结果,它的功能是不容小觑的。[32]

(一) 传媒功能

互联网作为第四媒体,在信息传递方面的作用已经呈现出超越传统媒体的趋势,其实时性和交互性,更是传统媒体所无法企及的。网络文化的受众之所以广泛,就是因为网络文化传媒功能的存在。较强的传媒功能,使各种文化程度的人,都可以近距离接触网络,充分享受网络文化。

马歇尔·麦克卢汉(Marshall McLuhan)所提出的著名的“媒介四定律说”,在网络时代仍然是有效的。他认为,围绕任何一种媒介形式,我们都可以提出四个问题:(1)这个媒介提升或放大了文化中的什么东西?(2)它使文化中的什么东西靠边或过时了?又使文化中的什么东西凸显和增强了?(3)它再现了过去的什么东西?它使哪些曾经过时的、旧的基础性的东西得到恢复,并且成为新形式中的内容?(4)当这个媒介达到极限之后,它的原有特征会发生逆转,而其逆转的潜能是什么?[33]施拉姆被称作是传播学的集大成者,在这儿我们也可以套用这样一个概念,即网络文化是文化的集大成者。[34]以往的文化形态的表达方式,因为时代的不同而具有不同的特色,同时也都具有各自生存与发展的空间。新文化的出现,并不表明旧文化的消亡,它们之间是一种相互补充的关系,二者在传媒文化中都能找到自己的一席之地。报纸、广播、电视三者之间的关系,就是最好的例证。表达方式的多样性,使得文化形态更加丰富多彩。

互联网和手机媒体上网功能的成功开发与应用,以及网络文化形态的形成,则对以往的文化形态构成了威胁。网络打破以前技术的桎梏,将报纸、广播、期刊、电视、书籍、音像等所有的长处和功能都集于一身而加以利用。无论是在信息发布和传播的速度方面,还是在信息的存储量和信息的表达方式方面,都是以往的媒介所不能比拟的。

目前,在我国互联网的应用中,新闻信息传播功能非常突出:一是我国网民有78.5%(中国互联网信息中心CHHIC第29次调查报告)经常上网浏览新闻;二是传统媒体和新闻机构大多都有网上平台,一些不具有新闻登载资质的网站为了吸引人气,也私自开办新闻业务;三是很多网站都极力强化媒体功能。

(二) 娱乐功能

互联网不仅是网民获取信息的重要途径,更是网民休闲娱乐的新方式。

网络聊天工具和网络游戏的出现,赋予网络文化极大的娱乐功能,也极大地促进了网络文化的发展。越来越多的网民上网的直接目的，不再只是获取信息，而是聊天交友或者玩网络游戏。网恋已经成了新的恋爱方式，网络游戏更是呈现出产业化的趋向。

数字娱乐时代的到来，让越来越多的年轻人开始用数字产品武装自己，而这些数字产品的获得和更新，大多依赖于互联网。音乐、视频等网络娱乐产品的流行，也极大地提振了网络文化的娱乐性。网络音乐视频、游戏动漫等，已成为我国网民特别是年轻人新的娱乐休闲方式，在网络文化发展中尤为突出。

值得特别注意的是，网络文化是一种俗文化，是为了满足所有民众需要的文化，即大众文化，是普通流行的文化。它具有通俗性、习惯性，有时还具有不自觉性。[35]

（三）交往功能

交往是人的社会本性，但人的交往方式、交往的时空范围受交往工具、通信手段的制约。互联网打破了现实生活中的交往障碍，很多网民从素不相识到无话不谈。有人认为，在聊天室里，每个人可以抛开一切约束，摘去现实中的面具，彻底显露自我，宣泄自我，这是长期受压抑之后的一种释放，是人性的一种复归。

“网络文化的意义就在于它在现行权力组织之外，保留了一种交往的领域。”[36]网络社会是一个普遍交往的社会，存在于网络社会的普遍交往，掀开了人类交往史新的一页。网络社会使以往的交往模式发生了深刻的变化，使得世界性普遍交往成为一种现实的可能，也使得“交往”成为现时代的一个主题，成为人和社会的普遍存在方式。正是网络社会具有的普遍交往特征，有人甚至认为，“当代社会的本质是全球化交往的社会”。网际交往是开放式的交往，“网民”实质上成了“世界公民”。

（四）传承功能

文化传承，实际上就是文化的代际传播。拉斯威尔提出的传播的三大功能之一，便是“使社会遗产代代相传”。

“互联网不仅是一种高新技术，也是一种文化。它对传统文化的生产、流通和传播、接受方式产生深刻影响，促使传统文化生成模式的转型，而且网络自身蕴涵着丰富的文化价值意蕴，构成了一种崭新的传承范式。”[37]数字图书馆、博物馆、艺术馆，期刊数据库、读书类网站和频道，思想学术类网站等，存储了大量的文化典籍、当代作品，陈列了大量珍贵文物和新的作品。

（五）教育功能

任何一种形式的文化，都是以教育人、影响人为己任的，网络文化也不例外。

网络文化丰富的知识资源和实时的交流方式，可以提高学习者的学习兴趣，改变学习者的学习方式，让学习变成一个快乐的过程。每个人自主选择、自我教育，考验和锻炼着辨别是非、判断真善美的能力。

（六）社会动员功能

网上出现了相互串联、组织追星活动的“粉客”族，更有专搞出其不意、一闪即逝聚集活动的“闪客”族，以及一些自发的网上社团，形成了一种新的民间动员方式。一些政府网站，也开始应用这一功能进行社会动员，以应对社会转型期频发的各类突发事件。

（七）民意表达汇聚功能

网上表达的民意，主要聚焦于国家发展和民生问题，既有渴望期盼和意见建议，也有正当的利益诉求、合理的情绪宣泄，同时，牢骚怪话、偏激情绪也更甚于现实生活。

这一功能，正随着互联网的日益普及和网络文化的多元化发展而日趋强化和凸显。例如，以 2014 年百度网页搜索为依据的“2014 年互联网十大热词”“2014 年十大时政热词”、“2014 年‘两会’十大民生热词”，都在一定程度上反映了我国 2014 年度的“网络民意”（见下表）。

2014 年互联网十大热词	2014 年十大时政热词	2014 年“两会”十大民生热词
马航、APEC 蓝、埃博拉病毒、冰桶挑战、监狱风云、克里米亚、《小苹果》、奶茶恋、玉兔号	打老虎、新常态、依宪治国、权力清单、统一城乡户口登记、简政放权、APEC 蓝、活裸官、打破“一考定终身”、公车改革	三个“最严”保舌尖上的安全、向污染宣战、居住证制度、失信者黑名单、落实带薪休假制度、扩大民营资本投资领域、养老并轨、公务员工资、“寒门”如何出“贵子”、医患矛盾

在当今的信息时代，网络在经济、文化、社会诸方面所发挥的巨大功用已毋庸置疑。套用坊间流行的一句话：“网络不是万能的，但如今没有网络却是万万不能的。”[38]

二、网络文化现状概览

据统计，目前，我国网民人数和互联网普及率已超过世界平均水平，我国网络文化正在进入一个新的重要发展阶段。[39]

（一）“三网融合”取得实质性进展

国家采取积极措施推进“三网融合”，这不仅将为人们提供更加丰富、更加便捷、更有特色的网络文化产品和服务，也将为我国网络事业和网络产业的发展提供新的机遇。

（二）移动互联网快速发展

目前，3G 网络已基本覆盖全国，以移动终端为特征的网络文化产品和服务日益丰富多样，移动互联网已经成为我国网络文化发展新的增长点，互联网将惠及更广泛的人群。

（三）电子商务表现突出

据商务部统计，2014 年，中国电子商务交易额超过 13 万亿元。越来越多的企业在互联网上找到了发展商机，“网购”也成为越来越多网民生活中的重要组成部分。

据艾瑞咨询预测，未来几年，我国电子商务还将有年均 20%以上的增长。

这表明，我国网络文化正从较单一的信息娱乐消费，向结构更加合理、发展更为多样的方向转变。

（四）网络新技术新业务蓬勃发展

移动搜索、视频分享、社交网络等互联网新应用新服务发展势头良好，受到广泛欢迎，使我国互联网的发展充满活力。

同时，我国下一代互联网的研发应用已取得积极进展，“云计算”“物联网”等已经由观念进入技术研发和产品应用阶段。

总体看，互联网技术的一大发展趋势，就是网上信息的获取、发布、利用更加便捷、更加多样化、更加个性化，这将大大拓展网络传播方式、传播渠道，有利于先进文化的网上传播，同时也对规范网络文化信息传播秩序、确保网络文化信息内容安全提出了更高要求。

全球勃兴的网络文化，正在推动全球范围内的产业革命、文化观念与活动的创新、社会变革。积极应对新时期网络文化建设的机遇与挑战，已不仅仅是国家层面的总体要求和战略推进，更应成为区域层面的细化操作与创新实践。[40]这就需要明确网络文化研究的主要问题。

“网络文化是信息时代的产物，其物质基础是计算机技术和通信技术的融合，其研究对象是网络时代的文化内涵、文化表现方式和思维方式，以及这种文化对人们生存方式的影响等。”[41]概括起来说，网络文化的研究同样是广泛的，不仅包括对网络技术的文化研究，对网络与人的需求、社会需求的分析预测，对网络所导致的人与人的关系乃至人的生存方式的研究、反思与评判，而且包括对网络所引发的各种经济、文化、心理、社会、法律、道德、教育等问题的全方位研究。

本章小结

在本章中，我们主要学习了什么是网络文化，以及它的基本结构、本质特征和主要功能。

网络文化是文化和文化产品的集合。作为一种正在发展和建设中的文化，学术界对网络文化含义的表述和理解有多种。

网络的出现，是人类文化传播历史上一次空前的革命。而网络文化的诞生，是文化史上的一个里程碑。网络文化是以互联网为载体、以互动交流为特质的文化形态，是由于网络技术的发展和广泛应用而逐渐形成的一种现代人类文化，包括网络技术基础文化、网络制度文化、网络行为文化、网络心理文化、网络内容文化等。

在当今这个信息时代，网络是重要的交际、传播工具。它超出了任何一种传统的单向传播媒体，实现了互动交流。网络的虚拟性导致网络病毒、网络色情、网络犯罪等社会问题，但网络文化所拥有的价值导向仍然是社会进步的象征，代表着知识与力量，倡导人们崇尚科学与知识；激励人们积极进取、奋发图强；催生平等、自由的观念。

互联网的时效性使它在传播时不受时间和空间的限制，因此资料的收集和查询，变得更加快捷和有效。网络文化的形成与发展，同互联网的形成与发展是密不可分的，网络文化能得到快速发展的一大重要因素，就是它的开放性。网络文化以开放的胸怀消化吸收着各种形态的文化。在现代社会生活中，网络这个虚拟空间使人们可以完成现实世界里无法完成的任务。

思考与练习

1. 文化的构成要素是什么？请举例说明。
2. 网络文化的五大要素是什么，它们之间有什么关联？
3. 网络文化的主体特征包括什么？
4. 网络文化的形成对我们的日常生活有什么影响？
5. 网络文化的主要功能是什么？

参考文献

[1] 孟建，祁林. 网络文化论纲[M]. 北京：新华出版社，2002:280.
[2] 杨谷. 网络文化概念辨析[N]. 光明日报，2007－11－25.
[3] 克鲁柯克. 文化概念[M]. 庄锡昌，译. 杭州：浙江人民出版社，1987:117.
[4] 殷晓蓉. 网络传播文化：历史与未来[M]. 北京：清华大学出版社，2005:1.
[5] 鲍宗豪. 网络文化概论[M]. 上海：上海人民出版社，2003:223.
[6] 孙淑丽，孙玲丽. 论现代网络文化[J]. 发展论坛，2002(7).
[7] 李仁武，试论网络文化的基本内涵[J]. 网络与当代社会文化，2001，(7).
[8] 毛为忠. 网络文化利弊谈[J]. 浙江高校图书情报工作，2007(3).
[9] 王忠武. 网络文化与社会发展[N]. 烟台师范学院学报(哲学社会科学版)，2002(1).
[10] 高云，黄理显. 关于网络文化探讨[J]. 职业圈，2007(16).
[11] 冯永泰. 网络文化释义[N]. 西华大学学报(哲学社会科学版)，2005(2).
[12] 郭良. 网络创世纪——从阿帕网到互联网[M]. 北京：中国人民大学出版社，1998:20.
[13] 于海波. 网络文化的哲学视阈[J]. 长白学刊，2009(3).
[14] 于海波. 网络文化的哲学视阈[J]. 长白学刊，2009(3).
[15] 常洪卫. 论数字时代网络编辑功能和网络文化特质的统一[EB/OL]. (2009－4－8). http://news.usst.edu.cn/News_View.asp? NewsID=1369
[16] 万峰. 网络文化的内涵和特征分析[J]. 教育学术月刊，2010(4).
[17] 丁三青，王希鹏. 网络文化概念及内涵辨析[J]. 煤炭高等教育 2009(3).
[18] 王忠武. 网络文化与社会发展[N]. 烟台师院学报，2002(1).
[19] 丁三青，王希鹏. 网络文化概念及内涵辨析[J]. 煤炭高等教育，2009(3).
[20] 彭兰. 网络文化发展的动力要素[J]. 新闻与写作，2007(4).
[21] 万峰. 网络文化的内涵和特征分析[J]. 教育学术月刊，2010(4).
[22] 王维，杨治华. 近年来国内网络文化研究热点综述[N]. 安徽电工程职业技术学院学报. 2008(2).
[23] 孟建，祁林. 网络文化论纲[M]. 北京：新华出版社，2002:260.
[24] 李钢，王旭辉. 网络文化[M]. 北京：人民邮电出版社，2005:4.
[25] 王天德，吴吟. 网络文化探究[M]. 北京：五洲传播出版社，2005:11.
[26] 商建刚，沈奕斐. 网络法律文化初探[EB/OL]. (2008－3－4). http://www.hotfrog.cn/公司/中国技术专家网
[27] 李钢，王旭辉. 网络文化[M]. 北京：人民邮电出版社，2005:18.
[28] 孟建，祁林. 网络文化论纲[M]. 北京：新华出版社，2002:279.

[29] 孟建、祁林. 网络文化论纲[M]. 北京:新华出版社,2002:275.

[30] 鲍宗豪. 网络文化概论[M]. 上海:上海人民出版社,2003:27.

[31] 吕占斌. 网络文化:是福水,还是祸水? [EB/OL]. (2007-2-17). http://www. people. com. cn/GB/32306/33232/5408100. html

[32] 王维,杨治华. 近年来国内网络文化研究热点综述[N]. 安徽电气工程职业技术学院学报,2008(2).

[33] 埃立克·麦克卢汉. 麦克卢汉精粹[M]. 南京:南京大学出版社,2000:567.

[34] 李祖华. 网络文化发展存在问题与对策[EB/OL]. (2008-2-17). http://wenku. baidu. com/view/099b6e629b6648d7c1c74654. html

[35] 周鸿铎. 发展中国特色网络文化[J]. 山东社会科学,2009(1).

[36] 孟建,祁林. 网络文化论纲[M]. 北京:新华出版社,2002:304.

[37] 鲍宗豪. 网络文化概论[M]. 上海:上海人民出版社,2003:36.

[38] 许兴汉. 要增强网络文化建设的"补丁"功能[EB/OL]. (2007-2-14). http://www. gmw. cn/content/2007-02/14/content_550966. htm

[39] 钱小芊. 努力在社会主义文化大发展大繁荣中展现网络文化建设发展的新面貌——在2010中国互联网大会上的主旨演讲[R]. 2010-8-17.

[40] 郝跃南. 网络文化对传统文化管理模式提出挑战[N]. 学习时报,2008-1-12.

[41] 李钢,王旭辉. 网络文化[M]. 北京:人民邮电出版社,2005:1.

第二章　网络文化资源

学习目标

1. 了解网络文化资源的概况和中国网络文化资源的发展。
2. 了解网络文化的技术资源。
3. 了解网络文化内容资源中，尤其是网站文化资源和网民文化资源，以及网络文化在发展中遇到的问题。

市场经济的目标，就是要实现资源的优化配置。网络文化资源的利用，也离不开资源的优化配置。

有人说，19 世纪是火车和铁路的时代，20 世纪是汽车和高速公路的时代，21 世纪则是电脑与网络的时代，这是一个网络为王的时代。

也有人说，21 世纪是数字世纪、网络世纪、多媒体世纪。

从信息学的角度来看，所有的网络文化产品，都可以视为信息；网络文化的建设过程，就是文化信息产生、存储和利用的过程；人类的文明史，也可以视为一部文化信息资源创造和开发利用的历史。

近年来，随着海量文化信息的出现，产生了人的自然力无法解决的"信息过载"问题。从开发利用信息资源的角度研究网络文化，可以获得一个全新的视角，有助于我们更准确地把握网络文化的发展规律，促进网络文化建设又好又快地发展。

评价网络文化建设的成果，关键要看网络文化的产品和服务，是否真正服务于广大人民群众，并让广大网民满意。

第一节　网络文化资源的概念、特征与发展

网络文化，指的是以网络技术广泛应用为主要标志的信息资源文化。[1]

一、网络文化资源的概念

网络文化信息量庞大，内容极为丰富，不仅包括某一基础学科的文化，还包括涉及该学科研究与应用领域的法律法规及其决策信息、专家资料信息等。丰富的信息环境，使每一个对该学科信息有需求的用户进入网络之后，都会根据所需而有所得。计算机网络的广泛应用，更使所有的信息文化资源，经过数字化加工后，以多媒体形式存在于网络空间。这不仅增强了文化信息资源的可视化程度，也便于存储与检索，提高信息资

源的利用效率。

广义的网络文化资源，包括网络技术作为文化现象所具有的资源和网上人们所能获得的文化资源两部分。

狭义的网络文化资源，则仅指网上文化资源。这也是我们在一般意义上所指的网络文化资源。

二、网络文化资源的特征

网络文化资源既是一种文化，又具有资源的特征。这些特征集中表现为开放性、交互性、多元性、虚拟性、快捷性、集中性与分散性、动态性等。

（一）网络文化资源的开放性

网络不是一个独立的单位，没有一个统一的管理者，没有国界，没有关税。如果不加限制，全球所有的网上信息都可以"尽收眼底"。

在网上，由于技术原因，很难进行严格的审查，也不可能对所有信息进行逐一核实，人们都在相当自由的环境下接收和传播信息。这就使得有用与无用、正确与错误、先进与落后的信息充斥网络，淫秽、色情、暴力、丑恶内容，也在网上广为传播。这种开放性，不仅是网络文化形式的开放，而且是网络文化内容的开放；不仅是网络文化正确内容的开放，而且是错误、落后内容的开放；不仅是文化传播载体的开放，而且是文化资源空间的开放。[2]

（二）网络文化资源的交互性

网络文化资源的主体是众多的。人们既是网络文化信息的接受者，又是网络文化信息的发布者和传播者。接受者、发布者和传播者之间，是一种平等的关系。人们可以像现实生活中那样在网上交谈，自由、平等地交流。网上交往没有上下级、长晚辈那样的纵向关系，有的只是共同的网民身份。由于交往双方身份是平等的，所以网上交往显得更加民主、宽松。

这种交互性，体现出网络文化资源的共享性。通过互联网，人们相互之间的交流变得快捷与便利，可以最大限度地忽略地域间隔、时间差别、语言差异等障碍；交互性也更强大，可以同时利用字、音、图、视等多种感官渠道来接收和发送信息。

（三）网络文化资源的多元性

网络文化是一种开放性的文化。各种文化类别、价值观念、意识形态，通过网络的高速传递，呈现在受众面前。其中，既有政治、经济、文化、科技、卫生等积极健康的内容，也有渲染色情、暴力、强权等消极思想的内容。

网络文化以其内容的丰富性、多样性，满足着不同层次、不同品位、不同要求的网民的需求。这对接受新鲜事物迅速、追求个性发展、崇尚自由民主平等的网民，尤其是青少年，具有极大的诱惑力。这种多样性的信息，带给人们的是多样化的信息交流方式，包括各种正式交流方式、半正式交流方式与非正式交流方式，而且这些交流方式可以同时交叉进行，互不影响，但又互相支撑。[3]

（四）网络文化资源的虚拟性

从传播方式来看，网络文化与广播、电视、报纸、杂志等传统媒体信息的传播相比，具有明显的不同：传统媒体发布信息以现实性和准确性为前提，而网络却以虚拟性为特征。

这种虚拟的环境，为网民散布一些不负责任的信息提供了便利，使他们的行为具有很大的随意性。

（五）网络文化资源的快捷性

网络信息资源本身，就是以多表现形式与多载体类型为其重要特征的。其载体类型包括文字、数据、声音、图形、动画与图像等。通过网络以及各种文化载体，人们可以在第一时间了解全世界的任何大事。这种优势，是电视、广播等传播媒体难以企及的。

（六）网络文化资源的信息集中性与分散性

首先，由于网络文化资源呈聚散分布，使得网络信息资源既具有一定的集中性，又具有突出的分散性。这主要是由于网络上所采用的标准不同，各种数据库间呈现异构状态，不仅在物理分布上具有独立性，存储的信息在数据格式上也存在着差异。

其次，由于网络的开放性，各类型网站林立，且各网站均用自己的信息渠道和信息解读来公布和传播信息资源。因此，信息发布随意性很强，信息源遍布互联网各个角落。由于信息的分布和构成缺乏统一的组织结构和有效的管理机制，使得网络文化信息资源处于无序、无规范的分布状态。[4]

（七）网络文化资源的动态性

网络信息资源是一个动态系统。许多服务器处在不断地变化之中，每天都有新的网站出现，有的合并，有的取消。信息资源的生产、更新、消亡迅速并且无法预测，信息地址、信息链接、信息内容处于经常性的变动之中。正因为网络信息资源所具有的时效性和新颖性，所以网络文化资源具有高度的动态性。这一特征是以开放的体系为前提的，由于开放性信息的传递更加迅速，信息的使用更加有效，各种风格、时尚、社会热点和资源等，总会以最快的速度在网络中得到体现。

同时，由于覆盖式的更新，使得历史资源在修改后不易被保存下来，因此，网络资源也呈现出它的不稳定性。任何网站资源都有可能在短时间内建立、更新、更换地址或消失，使得网络信息资源瞬息万变，信息质量也良莠不齐。

三、中国网络文化资源的发展

网络文化资源的形成，必须具备三个条件：第一，必须有一台计算机；第二，必须互联；第三，这种互联必须符合一定的标准，彼此之间应互相兼容。从这个角度来观察，1989 年中国科研网第一次通过原国家邮电部的网络向德国发送“越过长城，走向世界”的电子邮件，被视为中国网络文化资源的起点。

从这个时点算起，中国网络文化资源的发展，迄今已经历了二十多年的发展过程。这二十多年，我们经历了 4 个节点，1989—1994 年是萌芽期，刚刚开始有计算机，并探讨把计算机相互连接起来；1995—1998 年为培育期，是我们国家市场开放和经济快速发展的时期，有了一些网络文化的内涵；第三阶段是1999—2006年，网络文化资源进入成长期；2007年起，则开始新的历史阶段。

中国网络文化资源发展的二十多年，信息网络化、网络社会化、全社会信息化三个进程共同发生作用，构成了网络文化发展的大环境。

1. 第一阶段——萌芽期(1989—1994)

这一时期，刚刚开始有互联网的接入，有基础网络的建设，也刚刚开始有中国顶级域名的设置和BBS站。这一时期，校园网的建设，包括BBS站点的建设，主要用于科研。这些研究人员，是我们国家现代网络文化建设、现代网民的第一代。也就是说，我们国家的第一代网民，都活跃在科技、教育领域。

2. 第二阶段——培育期(1995—1998)

这一时期，计算机大面积实现互联互通，包括为计算机网络提供一些信息与服务。互联网服务提供商(Internet Service Provider，ISP)，即向广大用户综合提供互联网接入业务、信息业务和增值业务的电信运营商和网络内容服务商(Internet Content Provider，ICP)，相继诞生。尤其是高校、政府部门出台了一些扶持、普及计算机的政策。国家“九五”规划，也涉及了关于互联网的政策和法规。

这个时期为什么叫培育期呢？因为这一时期，计算机用户规模很小，才74万。在一些校园和非常时髦的地方，出现了电子杂志、网络咖啡屋，包括一些雏形网吧。那时候，网吧带有休闲、商务、学习的性质，跟主要提供网络娱乐是有一些区别的。我们国家真正的网吧，是从商务开始的，从工作、学习，甚至科研、教育开始的，且定位较高。

与此同时，这一阶段出现了很多网络文学。

3. 第三阶段——成长期(1999—2006)

这是一个非常关键的时期。

这一时期，我们国家从学校开始，大规模建设网站，尤其是政府推行上网工程。7年间，上网用户从210万扩大到1个亿。这对我们国家的互联网成长和网络文化的涌现，起到了非常关键的作用，中国网络文化资源进入了快速成长期。

4. 第四阶段——新的历史阶段(2007年之后)

2007年，中央政治局两次召开会议，研究网络文化建设与管理问题，体现了党中央对网络文化工作的重视。我国网络文化进入新的历史发展阶段。

2007年，网络游戏的产业规模仅100多亿，到2009年达到400多亿，实现了成倍增长。当然，网络文化包含很多范畴，涉及很多领域。概括起来说，网络文化的发展，不仅使“秀才不出门，便知天下事”成为现实，而且基本实现了“秀才不出门，能得天下物”。

第二节　网络文化的技术资源

中国人民大学教授彭兰指出：网络文化形成的物质保障是数字技术。数字技术使得文化产品的生产与传播门槛大大降低，也为个体诉求的满足提供了越来越丰富的手段与方式。网络文化之所以显现出与传统文化不同的一些特质，也在很大程度上与它所借助的数字技术工具有关。可以说，技术是塑造网络文化特质的一个重要工具。网络文化自由、开放的精神，离不开互联网技术自身的开放、共享等技术特性。网络文化的平民性，与技术自身的低门槛性也是一脉相承的。[5]根据系统科学的基本原理，网络文化是一个系统。

网络文化系统，是以网络技术为支撑，基于信息传递所衍生的文化活动内容以及内含的文化观念和文化活动形式的综合体。[6]若从网络与文化两个角度分别切入，网络文化系统包括两个方面：网络系统的文化特性（从网络系统的角度看文化）和文化系统视野中的网络形态（从文化系统的角度看网络）。网络文化系统不仅是一种技术现实系统，使文化系统呈现出网络化、数字化的新特性，而且更是一种文化现实系统。网络文化系统的形成和发展，有其文化动力、文化支柱与文化本性。网络文化系统，是技术系统与文化系统的结合与交织。在这种交融的关系中，文化系统获得技术的特质、技术系统获得文化的精神。网络技术系统对网络文化系统的构建和发展，具有决定性影响，技术特质是网络文化系统的形式构成；而网络文化系统的本质内容，在于其精神文化内涵，它决定着网络文化系统的发展前景。

网络技术革命不但使内容低成本协同（标志是 TCP/IP），而且使商务低成本协同（标志是 ebXML），越来越多的人离不开互联网了。[7]开始是 E-mail 之类的简易通信系统，然后过渡到博客、微博和社群论坛，再后来是即时通信软件热潮，现在三维虚拟世界时兴起来了："PS Home"，是大众的虚拟娱乐场所；"XbOX Live"，是实用的交流工具和大集市；特别是 3G 手机的流行，更使人人都可成为非正式的媒体操作者和发行者。

一、计算机技术资源

网络文化，它以计算机技术和通信技术两大技术的融合为物质基础，以发送、接收信息为核心，以加强沟通为直接目的，通过对人类自身价值、生活方式、交往方式、思维方式等进行新设计，而形成积极影响人类生存环境的多元化网络。这个多元化的互联网络，带给人类超越时空的互动，并通过互动使信息汇聚、知识融合，最后升华到生命智能，影响着人类的生活和思维方式。

今天的计算机，从袖珍计算器到巨型机，都可追溯到"埃尼阿克"。英国无线电工程师协会的蒙巴顿，将"埃尼阿克"的出现，誉为"诞生了一个电子的大脑"。"电脑"的名称，由此流传开来。

其实，在"埃尼阿克"尚未问世时，冯·诺伊曼（John von Neumann）就提出了制造电子计算机"埃迪瓦克"（EDVAC）的方案。在这个方案中，他提出了存储程序和采用二进制系统的设想。这两个至关重要的设想，使冯·诺伊曼获得了"现代电子计算机之父"的称号。

尽管如此，20 世纪七八十年代所出现的信息革命，与 90 年代以后的信息革命，仍有很大的区别。[8]前者的技术基础，是大型机的时代，与之相应的计算机功能，停留于计算和处理数据等水平;后者则标志着计算机能够同时处理文字、数据、图像、视频信号的开端,在相当程度上与数字化有关、与计算机网络相关。技术的进步,使得网络能够传输图形、大型档案、传真以及后来的动态影像、超大型档案和复杂图形。这些在过去,都是无法传输的信息。

随着计算机技术和通信技术的飞速发展,以 Internet 为标志的国际互联网迅速在世界范围内普及开来,其功能作用也日益强大,现代社会越来越呈现出网络化、一体化的趋势。计算机网络,是当今世界最为激动人心的高新技术,是计算机技术与通信技术相结合的产物,是信息时代最重要的基础设施。随着计算机网络的应用与发展,网络文化已悄然登上了人类的文化舞台,并逐渐渗透到社会的各个阶层、各个成员,渗透到人们的生活、学习、工作等各个方面,并呈现出欣欣向荣的活力。

二、网络技术资源

1989—1994 年间的两项发展——万维网和作为早期浏览器的马赛克——是因特网迅速普及的重要因素。它们最大的魅力在于,使因特网走出网络工程师的功能性发展空间,走出学术机构和科研领域,而对非专业的使用者、对普通人表示"友好"。也可以说,由于它们的出现,互联网才成为当代一种普通的文化现象,网络运用能力才有可能成为现代人的一种基本技能,被提上议事日程。[9]

万维网的构想很简单,假如计算机 A 要和计算机 B 分享信息,那么只需要在两者之间订立一种共同的语言。这种语言就是 HTML(读音接近"海马儿",是"超文本标识语言"Hypertext markup language 的缩写)。经过多次修改,万维网计划于 1992 年付诸实施,万维网技术允许所有的信息,包括声音、图像、动画等都可以在互联网上传播,使得任何人发布和浏览超文本文件成为可能,而且十分容易。

互联网技术的变革意义,绝不可低估。一方面,它能推动现有制度的变革,如目前一些企业经营管理体制的扁平化改革;另一方面,也能实现制度的创新,如现在基于互联网技术而制定的新规则。但是,互联网技术,总的来看也是一种工具,是中性的,向什么方向发展,能带来什么样的作用,取决于制度的约束。正如火药的发明,在中国只是用于制作烟花爆竹,而传到欧洲却用于制造武器;铀的发现,最先用于制造原子弹,现在被利用来发电,造福于人类。互联网技术能否为我国带来大的利益,一方面取决于我们对它的认识,取决于如何利用它;另一方面,则取决于我们能否为互联网技术的应用进行制度变革和创新。

网络文化中所指的网络,其内涵随着时代的发展和技术的进步而不断变化。从广义上讲,网络文化所指的网络,应包含所有可以传输电子信号或无线电信号的网络,包括电报网、无线广播网、卫星广播网、固定电话网、电视网、互联网、移动电话网、寻呼网、计算机局域网、计算机广域网、无线局域网等。从狭义上讲,则仅指互联网。考虑到网络技术之间的相互渗透正在进一步发展,对于网络文化建设与管理工作而言,宜采用网络的广义定义。[10]

（一）网络技术资源的作用

网络的基本作用，是传输信息。

网络的信息传输介质，通常是数字电缆、光纤、电磁波。数字电缆包括海底电缆、双绞线、同轴电缆等。利用电磁波传播的网络信号有调频信号、调幅信号、微波、光波等。

事实上，在真空中，网络信号也可以传递。例如，地面控制站与月球探测器“嫦娥一号”之间的通信，其传输就是在真空中进行的。

光纤是传输网络信号最理想的介质。目前，全球地面及海洋的骨干网络，无论是传输电视信号、互联网信号还是电话信号，均已由原先的铜质同轴电缆改为了光纤。光纤通信，即数码化，意味着把任何形式的信息——文字、音响、图像——转化为二进位的数字语言，可以从地球上任何一个地方，以光速无限量地向另一个地方传送。

（二）网络技术资源的社会价值

网络的社会价值，是提供信息通道，将人类个体与社会联系起来。

网络的社会价值能否实现，很大程度上取决于个体、社会与网络之间的连接效率。网络带宽越大、网络接入方式越便捷、网络接入成本越低，网络的社会价值就越大。电报网、电话网的连接方式是点对点形式；电视台、电台的广播和寻呼网的连接方式，是单向、一对多形式；局域网、互联网的连接方式，则是多向、多对多形式。

在网络发展的早期，带宽很小，连接方式可选择性差，人们获取信息的能力很弱。近年来，网络带宽不断扩充，不少家庭都具备了每秒接近 1 兆比特的网络带宽。在一些发达国家，家庭的网络带宽已经达到每秒几十兆比特。

由于技术的相互渗透和融合，网络的形态变得越来越复杂，呈现出你中有我、我中有你的态势。“一网多用”，成为网络技术的发展潮流。

（三）网络技术资源对于文化的影响

计算机技术与网络技术的结合，改变了计算机应用的根本特性，计算机不再是简单的电子应用工具。人们透过计算机显示器看到的，不再仅仅是局限于个人思维的数字映射，而是整个世界。文化的传播和发展，离不开人类科学技术的应用。伴随着技术的飞跃，文化也会兴盛。报刊、电视、广播等传统媒体，极大地促进了文化的交融与发展，而网络的出现，则使媒体技术获得革新，网络技术资源对于文化的影响，可谓巨大而深远。

1. 网络技术促进文化的整合与交流

网络出现以前，文化的传播与发展，具有极强的地域性。信息传播技术的不足，使文化的传播受到限制。随着网络技术的不断革新，网络所具有的全球性、交互性、即时性等特性，使人类向地球村迈出了坚实的一步。人们足不出户，就可以了解到各种各样的信息，接受丰富多彩的文化，文化的地域性被打破，文化的选择性得到极大促进，文化的整合与交流作用得到充分发挥，先进文化获得大力发展，落后文化得到努力改造，从而使文化配置更加科学合理。

2. 网络为文化的多样性发展创造条件

在网络世界中，文化信息生产、表达与需求、消费主体的多元多层，各类网络行为选择的自由多样，各种网络展现形式层出不穷，以及网络信息的海量与变更的迅疾等因素的作用，使文化实现了多样性发展。这既表现为文化内涵与品种类别的丰富性，也表现为网络空间文化内容的高雅与低俗、理性与盲目、先进与落后、科学与愚昧等杂陈，表现为网络行为所张扬的平等、自由、民主等文化精神，与所可能滋育的虚幻感、游戏感、责任意识淡化等弊端共存。

3. 网络技术促成文化结构调整

网络巨大的信息容量，为不同的文化通过不同的平台汇合成为可能，同时也使得文化呈现出不同的结构。受大众欢迎的文化，会占有大量网络空间，而一些平时无机会崭露头角的弱势文化，也可以有一席之地。人们对文化的选择排列，促成了文化的分层。文化分层的结果，使各种文化所具有的地域性、区域性、人缘性等特征受到冲击，人们在网络中的思想活动所表现出的独立性、选择性、多变性和差异性，使社会文化结构得到调整与重组，促进了文化资源的优化配置和效力发挥。

4. 网络技术加快文化的发展速度

网络技术的发展，改变了文化产品的生产与传播方式，促进了文化的交流与沟通。不同文化，都会在网络上抢占有利地位，并试图主导文化的发展进程，文化之间的碰撞与交流，促使自身弥补不足，进一步提高优势，促进整个文化的发展和创新。同时，各种不同文化之间的吸收与融合，也加剧了世界范围内不同思想文化的相互激荡。

网络是文化发展的加速器。随着网络技术的进一步提升、网络普及率的进一步提高、网络环境的进一步净化、网络管理的进一步规范，网络必将对文化发展产生更加强大的推动力量。

三、通信技术资源

信息传播方式革命的源头，来自信息的数字传输。人类传播信息的方式，从古代的驿站(信鸽)到传统的邮政，再到电话网；从电话网到联机网，从语音通信网到视频通信网，从铜线网到光缆网；从模拟网到数字网，从短程网到远程网、卫星网，乃至互动电视的出现，可以说，互联网导致人类信息传播方式革命的根本原因在于数字化通信技术、数字化的通信网。

现代印刷业的发展，提供了新的融合信息形态的技术基础，文字报道、摄影报道、图片报道成为报纸、杂志的主要报道语言；电视技术的发明与运用，则提供了音频和视频融合的技术基础。但是，人们综合运用多种信息形态的努力，一直没有突破离散媒体与连续媒体之间的界限。各种媒体既有自身长处，又有自身短处，很难使受众在一种媒体下获得全面的需求。网络媒体，则提供了融合所有信息形态的技术基础。

所谓信息，实质上是有目的有关联的数据。按照欧洲数字化媒体领导小组顾问费德曼(Tony Feldman)的说法，所谓多媒体，就是“数据、文本、声音、图像在单一数字化环境中的一体化”。互联网的特点，是它传输的所有信息，均以数字形式存在，是没有体积、没有重量的比特(bit)而非原子。由于数字技术构筑了信息高速公路的技术基础，因此，四种形态的信息——数据、文本、声音、图像——都能无差别地转换为数字形式。这就是互联网的多媒体传播特征。

互联网的信息构成，不是线性的，而是网状的。“超文本链接”，使得网络中的每一条信息，连接着若干背景介绍以及交互式的阐释、评论和说明。互联网文字，有无限增多的可能，文字信息的含义，会被永远修正。从这个意义上说，互联网传播具有鲜明的“延异”特征。“延异”(difference)是后结构主义大师雅克·德里达(Jacques Derrida)提出的一个核心概念。其含义包括拖延——defer，也包括差异——differ。按照德里达的观点，信息符号的含义在传播的过程中总是不断被延宕，在延宕之中含义总是在不断变化。复旦大学教授孟建认为，这一概念，精练地概括了网络传播，尤其是网络文字传播的特征，从而颠覆了印刷媒介时代文字的理性传播的特征。[11]

按照信息存取方式的不同，有学者把网络传播分为四种类型：(1)个人对个人的异步传播，如电子邮件；(2)多人对多人的异步传播，如新闻组、电子公告栏等；(3)多人对个人、个人对个人、个人对多人的异步传播，主要指万维网和远程登录等；(4)个人对个人、个人对多人的同步传播，如在线聊天，多用户游戏等。一句话，网络传播包容了同步传播和异步传播的各种形态，其结果就是保证了网络传播的良好交互性。

网络文化具有强烈的现代技术特征，如远程即时交流、数据发布和网络身份体验等。[12]随着 3G(第三代移动通信)、Web 2.0 (第二代万维网)等新技术在我国的推广，远程即时通信交流变得更加方便快捷，信息流将更加顺畅。BBS、电子邮件、个人网站、短信息、博客、微博、新闻网站等平台，使信息发布成为“草根平民”也可以利用的资源，既可实现传统文化符号在网络上的传播，也给网络文化符号的创造和交流提供了基础。网络身份体验是网络文化不同于传统文化的最关键的区别，可以使个人尝试人类文化的所有成果，这对人类的思想和心理追求产生的影响，是不可估量的。

当代社会是信息爆炸的社会。影视、图片、游戏机、动漫等的不断涌现，逐渐强化着画面的感性传播方式。互联网传播，是在感性传播方式(影像文化)日趋强盛的背景下出现的。从表面上看，文字在互联网时代又回来了。但这种文字，与印刷媒介时代的文字相比，已经发生了质的变化——此文字已非彼文字。而互联网、电信网和广电网的三网融合，则是当代信息技术发展的必然趋势。

第三节　网络文化的内容资源

人就是人。然而，如果是报纸杂志的消费者，这个人就是“读者”；如果是广播的消费者，这个人就是“听众”；如果是电视、电影的消费者，这个人就成为“观众”。也有学者为了凸显这个身份的人其实很无奈，不能对大众媒介的运作产生什么影响，便以“受众”相称。

然而，网络文化却打破了这一限制。

一、网络文化内容资源的特点与类别

网民具有一般受众所没有的主动性(activeness)、愉悦(pleasure)、爽(jouissance)三大特征。[13]其实,这正是网络文化内容资源的突出特点。

(一) 网络文化内容资源的主要特点

首先,网民在网络中不仅扮演受众的一般角色,同样也在扮演着参与者和建设者的重要角色。网民不仅可以开办个人网站、博客、微博,在别人的网站上浏览、阅读、留言,还可以在论坛里讨论、发帖,在网上商店里购物、转卖。这充分体现了主动性。

其次,网站的建设必须以愉悦为设计目标和风格,以吸引登录者、会员加入,提升点击率与影响力。

再次,网络内容的爽也是极大特色。音乐、电影,娱乐火爆;爆笑图片、文章,漫天飞舞。这些都是以爽为目的的。

同时,在营利的背景下,在网络中,信息生产消费过程已日趋资本化、集中化、商品化。

网络文化内容资源的上述三大特征,在受到广大网民青睐的同时,也对传统文化造成了极大的冲击。这是因为,在当代社会,注意力已日益成为稀缺资源。当网络文化以其新颖的内容吸引人们眼球的时候,连美国那样的文化大国的所谓"基准"文化活动,也受到了互联网崛起的冲击。

(二) 网络文化内容资源的基本类别

依据中国互联网协会所公布的《绿色网络文化产品评价标准(试行)》,我们可以大致界定网络文化内容资源的基本类别。

1. 社会与文化类

该类主要提供社会、文化等课外知识,为网民搭建认知和了解社会的平台,主要包括社会调查、历史人文、节庆假日、生活方式、社交礼仪、环境保护、民俗等内容。

2. 新闻与媒介信息类

该类主要提供新闻和媒介信息,主要包括新闻网站或频道、栏目以及报纸、杂志、广播、电视等传统媒体的网络版等内容。

3. 科学与技术类

该类主要提供科学技术发展信息,普及科学技术知识,主要包括环境科学、地球科学、空间科学、生命科学、气象学、天文学、计算机科学与工程技术等内容。

4. 教育类

该类主要提供校内外学习所需的各种信息和资源,主要包括学习方法、就业指导、学科教育、百科知识、家庭教育、心理健康教育、青春期健康教育、生命教育、安全教育、环境教育、媒介素养教育等内容。

5. 休闲与生活类

该类主要提供日常生活、相互交流及各项兴趣爱好发展的信息,主要包括影视、音乐、游戏、动漫、图片、文学、体育、软件、数字图书馆等内容。

从网络所富有的文化资源看，它是现实文化生活的再现，主要由网站和用户两方面提供。

二、网站文化资源

网站，是网络文化资源的主要提供者。网站分为网络经营企业与非网络经营企业两大类型。

任何低俗、邪恶、迷信的东西，必定会被淘汰，而文明、友善、诚信、进取的精神，一定是文化的主流。作为文化产业链条中的一个重要环节，网站一定要扎根中国文化的沃土，从中汲取养分，并把它呈现给社会。这样，互联网才能得民心、才能有受众、才能发展。[14]“值得嘉许的是，网站以人为本的互动设计已从理念迈入实际运作，从单一充实到多元化功能，使得互联网成为众民狂欢的公共空间，得以描绘‘我和我的祖国’的幸福时空。”[15]

（一）网络文化内容资源建设要以网站为抓手

互联网已经成为重要的文化创作生产平台、文化产品传播平台和文化消费平台，网络文化已经成为人们精神文化生活的重要组成部分。时下，从中央到地方，全国正在掀起一股网络文化建设热潮。建设网络文化，应以网站，特别是文化网站为抓手，使它们成为建设网络文化的生力军。[16]

所谓网络文化产品，既包括网民利用网络传播的各种原创的文化产品，如文章、图片、视频、动漫等，也包括一些组织或商业机构，利用网络传播的文化产品。从这个角度来看，文化网站是网络文化产品的生产、传播、消费的平台，也是网络文化建设的重要平台。

然而，在我国数万个文化网站中，真正有影响力的、在全球文化网站中较有名气的网站有几个？真正有竞争力的、在世界文化博弈中彰显中国民族文化的网站有几个？真正有传播力的、弘扬中华优秀传统文化的网站有几个？除了那些靠“人海战术”，靠自己国民点击量创新高的网吧、网游等网站有市场竞争力外，其他还真的屈指可数了。实际上，99%的网上信息，都是由最权威的1%的网页提供的。

从发展看，政府对网络文化产业的发展缺乏明确指引、政策激励，特别是对公益性网络文化事业的投入明显不足，产业资源整合力度明显不够，现有的网络文化产业呈现散乱无序状态，没有形成较为完整的产业链、产业园，没有形成较有影响的产业品牌、国际名牌。

实际上，文化传播在互联网上大有潜力可挖，网络文化建设在互联网上大有文章可做。

（二）网络文化内容资源建设的重要环节

网络文化内容资源建设，应在资源整合、内容融合、形式联合等环节上寻求突围，寻求突破。

1. 资源整合

就目前而言,我国的网络文化发展,还处于起步阶段,网上优秀文化产品供给还严重不足,公共文化信息服务还很不到位,个性特色化服务还远远不够,与广大网民日益增长的精神文化需求还有很大差距,与中国特色社会主义先进文化的发展要求还很不相适应。

因此,整合当地文化资源,做出当地文化特色,是文化网站为网络文化建设作贡献的重要举措。例如,由浙江省文化厅主管的“浙江文化信息网”,深度挖掘良渚文化、上山文化、吴越文化等浙江特色文化,有机整合越剧、婺剧、地方戏等当地艺术领域资源,设置了 17 个频道、82 个子栏目,征集了民俗民间、文化名人、戏曲艺术、文化交流、非遗保护、文物博览等 8 大系列、一百多个专题,开通了中文简体版、繁体版和英文版三个版本,年递增信息三万余条,日均页面点击量达 7 万,树立了在业界的权威地位。

我国拥有悠悠五千年的文明成果。仅以“小传统”的民间文化而言,就蕴涵于乡土社会的婚丧礼俗、家规民约、崇拜游神、民乐俚语之中,体现于名胜古迹的一砖一瓦、祠堂神庙的牌匾神龛之中;就“大传统”中国文化而言,既有儒、道、杂家之学,又有宋汉学、今古文等。这些传统文化,是网络文化的根,是民族文化的魂。如何更好地将这些博大精深的传统文化,植根到互联网上,整合到文化网站中,让其得以继承与弘扬,更加光辉灿烂,是我们神圣的职责。

“文化化人,重在引领。”文化主要的目的,是把人的精神素质“化”高,用健康向上的主流文化引导文化发展。从这个角度讲,资源整合,就是要用优势资源、优秀文化引领网络文化建设。提高网民的文化素养,倡导高雅的艺术修养,让优秀文化真正“养”眼“悦”耳。

“引领”的反面,是“迎合”。没有先进文化的积极引领,也就没有网民精神世界的极大丰富,一味迎合,同乎流俗,势必会使低俗文化更加猖獗,导致文化生产和文化消费陷入恶性循环。

2. 内容融合

融合当地文化内容,策划文化品牌活动,是文化网站为网络文化建设作贡献的重要方法。

案例 2-1　中国青少年新世纪读书网

例如,在浙江团省委直接指导下创办的中国青少年新世纪读书网,充分发挥网络优势,先后开展了“保尔・青春偶像时代精神”“全国青少年 IT 知识学习月”“读书与人生”“纪念建党 80 周年读书征文大赛”“首届青少年美德格言警句征集大赛”“全国青年作家湖州行”“‘中国网通’杯社会主义荣辱观动漫大赛”等网络文化活动。经过几年的培育,该网站现已成为青少年网上学习、交流、活动的综合型服务平台,先后被中宣部、文化部评为“中国优秀文化网站”,被团中央、教育部等 14 部委评选为“最受青少年喜爱的绿色教育网站”,被浙江省委宣传部、省文明办等部门评为“省级文明办网示范单位”。

“学者使网络深刻，网络让学者有为。”只有实现网上文化与网下文化有机融合、传统文化与现代文化有机融合、中国文化与世界文化有机融合、高雅文化与低俗文化有机融合，网络文化才能有竞争力、影响力，才能建设好、利用好。

3. 形式联合

“独乐乐，不如与人乐乐。”有了互联网后，搜索引擎、收发邮件、即时通信、博客、微博、播客、维客等，更加方便了我们“与人乐乐”，增加了文化传播和接受的渠道，甚至改变了人们的思维方式和行为模式。

联合当地文化网站，共建共享文化栏目，是文化网站为网络文化建设作贡献的重要方式。由浙江在线新闻网站、浙江省社科联、《钱江晚报》三家单位共同打造的“浙江人文大讲堂”，充分发挥网络传播全天候、多媒体、海量储存、无限链接的优势，将大讲堂的内容集纳整合成精美的电子期刊，供网民随时随地阅读、视听、学习和交流。与此同时，浙江在线新闻网站还将省内其他网站的“文澜讲坛”、“恒庐讲堂”、“音乐大讲堂”等一些知名讲座的内容，整合到“大讲堂连线”栏目，借助浙江在线新闻网站的平台，实现了文化类网站的网上联合，丰富了广大网民的精神文化生活。

作为社会文化的一部分，网络文化已在社会主流文化阵地中占据了一席之地。许多网民把网络作为了解信息、浏览新闻、学习知识、休闲娱乐的主要渠道。如果不注重满足他们的精神文化需求，中国特色社会主义文化建设就有欠缺；如果不注重提高文化网站的传播力、竞争力、影响力，我们就会失去一支网络文化建设的生力军；如果不注重网络文化建设，提高我国的软实力就将成为一句空话。

网络文化建设的主要平台和重要载体是网站。我们要切实联合重点新闻网站、各级政府网站，更有效地传播主流文化；精心培育教育、科技、文化类网站，更广泛地传播科学文化知识；团结引导主要商业网站参与网络文化建设，更加主动积极地提供优质网络文化服务。

三、网民文化资源

“网络文化主体由三方面构成，一是核心层，即网络信息生产者；二是参与层，即网络信息的直接消费者；三是辐射层，即网络信息的间接消费者。”[17]

（一）网民概念辨析

网民，是一个没有确切定义的名词，其对应的英语单词是 netizen。netizen 是一个复合词，来源于网络(net)和公民(citizen)。按照网络的狭义——互联网，网民指的是互联网的经常使用者。

“经常”，是一个不确切的频度。在统计学上，对于使用网络的频度存在不同的划分。按照中国互联网络信息中心(CNNIC)过去的定义，网民是指“平均每周使用互联网至少1 小时的 6 周岁及以上的公民”。2010 年 7 月，CNNIC 将这一定义修订为“过去半年内使用过互联网的 6 周岁及以上中国居民”。与以往的统计口径相比，新定义的统计口径大了许多。按照这一新的定义，到 2011 年 12 月，我国网民数量为 5.13 亿人，规模位居全球第一。

网民中的大多数人在30岁以下,而且都受过一定程度的教育。这些人是社会中最活跃的人群,也是网络文化研究的重要对象。“网民不只是网站的受众,同时也是参与者,不只是互联网媒体的浏览者和使用者,事实上,网民正以极高的参与度成为重要的内容发布者,并成为主要驱动力之一,影响着媒体的走向。”[18]

如果放宽视野,网民的规模还会更大。对网络文化进行研究,要重视互联网,但不能仅仅将目光局限于互联网,也不能将目光停留在现有的网络用户身上。网络文化作为一种拥有先进技术的文化,具有极强的渗透力,它的影响常常是全方位的、全体性的。有的人尽管自己不上网,只是听听广播、看看报纸,其实,广播、报纸上的不少信息,也是在网络的影响之下呈现出来的。又比如,有的社区建立了社区网站,以此为基础形成了社区管理的中坚力量,那么,社区里的每一个居民,都会直接或间接地受到社区网站的影响。再比如,农业市场信息通过农业信息网络传递,使千千万万的农户从中受益,但农户并不一定会亲自上网。

因此,研究网络文化,既要紧紧抓住网民这个核心,又要将研究的视野放到整个社会,放在全体人民群众身上。只有这样,才能让先进的网络文化贯穿到构建社会主义和谐社会、建设社会主义核心价值体系的方方面面。[19]

(二)网民的文化诉求

网络文化发展的原动力,是网民的需要或诉求。[20]在网络中,我们可以看到,网民仍是基于各种需求而利用网络的。总体来看,人们在网络中的活动,特别是诸如社区、博客、微博这样的主动性的活动,多是出于以下几种诉求。

1. 休闲娱乐诉求

休闲娱乐,是网民的主要诉求之一。当然,这种诉求背后,实际上有可能隐藏着其他的诉求。

2. 自我表达诉求

人们在网络中参与聊天、讨论,或从事博客、播客等活动,其基本出发点,常常是表达个人的情感、思想等。

3. 自我调适需求

网络对于很多人来说,是一个减压阀,是情绪宣泄、自我调节的一种手段。当然,这种调适,未必总能起到积极的效果。

4. 个人信息传播诉求

过去平民无法通过大众传播媒介来传播个人信息,名人不得不受到大众传媒渠道的制约。网络特别是博客、微博等平台,为个体信息的无中介性、无障碍性传播,提供了良好的载体。

5. 自我形象塑造诉求

虽然网络的虚拟性和可匿名性特点,似乎在助长人们对于自我形象的“自毁”,但应该看到的是,对于越来越成熟的网民来说,自我表达、交流分享这些活动,实际上成为塑造理想自我的一个重要途径。

6. 社会交往与社会报偿诉求

交流分享，是人们利用网络的另一个重要诉求。网络交流，不仅可以为个人进行心理调适、舒缓情绪，提供一个渠道，也可以为个人社会资源的累积，提供一种手段。这其中就包括不少人希望通过网络获得较大的社会报偿，快速成名。

7. 知识管理诉求

网络也可以看作一种个人化的知识学习与管理平台，是一种个性化的知识库。网络为个体的自助式或他助式学习，以及个人知识的不断更新，提供了便捷的方式。

8. 社会参与诉求

网络在一定程度上有助于促进人们对于社会公共事务的关注，也有助于提高网民的民主参与意识。同时网络也为个体更广泛、深入地参与社会生活，提供了一个平台。社会参与，已成为越来越多网民的主动追求。

可以说，网络文化，常常是受众在满足自身需求过程中形成的“副产品”。真正有明确文化追求的网民并不多。但是，无论有无文化的自觉意识，网民基于自我需求满足而引起的行为、活动，却是网络文化发展的基本动力。

网民诉求的多样性，也会使网络文化表现出纷繁复杂的局面。在接纳网络文化的积极意义的同时，我们也不得不面对它所带来的种种问题。而要解决这种深层问题，并不能简单地靠头痛医头、脚痛医脚式的手段。网络文化实际上是一个窗口，透过它所看到的网民诉求中的那些消极现象，更多地反映了社会发展的阶段性矛盾。

（三）网络文化的平民视阈

随着互联网的出现，网络文化应运而生，促使全球文化完成了一场范式转变。[21]

网络文化集文字、声音、影像、动画于一体，是一个兼容并蓄的文化容器。由此，人们既可在“信息超市”里各取所需，又能大展自身才华，呈现出创作与欣赏互动交流的新格局，从而为文字传播和全球化文化交流开启一扇新窗。

1. 话语权的民间回归

一是网民作者的多样化。网络文化是人类社会“自为的生命存在”。“作家”即网民，网民即“作家”，将创作、传播、欣赏与批评建立在平等宽容、开放透明的大众话语平台上，以吾手写本心。

原始的欲动、碎细的美味、草根的自娱自乐、精英艺术的扩张力，文化与人文的精神交流，越过了浅显的表象认知模式，实现了全球化和本土化的双级互动。学术界预言，以知识经济、虚拟经济和网络经济为标志的网络文化，将会使现代传媒步入平民化时代。

二是网络创作的生命力体现。网络文化作为一种新的文化范式，几乎一夜间就催生了博客、播客、微博等一大批媒体表现形式，实现了均分平等性、即时交互性、动态创新性和文化参与的隐匿性。

(1) 网络创作的均分平等性。

网民话语权平民化，在勾勒诗意人生的同时，也接受社会读者的检验。网文即写即发，遍地花开，也刺激了作者的创造力。

(2) 网络创作的即时交互性。

一般网民同时担当着写者与读者双重身份，他们在即写即品中完成民意表达与沟通，在最短时间内实现了创作和反馈的双重增值，为网络文学的普及与发展，提供了新的增长点。网络文化论坛，是永不散场的文学创作课堂。

(3) 网络创作的动态创新性。

Web 2.0 改变了信息的生产方式、传播方式和流动方式，将互联网从一个传播和分享信息的静态平台，变成了参与、创作、沟通的动态平台，博客、播客、RSS、SNS 迅速发展，各种新应用、新服务、新商业模式创新纷至沓来，这一切都推动互联网进入全方位创新阶段。

(4) 文化参与的隐匿性。

网络文化参与主体与传统文化之间最大的区别，就在于身份的不确定性。在点对点、点对面的交流中，没有总统、明星和平民之分，彼此间的交流绝对平等。

2. 平民视角下的文化寻根

创作自由的无限，良性互动的有序，网络文字爆炸式的增长，使网络文化园地出现百花竞放的局面。国计民生、社会人文、校园之恋等多元主题并存，岸芷汀兰的闺情相思、沉郁悲悯的人文情怀及平民视角的文化寻根，尤其显著。

3. 底层书写的暖意

网络的草根性特点使书写者的准入门槛越来越低，底层写作的黄金时代来了。

蒋述卓先生认为："底层意识是一个形象的概括，如果按照写作者分，则可分为两类，一类是自己不是社会底层至少可以说是中等阶层或知识分子写作者体现出来的底层意识……另一类则是自己是社会底层的底层意识。"[22] 比如，"中国左岸诗者"写作，属于前者。他们的诗作，有对雪灾的拷问，有对汶川地震的同情，有魂散川江五月雨的满眼伤，六月归来不写诗的断肠……这些诗词，直面众相，对底层社会进行现实写生。以郭金牛、余秀华、张凡修等为代表的底层写作属于后者，他们写劳作之后的吟唱与思索、书写自然界动植物的繁衍生息场景、抒发对土地和家人的深情……真实再现了底层生命体验和人性挣扎。无论哪一类作者，他们的写作立足底层，或观照底层的生活境遇，或书写与命运抗争的不屈精神，充满底层写作的暖意。

他们的写作，作为正能量，犹如网络文化的一脉暖流，在某种程度上滋润着平民生活，代表了底层书写的未来趋势。

4. 大众流行语——网络语言大拼盘

根据拉康的观点，象征域(语言)是大写他者王法的国度。在大写他者无处不在的法威之下，主体依旧能够建构一个不是我，但却比我更重要的主体之我。文明延续到现代，文学载道和代言功能渐被消解，取而代之的网络语言，则成了信息时代的宠儿。

网络语言以英文字母、数字谐音和符号标识等组接而成，具有简约新奇、幽默风趣等特点，且易复制、戏仿，颇得新生代的青睐。如"很 S"，形容说话拐弯抹角；留言叫"灌水”;“尴尬”被说成“监介”。有纯为刺激视觉感官而炮制的语言符号,也有生造的“典故”,如曾经流行的“很黄很暴力”“很傻很天真”“我是来做俯卧撑的”“这事儿不能说得太细”,如此等等,不一而足。网络语言为网络文化架起了通俗化、生活化的桥梁,焕发出特异的文化意趣。

对于网络语言泛滥现象,大可不必“倒”(大惊小怪)。不妨借用一双慧眼,确立“品位”意识和“规范度”意识,力顶(支持)简朴老成与消散闲逸并存的平面化活文字,让具有生命力的新词融入汉语词汇,提升表达力度和丰富性,铺陈一个平等宽容、开放透明的大众话语新格局。

有人认为,说中国现在已经形成一个网络民间,那绝不是一种夸张。[23]与传统民间不同,网络民间已经不再是沉默的大多数,网民也不再是被动接受者。他们人人都有自己的“话筒”,不接受指定发言。过去来自上头的“微服私访”,在网络民间则变成了来自下层的“微服上访”。同时,网民还是网络文化的参与者、制造者和传播者。网络民间的自选文化,卸载了由权力和精英主导的操控文化,审美主权随之转移,文本的制作方式和制作工艺也随之改变。

案例 2-1　“最炫文言风”活动

网络流行语披文言外衣　专家:体现对古典文化向往

“富贵,可为吾友乎?”“甚累,不复爱也。”近期,一项名为“最炫文言风”的活动在某社交网站兴起,不少网络流行语被改编成了文言文版。这样的翻译究竟是文化的回归还是纯粹的游戏,不少人为此争执不下。复旦大学中文系教授严锋日前在接受采访时表示,古典与流行极具反差的混搭,显示出的“戏拟”效果,正是该活动走红的真正原因。

“最炫文言风”,游戏还是文化

如果你还沉迷于“我伙呆”“累觉不爱”等网络流行语,那显然有些不够时髦了。在这项名为“最炫文言风”的活动中,不少网络流行语都披上了文言外衣。“我伙呆”成了“吾与友皆愕然”,“女汉子”成了“安能辨我是雄雌”,“何弃治”成了“汝何如停疗”,“爸爸去哪儿”成了“吾父,汝欲何往”,用文言文将流行语一翻译,别有一番趣味。

除了网络流行语外,“最炫文言风”活动中,不得不谈的当属英文歌曲 *Someone like you* 的文言译本。这首歌曲的题目被翻译成了《另寻沧海》,已然颇具古韵,而歌词更是被译得诗意绵长。“已闻君,诸事安康;遇佳人,不久婚嫁。”“光阴常无踪,词穷不敢道荏苒;欢笑仍如昨,今却孤影忆花繁。”“无须烦恼,终有弱水替沧海;抛却纠缠,再把相思寄巫山。”细看歌词,很难想象其出自一首外文歌曲。

而对于这场如火如荼的文言改编风,各方观点更是不一。有人认为,这种改编让文言文再度时髦起来,对于古典文化的普及与兴起有一定的积极意义。然而,也有学者直言,网络上对于流行语的文言文翻译,许多连规范的文言文句式也算不上,更多的是华丽辞藻的搭配与强翻,不能体现文言文的真正内涵与意义,因而纯属游戏,谈不上文化。

网络“戏拟”法,要的就是反差

到底是文言兴起的文化传承还是牵强附会的纯粹游戏?面对这个过于绝对的问题,似乎没有令所有人满意的答案。复旦大学中文系教授严锋则更愿意将这项活动定义为:“网络时代集体参与的戏拟改写活动。”而“戏拟”的效果正是要靠这种“不到位”与“反差”来达到。

严锋说,所谓“戏拟”便是通过滑稽性的模仿,将既成的、传统的东西打碎加以重新组合,赋予新的内涵。事实上,类似的“戏拟”写作方式从古至今一直为许多文人所使用,而到了信息膨胀、追求吸睛效果的网络时代,“戏拟”手法的运用更是风生水起。早年,在网络中就曾出现过用“鲁迅体”“张爱玲体”“金庸体”,甚至“莎士比亚体”来改写新闻事件与经典故事的潮流,并且吸引了众多网友参与。

严锋认为,“最炫文言风”活动将“现代”与“古典”这两种反差性极强的元素相互融合,无疑会产生更大的信息量,因而十分符合网络传播规律。而活动名称中的“炫”字本身也可作“炫耀”解,说明许多网友也有通过活动展现自己文言功底的目的,从某种意义上也体现了人们对于文言文这种表达方式本身的尊重与向往。

四、网络文化资源的问题分析

技术进步并不必然带来文化进步。[24]技术与文化之间,不是绝对的正向关系,而是存在着逆动的危险。换句话说,技术进步有可能带来文化退步,物质文明与精神文明南辕北辙的事并非没有可能,而且在历史上时有发生。风水先生们手中的罗盘,就是技术进步的产物,但它强化的却是迷信的程度。

堪称技术革命的技术进步,在人类历史上只发生过两次:蒸汽机开创了工业社会,计算机建立了信息社会。技术进步所起的作用是个案性的,只添加了文明要素,而技术革命所起的作用是结构性的,重塑了文明模式。技术革命的正面价值具有里程碑意义,负面价值则具有潜在的颠覆危险:工业文明威胁自然生态平衡,信息社会危及人文生态平衡,前者有目共睹,后者初露端倪,学术界对此应该高度敏感。

(一)在线体验的审美缺陷

“在场”审美体验与“在线”审美体验不同:前者的感受是实地的,所面对的是物,感觉参与要素完整,是一种全身心的介入方式;后者的感受是想象的,所面对的是“物象”,感觉参与要素不完整,是一种有限介入方式。

在线审美以视听为主,听觉器官,特别是视觉器官,受到特别倚重。在网络上,质量比较高的画面与声音,都被选择、浓缩、装饰或者强化过了。有网络依赖倾向的接受者,在这种环境中成长起来,视听感受力特别发达,捕捉形色与声音信号格外灵敏,出现视听能力突进的片面发展问题。

“全人”的发展需要,以“全感觉”素养为基础,在大脑中枢神经的协调下,所有的体验方式需要共同运行,整个身心是参与式的沉浸,而不只是旁观式的品评。这就需要“全进人"的环境。只有身在其中,才有心在其中的真实感。意境,需要在氛围里把握。否则,就感受不到艺术的热烈。如果不在音乐会现场,只通过屏幕欣赏,就无法获得高质量的全息美感。如果坐在音乐厅里,身边人的情绪、音乐家们与听众交流的情景、场面中的各种无形要素,都会与音乐旋律协调起来,听觉融于视觉,视觉融于整体知觉,更容易产生心灵震撼。在场审美体验机会减少,综合体验能力就会弱化。影视文化所具有的遥距特点,已将大众与现场隔开,像在现场而并未在现场。网络的普及,使这一弊病雪上加霜。

人与世界的感觉沟通,有五种方式,可以划分为两种类型。视觉与听觉能够脱离物本而存在,不与对象发生直接关联,介质起传导作用,进行远距离感受,我们称其为形象感觉;嗅觉、味觉与触觉不能脱离物本而存在,必须与对象产生直接关联才行,如果物不在场,只输送间接符号,则对接受主体不起作用,我们称其为物质感觉。形象感觉具有心理性、想象性,易于形成美感,易于精神化;物质感觉具有生理性、官能性,易于形成快感,不易于精神化。在审美活动中,形象感觉是主要渠道,其中尤以视觉为重;物质感觉只起次要作用,是辅助方式,常常被人们所忽视。即便是对于文明史的研究,也贯穿着人类感知器官的变化和更替。与口头文化相对应的是"听觉空间",与印刷文化相对应的是"视觉空间",与电子媒介相对应的则是"触觉空间";触觉标志着人类所有的感觉总和,也就是部落人长期失落的"感觉总体"。[25]

但是,从本源上看问题,情况有些不同。美是一种生命现象,与物质感觉的关系非常密切。在中国语言中,"美"字被解释为"羊大为美,主给膳"。从发生学上说,美与美味相通。虽然我们没有更多的证据,说明中国人的美学观念起源于味觉,但是,物质体验的突出作用不可否认。它的重要性甚至被推向极致,产生了"超快感"理念。"美感是人类快感中的一个特殊分支和高级形态。"[26]这种以快感为主干、以美感为分支的观点并不可靠,但是它可以用来说明物质感觉的重要性。人们的审美体验,如果完全倚重视听觉而脱离物性,就会成为无根的精神活动,精神活动的质量也是要打折扣的。

物质感觉可以促进形象感觉的发展。人们的非视听水平提高了,视听水平也会随之提高。这是审美通感在起作用。各种感觉器官既能单相运作,又能在大脑的协调下相互呼应,相互内置。观看屏幕上的服装表演,与面对面地直接欣赏服装作品,审美效果并不一样,因为触摸服装面料的质感,会更好地把握肌理,而肌理美是服装美的重要元素。形、色与视觉相关,质与触觉相关。高水平的视觉思维,应具有形、色、质的三元能力。所以,视觉与触觉不是1+1的关系,而是产生着系统效应。触觉进入视觉体验,会使主体捕捉视像的能力更加发达,这便是通感的力量。欣赏者的通感能力不强,会出现结构性问题,不能实现审美的全面均衡发展。所以,必须整合听觉、视觉、味觉、嗅觉、触觉的感受力。在这方面,网络文化的视听双相度有局限性,其影响主要是负面的。

(二)从键盘文化到鼠标文化的娱乐性强化

德国著名文学家和诗人席勒曾言:"只有当人充分是人的时候,他才游戏;只有当人游戏的时候,他才是完全的人。"他认为,人的感性冲动,要求人的潜在目的成为现实;理性冲动,要求现实服从必然性的规律,两者的结合,就是游戏冲动。喜娱好乐,是人们的天性。随着人类社会的发展进步，快乐作为一种生存理念，日益被大众消费社会所凸显，娱乐性渐成社会生活的重要特征。

为了迎合用户追求现世快乐的价值观，社会性网络站点(SNS)，即社交网站，充分挖掘其娱乐放松和身心减压的功能，形成了以嬉戏娱乐为主要特征的“鼠标文化”。[27]

所谓“鼠标文化”，是相对于“键盘文化”而言的。“键盘文化”提倡用户创造内容(UGC)，鼓励用户使用“键盘”，深度思考，追求具有思想性、高质量的“内容”；“鼠标文化”类似于“快餐文化”，提倡“用户间的互动”，而非“互动所创造的内容”，强调娱乐性。

例如，在开心网上，无论是装修房子、种菜、饲养动物、钓鱼，还是买卖朋友、争车位、投票、咬人，几乎所有组件，都只需用户轻点鼠标，不需要动太多脑筋。特别是它的“转帖”组件，使得用户“分享内容”的积极性，远远高于“创作内容”。

(三) 网络广告在发展中存在的问题

中国的网络广告经历了一个波峰波谷的过程之后，现在进入了相对稳定的高速增长阶段。但是，网络广告市场相对来说比较不规范，存在着很多问题，主要体现在技术、伦理道德和法律等方面。这些问题能否得到及时、合理的解决，是关系网络广告命运的重大问题。

归纳起来，目前我国的网络广告市场存在的问题主要有以下几方面。

(1) 管辖权与法律规定有冲突；

(2) 现行《广告法》调整范围不明确；

(3) 广告活动主体界限模糊；

(4) 广告内容审查困难；

(5) 网络广告监管制度不健全。

目前，网络广告的相关立法、行政法规或部门的规章制度还远远跟不上网络广告发展的要求。特别是，网络广告所依托的互联网所特有的虚拟性、超地域性、实时性、互动性、开放性、发散性等新特点，导致网络广告在实际运作过程中与现行广告法产生了许多矛盾和冲突，使网络广告相关主体无所适从，消费者的利益也无法得到有效的保护。

要改善这一系列的问题，首先，广告主和媒体要做到自控，正确衡量利润和社会利益。其次，相关政府部门要全力以赴，加快步伐，制定出规范、科学、有效的网络广告规章制度。加强运用法律手段对于网络广告进行管理的力度。

(四) 网络文化资源面临的具体问题

用户不仅是消费者，而且是网络文化资源的另一主要提供者。用户可以随时发布信息、与人交流。由于用户不像一般网站那样具有稳定性，而是一个可以以多种面貌出现的具有随机性的“游侠”，来无影去无踪，其中80%的用户采用匿名，成为网络文化资源中最复杂的一个区域。

目前，网络文化资源面临三个具体问题。[28]

1. 容易流失

网站会出于各种原因关闭，还会因网站内存空间受限与管理需要，导致网络文章无端被删除。我们现在的博客文化资源多寄生在商业性的网络上,这是市场对文化的一种贡献,但其中也有隐忧,我们知道,商业网站是有一定的生命时间的,网站生生死死中,流失的是网络原创作品,受伤害的是网络作者们,从国家文化角度看,损失的是我们宝贵的新民间文化资源。

2. 论坛文章与博客文章无法正常引用

无法引用的资源,可以说是无效的文化资源。目前,只要是非国家出版物上发表的作品,都被视同民间文化作品。没有书号、报刊号的文章,就是无家可归的孩子。没有身份户口,就得不到社会的尊重与承认。这种文化产品的双重户口现象,既不利于文化发展繁荣,也是对文化原创者的不尊重。

3. 得不到有效的法律保护

目前,网络文化作品,尚得不到有效的法律保护。

现在国家首批五十家网站正在获取公开出版许可证书,也就是说,在这些网络上发表的网络作品可以获得公开出版网络身份,将与传统纸媒一样,获得著作权利,这是一个积极的举措,同时也是一个作用非常有限的方式,这是用传统的管理河流的方式管理海洋。

国家要有怎样的网络文化管理方式呢?

首先要确立两大主体:一是国家主体,二是网民主体。

国家主体性就是动用国家的力量来保护网络文化产品。国家主办的图书馆、博物馆要建立大容量的网站,凡公开发表的网络原创作品均可通过一定的方式收录,编号收藏,或根据作者意愿设置公开的模式与非公开的模式,作者也可以根据自己的需要,将原创作品登录在国家相关数字图书馆中,以获得永久性的收藏。

除了国家图书馆、博物馆外,国家研究机构如社科院、中科院、艺术研究院等,都应建立强大的网络资源库,一是供网民们登记自己的网络原创文章,二是收藏各大网络上与自己领域相关的文化资源,并定期组织专家学者对网络文化资源进行认定或评估。有实力与影响力的学会和协会也可加入存贮、登记网络原创文化作品的队伍中来,服务网民,积累文化资源。

高校在建设网络文化资源库方面条件最为得天独厚,有强大的学术、教学队伍,有流转不息的学生资源。以大学、学院、系科为单位,建立专业性的网络资源库,或创办网络杂志,切实可行,既可增加网络资源,又可使学生在网络中通过学习得到锻炼。

优秀的网络文化资源库通过专家验收可以升格到国家级网络资源库中,成为永久的文化资源库,还可获得教育部与国家网络领导机构的资金或技术支持;而优秀的网络学术杂志经过每年评估,也可升格为学术核心期刊,凡在获得专家委员会承认的网络杂志上发表的文章,均可等同于传统纸媒刊物发表的文章。以此引导网络杂志的出版,并逐渐用网络学术期刊取代纸质学术期刊。

国家要对学术期刊进行严格区分,让学术期刊逐步归口到研究机构、学术团体、高校、协会中进行专业化管理,有计划有步骤地通过对各期刊进行评估,使其逐渐过渡到数字化，可考虑每年让10%～5%的纸质期刊过渡到网络出版，在过渡过程中，建立电子学术期刊的学术规范，如匿名评审制、学术编委制、学术文章发表规范等，国家各学术研究机构与高校要认可新生的网络学术期刊，并纳入职称评定条例中予以承认。

总之，发展国家网络文化，不仅需要主管部门的网络意识到位，还需要切实可行的网络文化发展战略与具体措施，只有整体上把握网络文化发展全局，洞察网络文化发展前景，才能运筹帷幄之中，取胜网络空间。

五、网络文化资源的本土化

网络文化依附于现代科学技术，特别是多媒体技术，超越了地域限制，成为一种时域文化。它是信息时代的特殊文化，也是人类社会发展的产物。借助技术手段，网络把各种不同的文明拉到了同一起跑线上，打破了不同文化的地域性和时空观。而在经济全球化浪潮和当代科技成果的强力推动下，互联网超越现实社会的管理边界，跨越时间和空间，裂变式地瞬间传遍全球。[29]

网络文化，是人们在网络时代的生存方式。这种生存方式受到来自以下四个方面的影响。其一，历史传统文化的影响。这一影响，更多地延续民族传统文化精神层面的东西，包括思想准则、价值观、伦理观等。其二，当下社会生活中所形成的新的价值观念体系，乃至整个生活方式的影响。这一影响是最直接、明显的。因此，在网络生存的环境里，往往以当下的生活准则为准则。其三，互联网自身规则的影响。对于大多数人而言，这是一套全新的、不断变化、完善中的规则。要接受、适应它，还需要一个过程。其四，网络上世界各种不同民族文化的交织影响，东西荟萃，南北互融，将以往互不相关的东西放在了一起。“这四方面的影响不是孤立的，相互间的冲突也是异常剧烈的，必须经过长期的文化整合的过程，才能逐渐走向平衡与稳定，而网络文化就是这四种影响的合力的结果。”[30]

网络具有逻辑先在性，即它具有一定的逻辑程序和观念前提，采用协议规定的标准语言编写，这就使以网络为基础的这种全球文化交流的过程，带有明显的西方话语和文化、意识形态特点。对于大多数国家来说，问题不在于内容的道德性，而在于缺乏或没有使用当地语言并适合当地信息需要的内容。[31]生产不出立足当地的高质量的内容，不仅会阻碍互联网的成长和网络文化的发展，还可能破坏规模经济，进而影响兴起中的信息基础设施项目的可持续性。因此，“当前，我们首要的是解决网络信息的本土化问题”。[32]

我国社会的传统道德伦理观念，决定了我们要建设社会主义的和谐网络文化。我国社会传统讲究“礼义廉耻”，此乃“国之四维”。人若无礼义廉耻之心，必然遭到社会舆论的谴责和唾弃。互联网的虚拟性，使得很多不良信息的发布者具有了隐蔽性。但是，虚拟世界是真实世界的反映，虚拟世界与现实世界有着千丝万缕的联系。因此，加强网络虚拟世界的道德伦理建设，彰显“礼义廉耻”的传统文化力量，应当是网络文化建设的重要内容。[33]

在网络时代，建设具有中国特色的网络文化，是一个时代的课题，是一个严肃的课题,也是一个重大的课题。网络,一定要打上我们自己的“文化印记”。[34]换句话说,就是要实现网络文化资源的本土化。

从文化独特性的角度而言的。实际上,在网络时代,保持这种独特性,需要付出更大努力。因为,世界文化正史无前例地处于大交流、大融汇、大碰撞之中。各种文化的“霸权”和“强权”,借助网络的力量,汹涌而来。如果我们只是简单地照抄、照搬别人的文化,只是不加分辨地临摹、仿制别人的文化产品,那么,长此以往,势必屈从于外来的“世界文化”,而使自己本国、本民族的文化渐渐地淹没于“世界文化”的影响之中。

如何做到“越是民族的,越是世界的”?如何让自己的文化更广、更深地影响世界?只有不遗余力地进行创新。在继承我国优秀传统文化资源的基础上全力创新,是保持文化传统、继承文化内涵、发挥文化影响的唯一路径。

我国的互联网文化建设和管理,也必须从我国的实际出发,不能照搬美国、欧洲的那一套。美国、欧洲与我国有着完全不同的社会、政治、经济制度,有着迥然相异的历史文化传统。况且,互联网作为一种新兴事物,各国都是在探索中管理、在管理中改进,并不能断然说哪种管理方式好与不好。也就是说,我们应该探索出适合我国国情的社会主义网络文化的管理方式。

本章小结

网络文化信息量庞大,内容极为丰富,不仅包括某一基础学科的文化,还包括涉及该学科研究与应用领域的法律法规及其决策信息、专家资料信息等。网络文化资源既是一种文化,又具有资源的特征。这些特征集中表现为开放性、交互性、多元性、虚拟性、快捷性、集中性与分散性、动态性等。

网络文化系统,是以网络技术为支撑,基于信息传递所衍生的文化活动内容以及内含的文化观念和文化活动形式的综合体。通过计算机技术资源、网络技术资源和通信技术资源将网络文化得到最大程度的。

网民在网络中扮演受众、参与者和建设者的重要角色。他们喜欢新鲜、有个性的事物,寻求刺激,这都促使网站具有主动性、愉悦、内容爽的特点。这其中延伸出了网站文化和网民文化。网络建设不受控制地追求利益,吸引网民的眼球,难免会出现问题,这需要我们对网络文化资源进行分析和反思,将其合理使用,与社会发展相结合,不盲日追求、跟风、模仿,对国外的网络文化资源取其精华、去其糟粕,从实际出发,形成具有本土特色的网络文化资源。

思考与练习

1. 网络技术如何促进文化多样性?
2. 网民在网络文化中怎样表达话语权?
3. 在文化霸权盛行的当下,中国网络资源如何实现本土化?

参考文献

[1] 吴泰来.论网络文化资源的特征及信息需求新理念[J].湖南冶金职业技术学院学报,2009(2).

[2] 翁诗环.论网络主体的道德需要与能力[J].湖南社会科学,2007(4).

[3] 旷勇.网络文化对大学生价值观的影响及对策思考[J].湖南社会科学,2005(5).

[4] 泻瑞琴林.论网络信息资源的特征及信息需求新理念[J].湖南社会科学,2005(2).

[5] 彭兰.网络文化发展的动力要素[J].新闻与写作,2007(4).

[6] 刘同舫.论技术与文化交互视阈下的网络文化系统[J].系统科学学报,2010(1).

[7] 殷晓蓉.网络传播文化:历史与未来[M].北京:清华大学出版社,2005:114.

[8] 殷晓蓉.网络传播文化:历史与未来[M].北京:清华大学出版社,2005:202.

[9] 杨谷.网络文化概念辨析[N].光明日报,2007－11－25.

[10] 孟建,祁林.网络文化论纲[M].北京:新华出版社,2002:41.

[11] 李根林.网络文化的传播学特征及对学校德育工作的启示[J].河南农业,2010(5)(下).

[12] 网络文化特点[OL],秦・文化资源网.http://www.wh5000.com/

[13] 侯小强.在“大兴网络文明之风”活动经验交流会上的发言[R/OL].中国网.(2007－1－29) http://www.china.com.cn/zhibo/2007－01－29/content_8785138.htm

[14] 肖珺,孙光海.国庆60周年报道:互联网整合的爆炸力[J].网络传播,2009(11).

[15] 张毅.网络文化建设勿忘文化网站,中国新闻研究中心.

[16] 李钢,王旭辉.网络文化[M].北京:人民邮电出版社,2005:2.

[17] 肖珺,孙光海.国庆60周年报道:互联网整合的爆炸力[J].网络传播,2009(11).

[18] 杨谷.网络文化概念辨析[N].光明日报,2007－11－25.

[19] 彭兰.网络文化发展的动力要素[J].新闻与写作,2007(4).

[20] 郑鸿雁,张玉娥.网络文化的平民视阈[J].今日科苑,2010(7).

[21] 蒋述卓.现实关怀、底层意识与新人文精神——关于“打工文学现象”[J].文艺争鸣,2005(3).

[22] “网络民间”的“问话”和“文化”[N].羊城晚报,2010－7－15.

[23] 徐宏力.网络文化与审美退化[J].文艺研究,2006(8).

[24] 殷晓蓉.网络传播文化:历史与未来[M].北京:清华大学出版社,2005:139.

[25] 刘骁纯.从动物快感到人的美感[M].山东:山东文艺出版社,1986:67.

[26] 崔娜、盛斌、贾婉莹.SNS网络文化探析——以开心网为例[J].北京邮电大学学报(社会科学版),2009(5).

[27] 吴祚来.网络文化资源面临三大问题[N].广州日报,2007－6－12.

[28] 尹韵公.论网络文化[N].光明日报,2007－4－29.

[29] 苏峰.什么是“网络文化”?[R/OL].全球品牌网,http://www.globrand.com/

[30] 鲍宗豪.网络文化概论[M].上海:人民出版社,2003(182).

[31] 王天德,吴吟.网络文化探究[M].北京:五洲传播出版社,2005:8.

[32] 萧景.构建中国特色社会主义网络文化[OL].中国文明网,(2010－02－28)http://archive.wenming.cn/pinglun/2010－02/08/content_18983878.htm

[33] 金平.网络文化,在世界上要有“中国印记”[OL].北方网,(2010－01－26)http://news.enorth.com.cn/system/2010/01/26/004468414.shtml

第三章　网络文化行为

学习目标

1. 了解网络时空的无限扩展性。
2. 了解网络行为的多样性。
3. 了解网络行为的约束性。

当一个中国网民打开电脑开始聊天的时候，一个美国网民可能正在查找他的一个商业伙伴办公地的行车路线，而一个法国网民则可能正在自己的博客上“奋笔疾书”。调查表明，聊天，是中国网民上网最爱干的事情之一；而美国人上网，最常做的事是查地图；法国的博客人数，则在不久前超过了600万。这就是说，大约平均10个法国人中，就有1个有了自己的博客。不同的上网习惯，不仅反映出一个国家互联网的发展水平，也反映出一个国家的网络质量、网民素质和网络文化特色。

2010年中国网民网上行为调查发现[1]：我国网民平均每天上网时间6～8小时；63%的网民每月上网花费在30～50元之间；交流沟通和信息获取，依然是互联网发展的主旋律。2010年中国网民节调研数据显示，在交流沟通方面，即时通信和电子邮件的普及率分别达到70%以上；在信息获取方面，搜索引擎和新闻资讯的普及率分别达到60%以上。这一方面源于交流沟通和信息获取是目前我国网民上网主要的两项目的；另一方面则是因为这两项互联网应用简单易学，更容易被大众所接受。此外，不同年龄的网民，网络应用不尽相同。网民节调研数据显示，在交流沟通方面，25岁以下的网民更倾向于即时通信，25岁以上的网民则喜欢电子邮件交流；在信息获取和商务交易两个方面，25岁以上网民的普及率均高于25岁以下；在网络娱乐方面，25岁以下网民的普及率均高于25岁以上网民。出现这种差别的根本原因，在于不同年龄网民喜好和需求的不同。值得注意的是，微博成为用户获取资料的重要渠道；团购成为网民关注的热点。

通过分析网民的网络行为发现，能够造成网络舆情的主要有：发动议题行为的帖子、博客日记、视频音频、图片、短信、链接、评论等种类；支持网络舆情的电子邮件、搜索引擎、社会性服务、维基百科、标签、Twitter、互动地图、新闻、即时通信IM等媒介；网络游戏和在线音乐等少数媒介，对网络舆情也存在着边缘性影响。“网络舆情是如何激发最广泛的评论和线下行动，还需要从交互式的行为主体，链式反应的传播模式，多样化受众的广泛参与及回馈做深入研究。”[2]这些行为，集中体现为网络“客文化”。

第一节　网络时空的无限扩展性

互联网，催生了新的社会文化形态。在以网络为基础的信息社会里，人们的行为方式、思维方式甚至社会形态，都发生了显著的变化。从行为方式上说，网络环境的时间和空间，拥有无限的扩充性和多样性。网络时间处于一种无始无终状态。或者说，网络时间的特点是"实时、时时、无时"：用户实时交互，网民时时在线，信息无时不在。网络空间，则是真正的"咫尺天涯"——鼠标一点，漫游全球。人们所期待的全球化、多极化、个性化的特征，在网络空间里，得到了充分的体现。[3]

一、网络时间的无限扩展

曾记否，1865 年，林肯总统遇刺的消息，从美国传到欧洲大陆，耗用了整整 12 天；而让美国本土偏远山乡的人知晓这件事，竟用了两个月的时间。这就是那个年代的时空差距。就当时而言，并没有人觉得有什么不妥。

但 100 多年后的今天，互联网，已经把时空的差距，几乎缩小为零。它让"天涯若比邻"再也不只是诗人激情的夸张，而是化为了现代生活中的写实，从而凸显了今天与 100 多年前，社会时空概念的惊人差距。[4]电子媒介对实时(real time)速度的强调，使我们遗忘了对真实空间(real space)应有的重视和体验。事实上，人类传播史，就是一部不断提高传播速度、摆脱时空束缚的历史，亦即利用传播时间对传播空间进行拓展的历史。但直到电子媒介时代来临，人类信息的传递才得以在瞬间完成；传播时间，才基本上完成对空间的殖民。

戴维·哈维(David Harvey)的"时空压缩"，也是对电子媒介所造成的后现代社会空间的非常精彩的描述。哈维认为："资本主义的历史具有在生活步伐方面加速的特征，而同时又克服了空间上的各种障碍。"[5]

二、网络空间的无限扩展

多媒体对计算机的影响，就在于它是用来帮助计算机拓宽自己应用领域的一种手段。由于它具有把文字、数据、图形、声音等信息媒体作为一个集成体而让计算机处理的超级能力，才把计算机引进了一个声、文、图、数集成的、无限广阔的使用空间。[6]

网络，虽然拓展了人们生存与发展的空间，但同时它又是一个需要规范的虚拟家园。网络自由与网络规范之间的矛盾，是网络文化的基本价值冲突。它规定和影响着网络文化价值中一元与多元、民主与集中、个体与社会等矛盾的存在与发展。网络自由和网络规范又是统一的。无论我们用法律、法规来约束、规范网络行为，还是用社会道德和网络道德来倡导网络价值主体自律，目的都是为了实现和保障网络自由。与此同时，网络自由的实现，也会促进网络道德规范的逐步提升。[7]马歇尔·麦克卢汉(Marshall McLuhan)曾经提出一个著名的论断："速度会取消人类意识中的时间和空间。"的确，电子媒介极快的传播速度，正消解着人类的时间意识和空间意识。

空间维度和传播速度，正变得不可分离。速度制伏了空间距离，成为空间距离的测量尺度。麦克卢汉所提出的著名的“地球村”概念，首先具有物理空间层面的意思，即随着传播速度的提高，地球在实质上缩小为弹丸之地，空间距离已经不复存在。

但在电子媒介时代，社会空间被极快的传播速度所重组，最终呈现出一种拼贴、同质、复杂的后现代风格。

值得指出的是，对网络生态空间的理解，存在一些误区。许多人对“网络社会”的认识尚不够清晰，充其量不过觉得这只是一种技术、一种“媒体”，而远未把网络放到“我们只有一个地球”般崇高的地位。至少，在如今，还没有谁把网络看作是人类真正的“第二生存空间”。所以，即使有人破坏了网络生态环境，也不会像破坏自然环境那样遭到同样程度的谴责。对网络生存空间的淡漠和对网络虚拟性理解的偏差，导致有些人对人类“第二生存空间”环境问题的曲解。网络空间具有虚拟性，但它是真真切切存在的。然而，人们常常把这种虚拟性看成是一种虚幻性。这与“地球是人类赖以生存的环境”理论相比，在自觉性上，存在着相当明显的差异。[8]网民从新浪、搜狐、网易等大量民营新闻门户网站所能接触到的信息，远远超过了规定的标准内容。一些灰色地带，时常会有擦边球可打，这更吸引眼球。因为社情民意往往由此集散和放大，使新型参政议政和民意表达进入一种新境界；这也促使当政者或者当事人不得不参与网络互动，使上网成为人们继读书、看报、听广播、看电视之后的“第五习惯”。[9]

三、“网络疆域”与“电子邻近”

互联网造就了一种新的生活方式，人们可以称它为电子游牧生活。[10]

（一）“网络疆域”

互联网，起源于冷战中避免核武器摧毁有形目标的需要，但本质上却包含着消解冷战形态和冷战思维的因素。因为由网络所构筑的“疆域”，不再以传统的领土、领空、领海甚至随卫星发射而出现的“领天”来划分；进而言之，在网络空间中，一个国家的经济主权、政治主权、文化主权，军事安全，越来越有赖于对网络主取有效管辖。在这个意义上，网络空间的意识形态之争，将集中围绕信息资源、信息分配和信息服务等方面，成为以往冲突的继续。[11]“互联网本质上是无地理差异的，但是从互联网的用户分布和网上登载、交换的信息来看，互联网的地理差异又很明显。”这样的地理差异，充满变化和复杂性。比如说，随着欧洲、亚洲和其他地方的用户越来越多，互联网将日益显现出多文化、多语言、多极化的趋势。因此，在互联网时代，疆域概念只是发生了变化，而绝不是说网络没有疆域。

可见，“网络疆域”的内在含义是指：它的疆域并非是按照传统的领土、领空、领海，甚至太空来划分，而是以带有政治、军事、经济、文化影响力的信息辐射空间来划分。[12]

（二）“电子邻近”

“电子邻近”（electronic proximity）这一概念，与“网络疆域”相对，指实际距离遥远但在网络构成的电子世界中却彼此邻近的事实。也就是说,在网络世界中,人与人之间的距离,不是以千米来测度,而是以敲击键盘或使用其他电子手势来测度,其内核是对信息的共享、处理和使用。网络世界,大大增加了人与人之间的邻近程度,能够使数以亿计的人,处于电子可及的范围之内。

如果说,“网络疆域”所涉及的,是无形国界和有形影响之间的矛盾,那么,“电子邻近”,则涉及机器和机器、人和机器以及人和人之间交往的矛盾。[13]电子媒介的极速传播,消解了空间意识,其现实的后果,则是对民族国家的观念构成了挑战。电子媒介的极限传播速度,正冲击着人们对于“想象的共同体”的想象。麦克卢汉的“地球村”概念,对这个问题做出了解答。他认为,在电子媒介时代,人们可以快速地交流,无论处在地球的什么角落,都如同生活在同一个物理空间一样。由于“地球村”是消除了空间距离的“村落”,这里的民族和国家也就不再具有空间上的界限。梅洛维茨也指出,电子媒介已分离了传统上把人们锁合在一起的地方性要素,埋葬了地方和资讯获取之间的紧密联系。在他看来,“电视、电话以及无线广播中的电子信息由于允许在物理空间上相互隔离的人们彼此交流和互动,从而拉平和均衡了地方的差别”;电子媒介“开始跨越以共同在场为基础的群体认同,制造了许多新的与物理场所没什么关系的接触和联系的形式”。

人的主体意识的建构,是依据时空观念来完成的。电子媒介的速度文化,正消解着现代性的时间观念,并不可避免地消解着现代性的主体意识,从而建构一种基于后现代时空观基础上的后现代性主体。现代性的时间观念,是一种有序、可测量的时间概念。在此基础上,人们所建构的,是一种理性的、具有自我意识的主体,具有一种“元主体”的性质。但是,电子媒介以其极快的传播速度,把连续性的时间,打碎成一系列的“当下”片段,使时间由过去的三时态(过去、现在、未来),被替换成魏瑞里奥(Virilio)所称的“现时”(real time)和“延时”(delayed time)两种时态,人的空间意识,也被时间“消灭”了。因此,电子媒介所建构的,是一种后现代性的主体。[14]难怪当年马克思在电报发明之际,就提出了“用时间消灭空间”的论断。

第二节　网络行为的多样性

人们的网络行为,具有多样性的特点,很难一一详述。这里仅挑选当下一些具有代表性的网络行为,以便管中窥豹,略见一斑。

一、从热词流行分析网络言语行为的补救功能

“伪幸福”“被保护”“洗脸死”“裸婚”“经济适用坟”“柜族”“楼歪歪”“单挑门”……如果你经常上网,这些词语想必都会有点儿眼熟。这些是近年来起源于互联网、由热点新闻事件浓缩概括所衍生出来的关键词,被网友们统称为“热词”或“锐词”。网络上大量流行的各种“热词”,俨然已成为一种新的网络流行文化,并大有影响社会生活的趋势。[15]时下,“犀利哥”“富二代”“躲猫猫”“杯具”等网络新词层出不穷。这些词,主要起源于网

络。在网络上风靡的同时，也逐渐延伸到社会各个层面，成为人们茶余饭后的谈资。这些热词的出现，已经成为互联网时代自下而上传播的一大特色。网民的才华与想象力，最大限度地被挥洒和释放。他们将热点事件，精辟地浓缩为某一个关键词，在互联网的传播中升华和放大，成为红极一时的文化现象。

在互联网时代，个体的有意识行为，促使更多热点事件从民间街头进入网络世界；而网络群体的集体行为，又让这些热点事件滚雪球式地放大成公众的焦点。继而，以此作为题材的各种文化交融在一起。所有的共识，最终被浓缩为一句经典的流行语或一个热词。可以说，"热词现象"，是网络文化的一个缩影，也是网络世界原生态价值观的体现。

案例 3-1　2014 年 2 月互联网热词盘点

手机三贱客。它是指"wifi 信号弱""手机电量不足"和"长时间加载"。这三种状况不仅令手机低头族们无法忍受，也令"强迫症患者"抓狂。2014 年初，有网友将这三种状况绘制成漫画上传至网络，在微博里引起了众多网友的争相吐槽，称"手机三贱客"令人捉急，令人狂躁"。有网友们还总结出了汽车、上网等不同版本的"三贱客"，甚至还有人扩充成了"手机九贱客"。

月欠族。它指没到月底就把钱全花光并透支消费的一个族群。月欠族一般都是年轻的一代(80 后、90 后)。"尚未脱离啃老族，昂首踏入月欠党"是这一代职场新人的真实写照。身为"月欠族"的职场新人们，前半月拿着票子过着"飞一般的日子"，后半月数着日子犹如"死一般的感觉"。"读大学的时候很鄙视月光族，现在当了月欠族，终于知道原来月光族是那么令人羡慕。"

（一）热词产生的热效应

据全球最大的中文百科网站互动百科负责人透露，每天都会出现许多网友根据热点事件原创的新词。这些新词，被广泛应用到博客、微博、SNS 等比较前沿、覆盖面比较广泛的新媒体当中。其中不乏"犀利哥""蜗居""富二代"等新锐词汇。这种热词效应，正逐步席卷整个互联网。它们非常有创造性，大家愿意去顶、去追捧。只要所创造出的热词受拥戴，网民便乐意去传播，便会在短短的时间里，造成深远的影响。说它跨越语言、跨越国界、跨越文化，一点都不为过。

热词现象，正逐渐改变着人们的思维方式。过去的传播方式，都是自上而下的，而现在却变成了自下而上的。过去，几乎所有的内容，都是由报纸或者其他权威媒体创造的。由于它本身就具有一定的片面性，而且它的传播方式是一种灌输模式，受众也相对有限。而现在，在互联网上则恰好相反，所有人都可以是内容的创造者。只要够惊世骇俗，互联网上很多人会义务帮你传播。这种传播，不夹带任何私利，而且传播范围之广令人叹为观止。当形成一定规模以后，再去影响传统媒体。

相关专家曾一针见血地指出："在信息膨胀的互联网江湖里，你不懂热词，你便没办法生活。"可以预见，热词，将引领整个网络文化的走向，并最终成为互联网时代一种凝聚智慧的文化产物。

（二）热词背后的冷思考

热词效应不断升温，也引发了人们对于这样一种文化形式的价值考量。它的存在是否合理？对社会发展的影响是积极的还是消极的？对于这样一种新生事物，是否还应保持足够理性的判断和抉择？

有人认为，在快餐文化为主的互联网时代，热词所产生的社会效应，毕竟是有限的，这种即时性的文化，在经过一段时间的沉寂以后，最终只能流于形式，无法形成真正的、引导社会积极向上的价值体系。还有人认为，热词只是少数人哗众取宠的手段，充其量只能成为网民抱怨和发泄的武器，当互联网逐步走向理性的时候，这些热词会像糟粕一样被遗弃。

然而，任何事物的存在和发展，都具有一定的必然性。热词迎合了大众的心理需求，虽然可能有悖于传统的文化表现模式，但它所体现出来的价值，正是这种颠覆性。它开始让更多的人从长期固化的思维中解脱出来，更加清晰而深刻地认知整个世界。

热词至少具有两方面的核心价值：一方面，它的原创性和传播性，不仅是以往任何媒体都无法企及的，而且由于是一种原生态的、未受污染的表现形式，因而代表了社会各阶层多数人的精神诉求；另一方面，它反映了一个国家、一个地区在一个时期内，人们普遍关注的热点话题和民生问题，具有鲜明的时代特征。它可以披露当前社会所存在的一些弊端，并在社会上形成一定的主流意识和道德规范，起到一种全民监督的作用。

（三）热词时代催生词媒体

“词时代”的到来，必然带来新的传播载体、传播途径以及传播终端，以满足公众快速了解社会、获取有价值信息的需求，从而诞生了全新的媒体形态——词媒体。而这一切，都会给当下的媒体带来一场革命。

可以说，词媒体的问世，是网络文化发展的一种必然结果。而互动百科的出现，正逐渐使这一发展趋势成为现实。据悉，目前，互动百科的词量，已经达到500多万。从传播角度来讲，热词是很容易被传播的；一些新的知识点，也会逐渐地浮现出来。

对此，有业内人士预测，因为词时代而产生了词媒体，而借助词媒体的推波助澜，热词将有望从网络文化演变成真正的大众文化。[16]

（四）网络言语行为的补救功能

从“网言网语”到“网话文”，从“火星文”到“囧”与“槑”，再到热词，所有的网络流行语，都是对网络时代言语传播行为的补救。

保罗·莱文森(Paul Levinson)在其论著中，提出了一个“补救性媒介”理论，用以说明人在媒介演化过程中的理性选择。他认为，任何一种后继媒介，都是一种补救措施，都是对过去某一种媒介功能的补救或补偿。以电话的发展历程来看：受话器与听筒的合一、一机带多机、电话录音、无绳电话、待机、来电转移、来电显示……后一功能，总是对前一功能的补救或补足。言语传播行为，是人与人之间交流、沟通的主要途径和方式。人际传播的最基本形式，是面对面的交流。网络，则使整个世界变得越来越小，并逐渐融合成为一个“地球村”。能否实现远距离的“面对面”交流，是新媒介时代人际传播过程能否得以完成的一个重要因素。因此，符号化的网络流行语的出现，是对以文字为基础的网络时代人际交流方式的补救，使得在以文字为主要交流方式的网络人际传播过程中，信息的传播能更加形象、有效，达到“面对面”的效果，使网络时代的文字传播更加完美，越来越“人性化”。[17]“萨皮尔-沃夫假说”认为：“语言在很大程度上决定人的思维方式。”在网络这个虚拟空间中，网络语言作为一种重要的文化符号，反映网络文化。由于网络语言自身的特点，在长期使用网络语言进行网络交往的过程中，网民的思维方式在很大程度上受到这种语言形式特点的影响。我们知道，任何文化，都有一个变迁的过程。网络文化自产生开始，就不断变迁。而网络语言的变化，则是网络文化变迁的一个重要内容。跟最早的网络语言相比较，当下的网络语言的丰富性显而易见。越来越多的网民，创造了大量具有生命力的网络语言，流行于网络之中，充当网民之间的交流工具。这也使得网络文化变得越来越流行。因此，网络语言，又反作用于网络文化。[18]

总之，网络语言是网络文化的外壳，是交流和传播网络文化的工具和手段；而网络文化，也正因为获得了特殊的语言——网络语言，才得以生存和发展，成为人类一种新的文化范式，从而不断地丰富网络文化世界。[19]

（五）网络流行语的“娱乐至死”

互联网技术以惊人的速度改变着人们以往的工作、学习、生活、交往与思维方式的同时，也深刻地影响着当今世界的经济、政治、文化等的变革与发展进程，同时，网络的发展更是将人类文明推向一个更高的层次，它产生了一种新的、空间上的文化圈。

当网络文化遇上了流行文化，两者加在一起产生的是 1＋1＞2 的社会效益和传播效果。网络流行文化的兴盛不是没有道理的，它对人们生活、工作以及社会的影响是不可小觑的。不管是新的网络文体“咆哮体”“神曲”“穿越文化”，还是团购等生活消费观念，标新立异、戏谑、嘲讽、双关是其主基调，它们越来越多地融入人们的日常生活当中，真正地形成了人、信息、社会的“三位一体”，并成为人们的“第二人生”。我们可以在街头巷尾、茶余饭后听到人们使用最新潮的网络流行语言，兴致勃勃地调笑“凤姐”和“鼻孔周”。

对于现实社会中“鸭梨山大”的人们来说，这种狂欢式的娱乐会让人们觉得非常有趣并且乐此不疲。人们似乎找到了一种寻求自我解放的方式，通过随波逐流的“众乐乐”让“本我”回归。如网络穿越小说能做到繁荣却不泛滥，并在 2011 年迅速成为一种“穿越文化”，这的确是一个值得深思的问题。“穿越”就像是一次华丽而旖旎的心灵旅行，在一场梦幻的生死之恋里，拥有一个“率性坦荡的我”，这个“我”万人瞩目且极尽完美，这样确实可以让现代人暂时摆脱泛滥成灾的信息挤压，减缓紧张生活节奏的压力，从某种程度上说“穿越”的确迎合了年轻人的自恋与迷茫状态下的情感需求。从这个层面来看，它更像是青春世界里的一场“白日梦”。

值得注意的是，近年来网络恶搞文化的逐渐增多，对网络文化氛围的净化和管理产生了严峻的挑战。网络似乎较传统电视媒体来说更具娱乐性，其“泛娱乐化”倾向带来的负面效应着实值得我们警惕。网络流行文化往往伴随着一定的商业炒作性质，如“网络红人”“网络事件”等的出现凸显了某些人阴暗的窥私心理和不正常的好奇心，多多少少显得肤浅和庸俗；对于从小沉浸在赛伯空间的“网络时代”来说，网络流行文化或许会颠覆传统的道德标准、混淆是非判断的价值观；而当承担着巨大生活压力的现代人不得已要通过恶搞的“咆哮体”和“神曲”来释放压力时，也不得不说这是一个“杯具”。

二、从网络诸“客”看网民全新的生存方式

（一）网络“客”现象的形成与发展

在网络媒介与现代科技不断融合的过程中，让人眼花缭乱的网络“客”群体不断形成，并逐步发展成为网络领域独特的文化现象。

网络“客”现象，最初发端于“黑客”。“黑客”一词源于英文“Hacker”，有时也称“骇客”。原指热衷于计算机技术、水平高超的计算机专家，尤其是程序设计人员。后来，“黑客”一词，被用于泛指那些专门利用计算机搞破坏或恶作剧的年轻人。“黑客”是最早出现并被用来指代网络“客”群体的称呼，也是最早被引进中国的网络“客”群体概念。

“黑客”之后，由网络技术催生的“客”群体层出不穷，呈现出百花齐放、各领风骚的壮观景象。如今，“博客”的出现，极大地推动了草根文化的繁荣；“播客”对于推进文本再生产方式，产生了积极影响；“掘客”，代表着内容评价的网络新闻发展方向；“威客”，给网民群体直接提供了用知识技能换取财富的机会；“哄客”的非理性和无意识，又以群体的名义，昭示了青年群体的另类价值观；“换客”，则有别于一般意义上的经济交换，而更加着眼于重建网络人际关系；如此等等。

（二）网络“客”群体的类别归属与网络“客”文化的传播特征

1. 网络“客”群体的类别归属

网络“客”群体是一种典型的非正式群体，是个体为了满足社会交往的需要，在工作和生活环境中，借助互联网平台而自然形成的，具有个性、即时性、开放性、交互性、合作性的民生文化的一种形式。

根据“客”群体的不同特征，可划分为信息共享型、技术追求型、利益交换型、娱乐至上型和商务型等不同类型。

信息共享型以博客、播客等为代表，通过文字、音频、视频等表现形式，实现个人言论的自由表达与信息共享。

技术追求型以黑客、红客、闪客、奇客等为代表，由于对计算机或网络技术具有狂热兴趣，在对技术执着追求的过程中，寻求驾驭技术的满足感和技术创新的精神体验。

利益交换型以换客、淘客等为代表，利用网络平台进行物品交换并获取相应的利润收益。

娱乐至上型则以哄客、骂客等为代表，在娱乐至上的价值取向下，常常会暴露出虚拟暴力色彩，以非理性行为实现娱乐自己或愚弄他人之目的。

商务型“客文化”主要是指换客、试客、晒客、调客、印客、帖客等“客文化”，利用网络传媒进行以物易物或进行虚拟物品交换，赢取积分或金钱。这些网民带着经济目的进

行网络活动。

2. 网络“客”文化的传播特征

虽然网络“客”群体分类众多，但从文化传播角度看，网络“客”文化具有鲜明的总体特征。[20]

(1) 跨地域性

网络“客”文化，体现了网络文化的显著特征。网络“客”群体的形成，往往跨越不同地域或民族，为不同文化的交流融合提供新的平台。如威客、闪客、晒客等，就是通过网络而非传统意义上的地域，进行共同兴趣、爱好或知识的交流。

(2) 隐匿性和批判性

网络“客”群体在对个人或群体想法进行实践或参与时之所以毫无顾忌，通常缘于责任意识和身份确认的缺失。这也正是由于网络本身所具有的虚拟和隐匿的特点所致。在角色隐匿的前提下，黑客、骇客等“客”群体，往往敢于大胆挑战权威和颠覆传统。如骇客诉求的价值核心，就是敢于面对现实和批判主流文化。

(3) 开放性和离散性

互联网是一个开放的平台，而“客”文化正是寄生于互联网的技术平台。作为一种“快餐文化”，“客”文化对互联网平台有着很强的依赖性和寄生性。技术平台的滞后或消失，往往会直接导致“客”群体的聚合或瓦解。这种离散性，跟网络“客”文化的“去中心化”特点密不可分。

(4) 包容性和多元化

互联网是极具包容性的传播空间。正因为如此，才迅速衍生了不同的“客”文化形式。不同网络“客”群体之间的界限，并非十分明确：同一个群体，可以同时归属于不同的群体领域。比如，一个博客，可以同时属于播客、闪客、换客、微博客等。

角色的多样性，使得网民个体可以创造并体验不同的文化形式，并进一步形成网络群体角色的多元化。

(三) 网络“客”文化的双重透视

网络“客”文化的蓬勃发展，与自媒体(We Media)的衍生与蔓延，密不可分。美国新闻学会媒体中心 2003 年 7 月出版的《自媒体研究报告》，对“自媒体”给予了严谨的定义：“自媒体是网络受众通过科技手段与全球知识体系相连之后，形成的一种提供与分享社会新闻或事实的途径。”自媒体是私人化、平民化和自主化的传播者，借助现代化信息手段，向网民个体或群体传递规范性或非规范性信息的新媒体的总称。

网络“客”群体的行为方式和网络“客”文化的形成，正是自媒体特点和功能的具体体现。形成于自媒体基础之上的网络“客”文化，对社会文化的发展和传播，具有正面和负面的双重影响。

1. 网络“客”文化的积极意义

作为一种新生文化形态，网络“客”文化具有独特的正面功能。

(1) 推动网民草根意识的觉醒与公众个性的解放

自媒体时代,比传统媒体时代更注重草根意识。每个个体都可以作为信息传播者而存在,社会公众的公共参与意识大大增强。随着网络技术的进步,Web 2.0 时代的媒介个性化特征也越发明显。如博客作者可以根据自己的喜好发布日志,拍客选择相机记录自己的视野范围,晒客可以在网上晒任何自己想晒的东西。个性化表达在掘客的发展中表现尤为突出。网民可以根据自己的喜好,对缓冲区新闻进行投票,得票多少决定新闻能否冲出缓冲区,从而出现在掘客网站的首页。

网络"客"族在参与公共生活时,不再是被动的信息接收者。他们不断认识到自身的价值和能动作用,在网络上自由发表自身感兴趣的话题。网民的思想情感,借助网络空间,得到更好的表达,被逐渐淡化的个人意识和对自由的追求,在个性化表达中被不断唤醒。

(2) 推动文化空间话语权的分享与公共领域的建设

一方面,大众文化的广泛传播,改变了以往精英文化的统治局面。随着网民个体意识的觉醒,文化空间的话语权,不再牢牢把持在社会精英阶层手中。网络"客"文化的形成与发展,打破了传统文化传播的主流媒体垄断,创造了一种没有门槛、没有限制的文化交流和沟通,进而消除了传播者和接受者之间的界限。对于敏感的社会热点话题,网民可以发表自己的看法和观点,实现文化空间的全民参与。

另一方面,社会公众参与意识的增强,又在很大程度上推动了公共领域的建设。公共领域作为介于公共权力领域和私人领域的中间地带,代表着批判性的话语空间。网络"客"群体的聚集网站,具有公共领域的模糊形态;网络"客"文化的传播,带动着互联网社会生活的公共化。网络"客"群体,不仅关注着自身情感的表达和宣泄,而且还是社会道德的记录者和维护者,他们以图片、音频、视频等多种形式,展示或还原社会现实,发起社会热点问题讨论,表达自己对公共事务的理性批判。由此可见,网络"客"群体的出现和"客"文化的发展,有利于推动公共领域的建设。

(3) 议程设置平民化为媒体弘扬主旋律提供新形式

传统媒体时代,议程设置的权力被牢牢把握在主流媒体手中。主流媒体往往会根据需要,对传播内容进行有目的之取舍,构建相应的传播秩序。网络"客"文化的出现,打破了主流媒体的议程设置,逆时序排列、聚合内容技术(RSS)、标签技术(TAG)等新技术,赋予了网络参与者自主选择信息的自由。网络"客"群体作为网络空间的活跃个体,更倾向于自己发表议题和发起讨论,甚至为传统主流媒体设置议题。网站的议程设置权力,也向网民群体发生偏移。

不过,网络议程设置的平民化,对主流媒体并非灭顶之灾。主流媒体可以合理利用各种网络"客"文化形式,创新网络"客"群体的参与机制,运用这种新的媒体形式,弘扬主旋律。如人民网、新华网开辟具有思想性、知识性、艺术性、时代性的特色博客、微博和播客,吸引网民积极参与和献计献策。在思想交流和思想碰撞中,潜移默化地传播先进文化,不仅可以提高包括网络"客"群体在内的网民的民族认同感,而且可以降低网民思想被异化的可能性。

2. 网络“客”文化的消极影响

作为网络文化的代表,网络“客”文化,同样暴露出网络文化的负面影响。

(1) 自我表现意识的增强造成网络道德评价紊乱

网络“客”文化的兴起,使越来越多的人关注草根文化。无论是早期的黑客、博客、播客,还是近期出现的威客、粉客、微博客等,都时刻注重凸显自我和刻意彰显个体价值,网络“客”群体的自我表现意识大大增强。网络“去中心化”,使个人中心主义迅速滋长和蔓延。由于网络社会相应的法律和道德规范尚未完全建立,网络“客”文化传播领域时常出现不同程度的“规范真空”和“控制失灵”。再加上网络开放性带来的网络道德评价标准的多元化,使网络“客”文化传播领域时常出现道德评价紊乱和道德监督失灵等问题。

(2) 把关人功能弱化导致低俗信息传播

在新闻传播领域,把关人是信息编辑流程中十分重要的角色,他们有权决定何种信息可以被受众获知。但在“自媒体”时代,把关人角色功能被大大弱化。各种博客、微博客、播客、晒客的运营网站,只为网络“客”群体提供信息发布平台,仅仅利用关键词过滤等技术手段,对发布内容进行简单的取舍。因此,网络“客”文化传播过程中,不可避免地充斥着噪声。网络自由传播的滥用,还助长了色情、反动等不良信息在受众中的传播。各种“客”网站,常常成为低俗信息传播的温床。

(3) 信息技术缺陷和管理机制缺失导致网络暴力不断升级

在网络“客”文化传播领域,信息技术的不成熟和管理机制的不健全,还导致网络虚拟暴力的出现和升级。网络“客”群体利用网络平台发泄不满,并将这种不良情绪转化为网络暴力,有计划、有组织地对当事人进行骚扰和声讨。如在“铜须门”事件“史上最毒后妈”事件等恶性事件中,网络博客、哄客等群体不断推波助澜,各种各样的虚假信息和夸大的炒作行为遍布网络。网民群体极化,使互联网成为集体对骂的“舞台”,“人肉搜索”等网络手段,也最终由道德维护的力量转化为网络虚拟暴力。

面对网络“客”群体的特殊生存背景和网络“客”文化的特定存在方式,无论是网络监管机构还是网民群体自身,都应当理性看待这种新生网络文化现象:既要认识网络“客”文化对个性解放和公共领域建设带来的积极意义,又要清醒地看到网络“客”群体的自我膨胀对道德评价体系形成的负面冲击;既要为网络“客”群体的成长提供相对宽松的发展空间,又要不断完善相应的管理制度,保障网络“客”文化良性健康发展。

三、“人肉搜索”——网络行为带来的立法争议

2010 年 7 月 26 日,《浙江省信息化促进条例(草案修改稿)》,提交该省人大常委会二次审议。原先因拟立法禁止“人肉搜索”而广受关注的条款,已被删除。就此问题,“价值中国网”于两天后即推出专题——《“人肉搜索”立法为何取消?》。专题中说:对于禁止人肉搜索这事儿,网友们却并不买账,近来多项网络调查表明,大多数网民反对禁止人肉搜索。对此,请大家说说它的利与弊。您如何看待这种在互联网兴起的资料搜索方

式，它是一种社会资源，还是网络暴力？[21]

围绕这一话题，来自不同阶层的网友各抒己见：既有阐释其利者，也有力陈其弊者；既有把它视为一种社会资源而注重其反腐败作用者，也有把它视为一种涉及个人隐私的搜索方式而强调其构成虚拟的网络文化暴力者。中国人民大学教授陈力丹，以实名形式，提出了自己的见解："人肉搜索"的能够起到正面的作用，但是，就像刀本身会有两面性，可以切菜，当然也可以杀人。不应该简单地把"人肉搜索"定义为就是侵犯人的隐私权，还是要具体情况具体分析。[22]此前，杭州市、徐州市也曾陷入过类似的争议之中。其实，在地方相关立法过程中，涉及"人肉搜索"争议的，不只是浙江省。

与中国大陆部分地方政府拟立法禁止"人肉搜索"相反，2010 年 4 月，中国台湾通过的《个人资料保护法》修正案，则将"人肉搜索""合法化"。其前提是：如果"人肉搜索"的目的是基于"社会公益"，那么不仅不会禁止，反而会鼓励。[23]

那么，到底什么是网络暴力？究竟应当怎样应对"人肉搜索"呢？网络暴力，也叫网络文化暴力，就是在网络空间中，其行为主体在种种特定政治原因或经济利益的驱使下，在对抗的权力以及权力的流动关系中，利用各种符号，对受体的身心、权益实施潜移默化的文化影响，进而逐渐动摇受体的态度、观点和立场的一种有组织或非组织的、自觉或自发的、有目的的力量。[24]在网络文化暴力中，暴力不再体现为一种野蛮的杀戮，而更像是通过一种规范来进行运作、调节、校正进而驯服受体。与传统暴力不同，网络文化暴力更多地关涉日新月异的现代电子信息技术，因而我们不能单纯追随实证主义或者绝对主义的暴力观把握它。网络文化暴力跨过网络技术的门槛，在网络空间和现实空间中，使得其暴力效应扩大化和最大化。"人肉搜索"之所以引发争议，就在于它将原本拘泥于网络空间的行为，扩展到了现实空间，形成了网上与网下、线上与线下的遥相呼应，不仅使当事人受到在线状态的冲击，而且即使处于非在线状态，也受到不同程度的冲击和影响。

由于社会关系日趋复杂，实施网络文化暴力的行为主体，不仅仅是单一的个体，还有多元的群体或组织。其行为主体，既可以实施西方意识形态暴力和传统诟病暴力，也可以实施商业文化暴力或其他文化暴力。网络文化暴力的行为主体，在纷繁复杂的网络文化背景下，游弋不定，具有后现代式的多重偶然性，如行为主体的不确定性，即今天是行为主体，明天有可能是行为受体，甚至既是行为主体，同时又是行为受体。

网络文化暴力实践的多元化，决定了网络文化暴力绝不仅仅是单向的线性暴力，而是多方位的泛暴力指向。也就是说，网络文化暴力不局限于单个行为主体的暴力行为，同时也包括行为受体要求反对企图规训控制它的系统，体现出对传统权力、权威主义的硬性反驳乃至以暴反暴，这也就是网络文化暴力中的反暴力。也就是说，网络文化暴力的行为主体和受体是相对的而非绝对的。例如，在网络商业文化暴力面前，施暴者自己本身就很可能是网络文化暴力的行为受体，甚至包括自我施暴，其身份趋向于多重和复杂。

总之，网络文化暴力指向的是关系与关系间的力量交锋与争斗，是对抗的权力以及权力的流动关系。在网络文化暴力面前,核心问题已不再是对网络技术本身的感叹,而是暴力背后日益凸显的话语权和商业利益的争夺。换言之,网络文化暴力之目的,在于强制意志的实现以及利润的最大化。传统观点认为,宗教和审美是通向自由之路;现代人则更愿意认为,网络是轻松地通向和标榜自由的绝佳途径。至此,当下,人们将不得不在网络秩序与暴力之间的张力中挣扎。

网络文化建设亟须通过立法,将网络社会中各网络主体,如用户、站点、网络产品生产商、局域网管理员等的责任、权利与义务,以法规形式加以明确规定,使人们清楚地知道什么是必须做的,什么是禁止做的,从而强制规范人们的行为,也为人们的行为提供最低标准的指导。[25]不过,就“人肉搜索”而言,由于其性质与功能的两面性,简单地立法禁止,恐怕难以获得足够的法理依据和民意支持。就目前的情况来看,将其列入法律条款的时机,尚不成熟。何况作为《信息化促进条例》,理应把关注的重点,放在保障性措施而不是禁止性条款上。

当务之急,是建立合理的网络监管机制,以“人肉控制”应对“人肉搜索”。[26]“人肉搜索”本身,只是一个获取信息的机制,之所以会带来“隐私侵权”和“网络暴力”现象,往往是因为网民不了解事实真相,被蛊惑和煽动,导致情绪失控。这就需要建立一支高素质的网络监管队伍,面对隐私侵权和网络暴力的苗头,第一时间整理出事情真相,给出合理的解释,疏导网民的过激行为。

这种网络监督队伍,可以称之为“人肉控制”。实施者可以是“人肉搜索”企业或网络监管部门的供职者,也可以是高素质的网民作为志愿者坚守在网络的各个角落。简言之,所谓“人肉控制”,就是用人的理性和智慧,来疏导网民的过激行为,增强网民的自我约束力,从而防范隐私侵权和网络暴力的发生与扩大。

当然,“人肉搜索”一旦涉嫌犯罪,则需要提交司法机关依法处理。需要注意的是,由于网络犯罪是一种新型的高技术犯罪,网络法规是一些技术性极强的法规,而传统的监察组织、执法组织和法庭往往无法作出及时、准确而又有效的反应,因此成立专门的监察、稽核、执法机关和特别法庭,便显得十分紧迫与重要。这也是与网络社会相适应的国际司法界的一种趋势。[27]

案例 3-2 遭人肉搜索少女投河

2013 年 12 月 3 日,在连续发出“第一次面对河水不那么惧怕”和“坐稳了”两条微博后,网名为“IforeverLm”的琪琪跳入河中,结束了 18 岁的生命。

家人认为琪琪之死与一起“人肉搜索”有关。据警方通报,在陆丰市陆城某中学就读高中的琪琪,曾于 12 月 2 日到该市东海镇金碣路的某服装格仔店购物。但没过多久,琪琪购物时的监控视频截图就被该服装店的店主蔡某发布到了网络上,并配文称截图中的女孩是小偷,请求网友曝光其个人隐私。

这则“人肉偷衣服女生”的信息引起热烈反响,众多网友纷纷参与“人肉搜索”。很快,琪琪的个人信息,包括姓名、所在学校、家庭住址和个人照片均遭到了曝光。同时,网上也不乏批评辱骂之声。

琪琪父亲认为此举致使女儿自寻短见。琪琪姐姐在微博上公开指责涉事服装店店主系“诬陷”,参与“人肉搜索”的网友的行为导致“一个花季少女无奈走上绝路”。

广东陆丰警方8日立案侦查后,将服装店店主刑拘。

第三节 网络行为的约束性

2008年1月,网络实名制立法开始启动。半年后,国家工业和信息化部正式答复网络实名制立法提案,虽未获通过,但表示,“实现有限网络实名制管理”,将是未来因特网健康发展的方向。[28]网络无序,是网络文化的负面表现因素之一;网络无道德,是由于网络文化缺乏法律、法规的支持。因此,网络文化建设急切呼唤网络立法。[29]

就约束而言,又存在两条思路:第一条思路主张,将网络行为纳入传统的伦理规范之中,也就是说,网络行为并不是超出历史的另一种行为,它只是生活中无数行为之一种,网络行为本身不能破坏生活的规则;另一条思路,则真切地把网络的产生当作历史的使命,认为人们必须订立网络规则,重新思考订立生活的协同规则,甚至预言,反潮流者是明天不识时务的落伍者。罗伯特和苏珊批判了耶拿斯(Jenas)的传统主义态度,认为应当从十个方面对网络行为进行伦理规范,其内容大致如下:防治网络污染;防止网络泄密;禁止披露个人隐私;现实地对待网络成本;尊重版权;禁止剽窃;尊重网络上的学术规范;不要使网络成为唯一的交流方式。[30]

一、网络行为的善与恶

客观地说,以信息技术为支撑的网络,本身并没有价值优劣的鉴别功能。网络的善、恶价值,是由操作、使用网络的人所赋予的。既然网络本身并不具有善、恶的价值属性,善、恶问题是人在操作计算机、使用网络的过程中产生的,即善、恶取决于人的行为而不是网络的结构,那么为了在创造善的价值的同时,尽力避免和减少恶的后果,使网络的发展保持正确的方向,就极有必要对人在网络中的交往和其他活动进行合理的规范和指导。

(一) 网络行为的类型

网络行为的类型多种多样,可以从不同的角度进行划分。[31]

1. 积极性网络行为

积极性网络行为,是对社会发展起积极、进步作用的行为。积极性网络行为在冲破旧有方式、推动社会发展方面,表现得相当彻底而有力,这与互联网的全球性、超时空性、强大交互功能等特征分不开。积极性行为在诸如互联网商务、远程医疗、网络教育、网上购物等方面,都有上佳的表现。它在给人们带来方便的同时,也促进了人们生活水平的改善和社会的发展进步。

2. 中性网络行为

中性网络行为，是介于消极与积极之间的网络行为。跟普通的中性行为一样，它对社会共同生活和社会发展的影响不十分明显。这类行为，多出现于日常社会生活中，若处理不好，极容易向消极越轨行为发展。例如，网络言语行为，就需要政府采用社会控制手段来对其进行规范，避免其向消极方面发展。

3. 网络越轨行为

越轨行为，指对社会共同生活和社会发展起消极、阻碍作用的行为。这种行为，往往破坏社会运行的正常秩序，侵害社会有机体，需要严格加以控制。网络越轨行为，主要表现为网络黑客、网络暴力、网络诈骗、网络侵权等。

（二）网络行为的善恶

所谓善，是指符合一定道德原则和道德规范的行为或事件；所谓恶，是指违背一定道德原则和道德规范的行为或事件。网络道德评价原则的确立，是在善恶原则基础之上，对动机与效果并重原则、互惠原则、科学性原则的综合。[32]因此，从根本上说，对于网络社会的发展是有利还是有害，是判断行为善恶的客观依据。

不难发现，网络为一些违法犯罪行为提供了更加便捷和隐秘的实施渠道。[33]

第一，随着互联网和数据库的发展，搜集、整理、分析和传播个人隐私，比以往任何时候都容易得多。隐私侵犯问题，成了互联网带来的最大困扰之一。行为人通过发送电子邮件、聊天室、新闻组等方式，非法暴露他人的隐私，从而极大地损害了公民的个人隐私权。

第二，互联网上盗用他人名义发表文章，假冒他人姓名在网上发表不当言论，冒用他人姓名发送电子邮件等侵害他人姓名权的事件，屡屡发生。

第三，抢注域名，侵害知名社会组织，尤其是知名企业名称权的行为日益猖獗。行为人利用网站，假冒该社会组织的名义，牟取非法利益，损害该社会组织的利益，或者以公开出租或出售抢注的域名为要挟，迫使知名社会组织高价买回被抢注的域名。

第四，由于网络技术具有超媒体性，因此，随着作为多媒体的三大要素之一的画面技术的日臻发展，网上侵犯肖像权的问题也日益突出。如 PS 技术所带来的“移花接木”，就产生了不少以假乱真的问题。

第五，网上的一些不正当竞争行为，如垄断经营、侵犯商业秘密以及利用域名搭便车等，都需要法律来加以规制。

网络伦理文化中非道德现象的发源地，主要集中于非法网站等。

（三）网络越轨行为的社会控制

（1）利用法律手段进行社会控制

首先，在立法时，应注重研究网络社会信息发布的多元性、信息源的跨国性、社会信息的共享性、网络犯罪的隐蔽性、信息传导的快速性等特点，从而对症下药，制定出行之有效的法律法规。[34]其次，在法律规定的具体事实的认定方面，需要提高网上执法人员的素质，加强网上执法和网际间的司法合作，建立对付网络犯罪的全球“法网”。

(2) 利用道德手段进行社会控制

目前,犯罪人员低龄化,是网络犯罪的突出特点之一。网络社会道德规范与现实道德规范适用范围不同,但决不能因强调差别而建立一个与既有道德规范完全不同的道德体系,而应该在原有道德体系的基础上,建立具有兼容性的网络道德规范,即人们的网络行为方式应当符合某种一致的原则和标准。

(3)利用科学技术手段进行社会控制

利用科学技术本身的自我控制能力,阻止和防范网络越轨行为是一种有效的社会控制形式。可通过技术手段对网民入网和入网后的网络行为进行把关和控制,如目前我国实行的凭身份证网吧上网方式。可以对网民进行网络行为诚信考核,对于经常出现网络越轨行为的网民阻止其入网。此外,网络设备设立报警系统,网络场所安装电磁屏蔽防止网络信息的泄露,网络数据实施安全保护等都是不错的控制手段。

当然,光有技术是不够的。只有建构以道德控制为主体,兼备技术控制,然后再以法律为保障的控制体系,才能对越轨行为进行行之有效的综合控制。

(4)防止网络控制过度或网络失控

对网络越轨行为进行严格的控制,是确保网络空间的安全和有序的有效途径,但网络社会的特点之一便是自由,对之施加控制,必然导致自由受限。自由与安全之间相互矛盾又相互依存的关系,要求政府既能准确界定网络越轨行为犯罪化的范围,有效打击网络犯罪,又要处理好网络保护与网络自由的关系。要避免网络社会的失控与过控,就必须把握控制的力度,掌握适度原则。

二、网络行为的伦理规范

所谓网络伦理(Net Ethics),就是人们通过电脑网络进行社会活动时所表现出来的道德关系。由于网络应用中出现的道德失范问题日益严重,引起人们对网上道德的呼唤与关注,许多国家都开始研究网络伦理问题,以帮助人们明辨网络行为的善与恶,树立网络伦理道德规范。

为了减少网络犯罪,确保网络安全和网络健康发展,需要进行双立法:一是立法律之“法”,即行政立法;二是立道德之“法”,即自我立法。法律是“硬性”规范,以强制手段约束人的行为;道德是“软性”规范,是以人类特有的内驱力的激励来达到自我觉醒和自我约束。道德和法律,一是“自律”,一是“他律”,二者辩证统一,缺一不可。[35] 所以,自主性和自律性,可以看作最终的道德要求。如果说传统道德也强调这一特征的话,那么,网络道德无非更加突出这一特点罢了。换句话说,自律与他律相结合,是网络道德的基本特征。网络伦理文化,是网络文化的组成部分,是影响人的网络生活的一种重要的伦理文化资源,它所产生的物质基础是网络。[36] 作为人类心理和伦理的实验室,网络空间和虚拟实在中的虚拟生活,为我们展现了纷繁复杂的网络文化现象。如何从伦理的角度把握网络文化现象,如何制定合乎伦理的网络文化战略,是对虚拟生活进行伦理思考的重要目标。

网络文化在本质上，是与现代性紧密相连的大众消费文化，而现代性，同奢侈消费密切相关。这其中的主要动力机制是，处于知识权力结构核心的资产阶级看到，他们可以通过建立一种大众消费文化获得最大的利益。因此，在所谓世俗化的现代性的“祛魅”运动中，不仅有主体控制自然的向度，还有一种主体顺应自然的逆向运动。前者强调理性控制，意味着人为自然立法，与生产过程有关；后者强调将人的本体从理性下移至“本我”、感性和个体，主张凡是自然的欲望都应当得到满足，与消费过程相关。如果将此两个向度概括为自由，即前者是与主体自主性相关的积极自由，后者则是与个体放任相关的消极自由，那么，不难理解，控制自然和顺应自然的巧妙配合，在形成了资本主义生产方式的同时，必然也会因为自主性的膨胀和被诱导的消极消费而导致自然的异化和自我的异化。同时，我们也可以看到，弗洛伊德的性理论，未尝不是迎合了这种合谋。

基于伦理的网络文化战略的出发点在于，揭示各种乌托邦想象背后的知识权力结构的宰制性，引入一种责任的观念，使网络空间作为一种公共资源和公共空间，能够在微观生活中发挥其赋予权力和解放性的功能。同时，也必须看到，网络权力结构的差异和无秩序，也潜藏着创造力和生长性的力量。完全以真实世界的标准框定虚拟生活，并不总是适宜的，而作为一种制度性的战略，则在于建构一种反思与批判性的网络文化，使人们能够通过独立思考和相互磋商找到虚拟生活的方向。

面对网络空间所带来的伦理挑战，我们必须认识到，正确的伦理抉择，绝不是对某种乌托邦想象中的信条的遵守，而应该引入一种对人自身的责任。

网络文化的迅速发展，正在改变着人们的生活，人们必须遵循一种新的责任原则。这种新的责任原则不再仅仅要求人们对某种乌托邦的信念负责，而强调人们应该朝向未来，对可以预见的后果承担起应有的责任。对此，雅斯贝尔斯(Karl Jaspers)指出，我们对人类最遥远的未来，对人类历史的保存负有责任。责任伦理大师汉斯·尤纳斯(Hans Jonas)发出的责任的绝对命令是：按照那样的方式行动吧！在你之后仍然存在一个人类，而且尽可能长久地存在。保尔·利科对尤那斯的评论是：“就尊重人的简单概念而言，命令是新事物，从这个意义上讲，它超出一种由相互关心而保证的邻近的伦理。在技术时代，责任延伸到我们的能力在空间与时间，在生命的深处所能及的远处。”[37]

现在，问题的重心必然转向一个现实问题：如果我们的公共选择是健康的网络文化(如果不是如此，那么所有讨论都是无意义的)，那么谁应该为网络文化的健康发展负责？麦金太尔(A. Mcintyre)曾提出三角色理论来描述现代性。他认为，现代性中具有伦理代表性的三种人是消费人、心理治疗家和管理专家。这是一种价值与手段分裂的“社会生态”：一部分人是追求自我利益的个体，另一部分人则是声称能够服务于任何目的的专业人士。这使人联想到韦伯所称的“没有心肝的纵欲者和没有灵魂的专家”。因此，不论是消费者还是专业人士，都应该对网络文化的发展肩负起责任。尤其是拥有知识能力的专业人士，不应仅仅通过贩卖技术、乐观主义以巩固其权威性，而更应该为增进积极的文化消费作出应有的努力。

总而言之，我们在应对网络文化对文化发展的正负面影响时，要保持清醒的认识：

一方面，加强网络基础设施建设和管理，健全法律法规，充分利用网络功能保护并弘扬民族优秀传统文化；另一方面，坚决抵制不良文化、信息垃圾的渗透和入侵，从思想上、行动上警惕和反对“殖民文化”的“侵略”。[38]

本章小结

在本章中我们可以了解互联网的出现，实现了网络空间与时间的无限扩展和多样性，这促使我们拥有新的生活方式。网络世界有着与现实世界不同性质的疆域，划分着网络的空间，让我们有区域感。而在另一方面，网络世界跨越了有形的疆域，人们从中进行信息的共享、处理和使用，大大提高了人与人之间的邻近程度，能够使数以亿计的人，处于电子可及的范围之内。

在网络空间与时间无限扩展的环境中，网络行为的多样性表现得淋漓尽致。其主要表现在一旦热点事件出现，网民们将以最快的速度将这个热点事件浓缩成一个关键词，掀起一股“热词”风暴。大量流行的各种“热词”，形成一种新的网络流行文化，并大有影响社会生活的趋势。“热词”产生的效应不容忽视，在突破传统传播模式后也要冷静思考其背后价值。在对待网络流行文化方面，不能一味追求轰动效果，传播混淆是非观念的价值观和低俗网络内容，要避免“娱乐至死”。由“客”群体的行为形成“客”文化，而它的发展主要是因为自媒体的蔓延。“客”文化对社会文化的发展和传播，有着正面和负面的双重影响。

网络行为的约束性也非常值得我们进行探讨。可以从不同角度对网络行为进行划分，在一定道德原则和道德规范下区分网络行为的善与恶。树立网络伦理道德规范，以帮助人们明辨网络行为的善与恶。通过对网络越轨行为进行规制，进一步达到优化网络文化的目的。

思考与练习

1. 结合实际谈谈“网络疆域”与“电子邻近”。
2. 处于信息化爆棚时代，你如何看待“热词现象”？
3. 什么是“客”文化？其特征是什么？

参考文献

[1] 中国网民文化节组委会，艾瑞咨询集团. 2010年中国网民文化节网民行为调研报告[EB/OL].（2011—4—12）. http://report.iresearch.cn/1516.html

[2] 顾明毅，周忍伟. 网络舆情及社会性网络信息传播模式[J]. 新闻与传播研究，2009(5).

[3] 李钢，王旭辉. 网络文化[M]. 北京：人民邮电出版社，2005：18.

[4] 黄俊瑛. 网络文化与大众传播[M]. 重庆：西南师范大学出版社，2003：66.

[5] 梅琼林，袁光峰. “用时间消灭空间” 电子媒介时代的速度化[J]. 现代传播，2007(3).

[6] 黄俊瑛. 网络文化与大众传播[M]. 重庆：西南师范大学出版社，2003：81.

[7] 代金平,郭娇.自由与规范:网络文化的基本价值冲突?[N].西南大学学报(人文社会科学版),2009(2).

[8] 徐君康.网络生态伦理观与网络文化传播之适切性[N].宁波大学学报(人文科学版),2005(6).

[9] 李钢,王旭辉.网络文化[M].北京:人民邮电出版社,2005:36.

[10] 殷晓蓉.网络传播文化:历史与未来[M].北京:清华大学出版社,2005:11.

[11] 殷晓蓉.网络传播文化:历史与未来[M].北京:清华大学出版社,2005:33.

[12] 殷晓蓉.网络传播文化:历史与未来[M].北京:清华大学出版社,2005:34—35.

[13] 梅琼林,袁光峰."用时间消灭空间"电子媒介时代的速度化[J].现代传播,2007(3).

[14] 高赛.网络"锐词"传播威力惊人[EB/OL].(2010—5—16)http://news.xinhuanet.com/society/2010—05/16/c_12106292.htm

[15] 高阳.互动百科:热词流行背后的冷思考[EB/OL].(2010—5—11)http://www.bianews.com/news/22/n—208122.html

[16] 邝蔼钘.从"囧"说起——解读网络流行语文化[EB/OL].(2008—11—27).http://media.people.com.cn/GB/22114/44110/113772/8423492.html

[17] 龙吉星.《网络文化中的网络语言研究——以虚拟交往中的网络语言为例[N].凯里学院学报,2010(1).

[18] 鲍宗豪.网络文化概论[M].上海:上海人民出版社,2003:219.

[19] 刘志刚.网络"客"文化的传播特征与双重影响[J].今传媒,2010(7).

[20] 黄相如.本期话题:"人肉搜索"立法为何取消?[EB/OL].(2010—6—2).http://www.chinavalue.net/Finance/Article/2010—6—2/191590.html

[21] 黄相如.本期话题:"人肉搜索"立法为何取消?[EB/OL].(2010—6—2).http://www.chinavalue.net/Finance/Article/2010—6—2/191590.html

[22] 佚名.浙江禁止人肉搜索法案已提请省人大审议[EB/OL].(2010—6—2).http://news.sina.com.cn/c/2010—05—28/151820365604.shtml

[23] 张勋宗,李华林.网络文化暴力特征、类型及实现路径分析[N].西南大学学报(社会科学版),2009(5).

[24] 王天德,吴吟.网络文化探究[M].北京:五洲传播出版社,2005:253.

[25] 杨琳瑜.互联网"人肉搜索"的监管和引导策略[J].电脑开发与应用,2009(6).

[26] 王天德,吴吟.网络文化探究[M].北京:五洲传播出版社,2005:257.

[27] 胡燕哲.实名制·双刃剑——关于论坛、博客实名制的探讨[J].中国广播电视学刊,2009(10).

[28] 王天德,吴吟.网络文化探究[M].北京:五洲传播出版社,2005:7.

[29] 鲍宗豪.网络文化概论[M].上海:上海人民出版社,2003:264.

[30] 苏振芳.网络文化研究——互联网与青年社会化[M].北京:社会科学文献出版社,2007:73.

[31] 李钢,王旭辉.网络文化[M].北京:人民邮电出版社,2005:176—187.

[32] 李长健,禹慧.论网络文化及其法律规制[J].广西社会科学,2007 (11).

[33] 苏振芳.网络文化研究——互联网与青年社会化[M].北京:社会科学文献出版社,2007:93—99.

[34] 刘锦东.网络文化带来的伦理思考[N].哈尔滨经济管理干部学院学报,2001(2).

[35] 佚名:基于伦理反思的网络文化战略[EB/OL].(2011—7—14).http://www.docin.com/p—366185249.html

[36] 佚名:基于伦理反思的网络文化战略[EB/OL].(2011—7—14).http://www.docin.com/p—366185249.html

[37] 李钢,王旭辉.网络文化[M].北京:人民邮电出版社,2005:3.

第四章　网络文化心态

学习目标

1. 了解网络流行文化所反映的大众心态。
2. 掌握网络心态结构。
3. 熟悉网络心态功能。

作为一种生活方式的文化概念，可以分为四层：行为文化层、制度文化层、物态文化层和心态文化层。[1]不论外形、内涵怎样不同，所有的文化模式皆由后天习得。习得的途径是人工构造的符号系统——心态文化层。作为“一定社会的政治、经济在观念形态上的反映”，心态文化层又可分为社会意识形态——经过系统加工的社会意识、理论和艺术作品（基层是政治、法律思想，高层是哲学、文学艺术、宗教）和社会心理——人们日常的精神状态、思想面貌、流行的大众心态等。网络文化，也呈现出这样几个不同的层面。

第一节　网络流行文化所反映的大众心态

网络流行文化，可以迅速而真实地反映网民的社会心态，是准确把握社情民意的有效途径。

一、2011年第一季度网络流行文化点评

随着互联网技术在全球风靡，它以惊人的速度改变着人们以往的工作、学习、生活、交往与思维方式，并深刻地影响着当今世界的经济、政治、文化等的变革与发展进程，人类被推进到了一个网络化的时代。同时，网络的发展也将人类文明推向一个更高的层次，网络文化随之应运而生。家庭办公、远程教育、在线购物……这一系列生活方式的变化都是由网络技术所带来的，网络技术产生了一种新的、空间上的文化圈。

在信息量巨大且快速更新的今天，网络为流行文化的快速传播提供了相当优越的条件，也成了追赶潮流的潮人们的宠儿。

案例4-1　2011年第一季度网络流行文化

2011年第一季度网络流行文化排行榜（以时间先后为序）如下：1. 团购；2. 神曲；3.“见与不见”体；4.“药家鑫”事件；5. 随手拍照解救乞讨儿童；6. 此处省略一万字；7. 两会代表微博提议；8.“宫”穿越；9.“龅牙哥”“茫然弟”；10. 咆哮体。

一首没有歌词的“神曲”《忐忑》一夜之间红爆了中国，更是引得众明星争相模仿，成为传唱度相当高的热门歌曲。自《非诚勿扰2》上映后，片中李香山女儿深情演绎的那首诗在网站被疯狂转载，网友甚至仿照其句式，展开新一轮的造句热，形成“见与不见”体。“药家鑫”事件一出，便在网络上尤其在微博上掀起了轩然大波，郑渊洁还在微博上发起对“药家鑫”案结果的网民投票，此微博一发出即刻转发评论上万条。2011年春节由于建嵘教授在微博上发起的随手拍照解救乞讨儿童活动也引起社会各界的广泛关注，并引起了网民大讨论，接下来随手拍照解救大龄女青年、男青年等活动开始在网络上风靡、网络的广阔覆盖面，也让团购在中国大地上如火如荼地展开，更低的门槛让更多人参与到了团购中。一部清穿剧《宫》的播出掀起了2011年网络穿越风的高潮，引领了“穿越文化”。“龅牙哥”起源于网络拍客上传到网络上的一张很有喜感的图片，图中露着整齐洁白牙齿的一位男生独具特色的表情和洁白的牙齿经过网友PS处理而红遍互联网……当网络文化遇上了流行文化，两者加在一起产生的是1＋1＞2的社会效益和传播效果。网络流行文化的兴盛不是没有道理的，它对人们生活、工作以及社会的影响是不可小觑的。

（一）“团文化”运动

当最流行的团购网站Groupon旋风吹到中国，在短短几个月时间里，国内涌现了数百家与之类似的团购网站，比较著名的有汤团网、美团网、拉手团、24券等。中国团购网站的蜂拥而起，源于其简单而清晰的商业模式，即以收取服务费为方式，充当商家与消费者之间的媒介。一时之间，“团”文化铺天盖地而来，成为网络又一流行的风向标。

其实，团购消费并不是新鲜事物，国内最早的互联网团购发轫于各大高校的校内网站。早在2006年，北京大学校内网就有了团购版，很多学生在那里购买电子产品。然而催生“团购”热潮的却是另一支生力军——生活服务类产品——的加入。在那之前，提供生活服务类产品的餐馆和小商家等无法在网上做电子商务，最多是在自己的网站上卖一些优惠券。而现在，“团”个足疗，“团”个婚纱照，“团”个博览会门票……几乎一切有形与无形的服务，都可以成团。只要用一个电子邮箱和一个手机号码，就可以在3秒钟之内注册成为一家团购网站的用户。

随着口碑效应扩大传播效果，团购如野火点着了草原。这种随网络盛行起来的新的消费方式之所以备受人们的青睐，最重要的原因就在于它带来的巨大实惠。团购实现了物美价廉的美梦，诱人的折扣让人忍不住点击着鼠标拍下一件件商品。团购这种网络电子商务形式，形成一股风潮席卷了整个中国，成为2010年度中国十大文化热点事件之一。团购网站的门槛之低，数量之众，被业内人戏称为“摆地摊”。而团购的流行已经不只是一种消费方式，更是成为一种文化。

与其说团的是商品，不如说团的是快乐，伴随着物质上的满足精神愉悦随之而来。与其说是团来的是实惠，不如说团来的是友情。通过团购网，原本互不相识的网友们可以把购物款凑到一起，以类似于批发商的身份与商家谈判，以更低的价格买到商品。一来二往便也成了团友，用有价的物品换来了无价的友谊。与其说是团经济，不如说是团文化。表面上团购拉动内需，刺激经济，变革了商业模式，而更深入来说它的流行给消费者带来了全新的消费理念。团购最初的出发点是为消费者带来实惠，但是团购与互联网的结合使得它不仅仅停留在物质的层面，在这个快速消费的时代，团购已晋升为一种网络流行文化，潜移默化地改变着人们的消费心理、消费观念。

（二）今天，你穿越了么？

2011年春节期间，一部穿越清宫剧《宫》红遍网络，热度直追春晚。该剧改编自网络小说，齐集各种吸引眼球的元素，包括现代人穿越到古代、后宫争宠、灰姑娘情结等。短短数天，土豆网上《宫》点击量轻松过万。尽管背负着“弱智”“低端”“山寨”等种种骂名，电视剧《宫》却依然连续16天在全国同时段收视称王，最高收视率突破3%。微博、论坛、贴吧里讨论得热火朝天……

近年网络小说成为影视剧改编热门，但像2011年这样穿越、后宫题材如此集中，还是第一次。在电视剧《宫》的收视热潮之后，《步步惊心》《灵珠》《回到三国》《剑侠情缘》等多部穿越剧轮番登场，而2010年光是宣布开拍的穿越剧就多达16部。有业内人士分析，未来3年，穿越剧将引领新的收视热点，随之而来的是穿越小说将迎来第二轮流行浪潮，一股前所未有的穿越风正在以势不可当的气势席卷而来。

而之所以穿越剧能在近年来急速走红，很大部分得益于网络的迅速发展，以及各路网络文化的渐渐形成。甚至可以说，网络是穿越小说盛行的温床。

何为“穿越”？即现代人以最“非我”的身份，对最“真我”的表达。穿越其实在某些方面与网络的特征很像，都具有虚拟性、匿名性、群体性，都常令人报以幻想。

现代社会强调个人价值，现代人尤其是年轻人的自我意识高涨，并拥有强烈的成就欲。而时下的穿越作品，更青睐于古代及更低级的社会。穿越的主人公不是历史学家就是游戏迷，可以说是对那个朝代的历史了如指掌的人。因此，现实中得不到满足的愿望终于可以在那里得以实现。穿越文物较古人来说多了一份优越感，因此自我满足的情绪油然而生。他们或贩售现代科学管理知识，或卖弄现代文化创意，总能在短期内迅速积累大量财富，也因此是众星捧月、千人仰慕的焦点人物。

现实社会沉重的生存竞争压力，也让更多的年轻人寄情于“穿越文化”，与其说穿越是一种祝福与期盼，还不如说是对现实生活的一种自我逃避。因为只有在穿越的世界中，人才能自由驰骋，释放现代社会的压抑，塑造心中的理想国，揭露出内心最本真的渴望。小说、影视、网游使人们忘却现实，脑海里充斥着视觉影像，由此获得了比现实更深刻的愉悦。现代人生活在一个超现实的状态下，也更喜欢这样的“虚幻现实”。

亚当·乔伊斯（Adam Joyce）在《网络行为心理学——虚拟世界与真实生活》一书中写到，因特网提供了一种逃避日常问题的方式，而且因特网的匿名性使得它特别具有吸引力。那么当“穿越文化”遇上“互联网”，结果就是“火花四溅”，激起千层浪了。

（三）“神曲”咆哮而出

网络文学创作是网络文化中举足轻重的一部分，在这个虚拟的空间里，网民们将他们的创造力发挥得淋漓尽致。在短短的一年时间里，网络上兴起了一场“新文体运动”，各种“体”纷纷登上了网络的“红地毯”。“梨花体”“腾讯体”“凡客体”，在这些曾经大红大紫的新文体渐渐趋于沉寂后，一种构造更为奇特的“咆哮体”横空出世，独领风骚。“咆哮体”最早起源于豆瓣网，不过它的真正走红，还要归功于同样来自豆瓣网的帖子《学法语的人你伤不起啊!!!!》，这篇帖子用反复质问“有木有”和大量的感叹号强烈地表达了学习法语中遇到的种种苦恼，让不少网友捧腹不已。此后，这种“根骨精奇”的文体以势不可挡的速度迅速成为微博上的热门话题之一。

> 人称代词也是琳琅满目啊!!!! 主语有六种有木有!!!! 直接宾语有六种有木有!!!! 间接宾语有六种有木有!!!! 介词宾语有六种有木有!!!! 反称代词有六种有木有!!!! 放到句子里各种排序一二三四五六七有木有有木有!!!!
>
> ——摘自《学法语的人你伤不起啊!!!!》

网络时代从来都不缺乏模仿，更不忌讳疯狂的围观，网络用语催生的流行文体更是如此，经典一出，瞬间变身万千。豆瓣网甚至出现了即时更新的“‘伤不起’系列大全”，样本有数百种之多。地域、职业、生活方式等，都成了“伤不起”的对象。随后，明星也相继卷入了“咆哮”大军，天后王菲在微博上转发了网友的一篇“咆哮体”版《喜欢王菲的人你更加伤不起》，更是在后面以“咆哮体”进行了回复，着实雷到不少网友。而“咆哮体”的影响范围远不止此，“火”势一直从网络蔓延到现实生活中。在华中师范大学武汉传媒学院的课堂上，“80后”女教师王艳用“咆哮体”给学生们布置作业，引得学生们直呼：“很振奋!”没有固定的格式和内容，简单的字词句附带大批量的感叹号，这种简单直接的表达充满着现代都市人强烈的情感。也许很多人只是抱着好玩的心态在围观或是追逐这种新文体，享受着狂敲shift和数字键1的快感，但这种网络流行文化的背后折射出的是人们对现实的一种无助、无望和无力。经济的过快发展，对GDP指标的不断追求，沉浸在国力不断强盛的喜悦中时，人们的幸福指数却不见涨。于是在现实中找不到安慰的人们更愿意把希望寄托在虚拟的网络中，在网络中宣泄情绪。在隐蔽的网络背后，人们更加有安全感，匿名性为人们提供了摆脱自己真实生活中身份的可能，在网络里，人们会更容易表达自己，将自己在生活中无法达到的预期通过网络得以实现，找到一种内心的平衡。

除了“咆哮体”之外，与之有着异曲同工之妙的“神曲”也成了人们时下调侃解压的方式之一。对于这种“怪诞之音”的风靡，很多人抱着一种质疑的态度。忽高忽低忽快忽慢的音调，稀奇古怪没有意义的歌词，风格怪异的“神曲”却迎合了人们当下的审“丑”心理，这种锐意求新怪的流行文化究竟是一种艺术还是一种搞怪，人们争论不止，但不可否认的是，“神曲”的火爆是一个不争的事实。生活在这样一个开放、包容的网络时代，也许真的是龚琳娜的幸运。网络流行文化是一个包罗万象的集合体，它究竟是以正常面目出现，还是以怪异的脸孔示人，其实并不重要。关键在于，它唤醒世人的艺术欣赏力和创造力。

当人们已不再用“躲猫猫”和“楼倒倒”嘲讽公共权力机构的无能与不作为，“杯具”和

"茶几"却成为人们自我嘲讽和调侃的标准用语;当"给力"已成为甚少为人提及的经典,"神马""浮云"两兄弟又不甘落后……网络流行文化总是以其一波高过一波的浪潮证明其无限的生命力。纵观2011年的几类"给力"网络流行文化,我们不难发现,不管是新的网络文体"咆哮体""神曲"、穿越文化,还是团购等生活消费观念等,皆以极其草根的形式,以标新立异、戏谑、嘲讽、双关为这些文化的主基调,这些文化已经不仅仅存在于互联网等媒介本身的传播,而是越来越多地融入人们的日常生活当中,真正形成了人、信息、社会的"三位一体",并成为人们的"第二人生"。

二、"贾君鹏"网帖对当前网络文化的矫正意义

"贾君鹏"网帖,以生活话语来揭示现实问题,主旨在于探讨代际间的价值认同问题。通过巧设意境和制造文化认同,"贾君鹏"网帖在对受众造成"无形压迫"的同时,激活了人们对"家"和"妈妈"的深层记忆和文化想象。

在以虚拟为重要特征的网络时代,"贾君鹏"网帖,以传统话语挑战网络话语,并且能以"实在"赢得人们的共鸣。这一"反常",对当前网络文化的发展,具有一定的矫正意义。[2]

(一)有利于加强对网络行为的规引

网络文化就像一把"双刃剑",在为社会带来进步的同时,也给人们的思想道德观念、行为方式带来巨大冲击。由于网络文化的表达是多元的、高度分化的,且每一种文化的轮廓和每一种认同形成的历史根源都不同,加之因惯于标新立异而尚未养成自我约束的习惯,极易在实践中造成网络行为的多样化、无序化以及道德责任的缺失。

"贾君鹏"网帖,摒弃了网络文化中的"恶搞"劣习,突出了传统文化的内在感化力,在提升网络行为者的道德境界、增强道德责任意识、完善道德人格等方面,显然发挥了积极作用。在网络社会这个高度自由的时空里,如果网络文化能更多地利用道德力量,对人们的网络行为进行规引,突出内省、自律、慎独、崇德、重义、正心、诚意等一系列道德准则与行为规则,那么,对统一道德评判标准,解决道德认知矛盾,规范道德行为,以及治理网络社会的各种道德失范症状等,无疑具有十分重要的现实意义。

(二)有利于网络文化的价值建构

网络文化的产生,是现代理性精神借助技术力量实现的。受虚拟技术的决定和制约,网络文化的价值理性,逐渐在现代社会的异化语境中,沦落为工具理性。因此,"网络文化不是为追求文化自身的价值意义而诞生的,它一开始就是作为工具为人的目的性而构建的,它的发展自始至终伴随着功利性目的"。不可否认,在工具理性的主导下,人们的民主、自由、正义等价值意识更易于建构。但其显见的弊端就在于,否认道德价值、忽视人文关怀,使人与人之间的关系堕落为纯粹的功利关系。"贾君鹏"网帖的亲情呼唤,把工具理性和价值理性合为一体,使冰冷的网络凸显了少有的人文情怀。在当前和谐社会建设中,"贾君鹏"网帖的成功,预示着网络文化将尽可能地融入更多的人文价值和人文关怀,帮助人们走出纯粹工具理性的阴影。

（三）有利于导引网络文化的现实化

网络文化属于虚拟实在。一旦虚拟实在脱离了现实，就可能导致失真，成为虚假存在。正如丹・希勒(Dan Schiller)所言："互联网绝不是一个脱离真实世界之外而构建的全新王国，相反，互联网空间与现实世界是不可分割的。"①

当前，由于网络文化中的"失真"现象可谓俯拾即是，从而给人们带来认识上的错觉，以至于"真的"被看成"假的"，"假的"反倒被误认为"真的"。"贾君鹏"网帖贴近现实，所提的也是严肃的社会话题，却被众多网民看作是"无厘头"式的调侃，即被看作是虚假存在。这不能不引起我们的深思。那么，在网络文化今后的发展中，是继续虚假下去，还是返归现实？答案，已经不言自明。

三、贴吧成为网络文化源头之一

"自由""开放""低门槛"，一直以来是百度贴吧倡导的文化氛围。受这种风气的影响，网民的交流变得"个性"和"随意"。

"帖不到贴吧不神。"正是这种独特的价值观，造就了贴吧与其他社区截然不同的风格，也造就了贴吧独有的魅力和影响力。久而久之，一条独特的文化形态链逐渐形成。

"一楼给百度""爆吧""围观""膜拜"等，就是这种文化土壤的产物。它既不同于社区早期的"顶""沙发"，也不同于后来的"人肉搜索""恶搞"，而更像是一种无集体主义、个性的彻底释放。

在这样开放的设计里，没有谁是主宰。任何扇动翅膀的蝴蝶，都可能掀起一场风暴。

业内人士认为，"神帖"涌现的本质，揭示了贴吧已经成为网络文化的源头之一。这一社区平台，正在引领着中国网民的新思潮和新时尚，而在中文领域覆盖率最高的百度搜索以及百度强大的知道、百科、空间等社区矩阵，成为贴吧影响力的巨大后援团。

四、上开心网玩寂寞

开心网，是类似于美国"脸谱"(facebook)社交网络站点的一个在线社区。通过它，网友可以跟朋友、同学、同事、家人保持紧密的联系，及时了解他们的动态，与他们分享自己的照片、心情等。开心网出现仅一年多，注册用户就超过三千万。随后，QQ、MSN等聊天软件，也相继开发出与开心网类似的小游戏，受到年轻人的追捧。

"其实，大家不是在玩开心网，是在玩寂寞。"云南著名网络写手赵立与网民讨论开心网现象时表示，当下正在被广泛关注的"开心网现象"，反映出了深层的社会心理。[3]

开心网的出现，让网友在里面体会到了交流的快乐。其所以能通过开心网感受到交流的快乐，是因为人们在生活中面临各种压力，与人沟通、交流的圈子越来越小。通过开心网，人们可以互相交流，可以得到别人的认同，从而发现自己的价值，获得一种被认可的"快感"，以至于有人戏言："说白了，玩开心网都是寂寞惹的祸。"

---

① ［美］希勒著，数字资本主义［M］．杨立平译，南昌江西人民出版社，2001：289．

“其实要说玩开心网是在寂寞的时候打发时间，也未尝不可。只是不能陷得太深而已，现实毕竟是现实。”有一年开心网经历的网友李永平说，最开始玩开心网只是被转帖和投票所吸引，觉得很有意思，可以调剂生活，还能增长些见闻。后来玩“偷菜”游戏，最疯狂的时候，半夜不睡就等着朋友的“菜”成熟，那段时间确实很开心。“但我们也要清楚地知道，虚拟和现实是有区别的。所以，开心也要理智些，不能为了‘开心’影响工作和生活。”

当前，开心网正越来越受到社会各界的关注，关于开心网的评论、争议也充斥网络。前不久，一份调查结果显示，受到无数白领热捧的开心网已名列“中国十大被屏蔽网站”的首位。很多企业管理者认为，上班时间上开心网，已经严重影响了员工的正常工作，因此必须屏蔽。一些公司管理者甚至将“禁止上开心网，违反五次以上者要开除”写入员工手册。淘宝、QQ、MSN 等网站和聊天工具，也纷纷遭遇“屏蔽”命运。

网友徐懋升认为，一味地批判开心网是不理性的。开心网风靡，从某种意义上暴露出中国社会对公共心理健康关注的不足。当前，对于如何引导公众正确认识网络，正确认识开心网，促进公共心理健康等问题，社会各部门都应该予以关注。

第二节　网络文化心态结构解析

网络有其特殊的文化，它是一种脱胎于传统文化并借助网络科技进一步蜕变的文化。在信息泛滥的今天，网络文化依附于不同的信息在网络上、人与人之间迅速传播，并在传播过程中不断地变化。可以说，“网络不仅作为一种技术力量改变着人类社会，而且作为一种文化力量影响着人类社会”。

不同时代的环境具有不同的特征，不同时代的人也具有不同的心理。自 20 世纪末互联网开始在我国发展、普及以来，人们的生活环境产生了巨大的改变，个体心理与群体心理也产生了相应的变化。

一、网络文化的社会意识

在透视网络文化的社会意识时，可依信息的发生与处理顺序，将其划分为认知、情感、伦理、信仰四个层面，分别表示接受信息、处理信息、信息升华、信息固化的思想过程，从而形成一个完整的信息流动链。网络文化作为新型文化，在认知、情感、伦理、信仰四个方面，都别具特色。

（一）在认知层面，网络是知识和信息的海洋

在网络中，以不同形态存在的文字、图片、视音频等所构成的知识和信息，几乎是无穷无尽的。网络文化在知识层面上的海量性，使知识与民众之间的关系，发生了质的变化。在网络社会，只要具有一定的信息表达能力，拥有一台连入互联网的电脑，人人都能成为知识的生产者、传播者和获取者。

（二）在情感层面，人们的情感在网络时代获得了极大解放

一是情感表达空间大为扩张，大量的论坛、博客、微博、聊天室等，为人们表达情感提供了众多渠道；二是情感交流对象成倍增加，无论怀着积极还是消极情绪，在网络上总能找到知音，甚至还可能因为情感接近构成群落；三是情感在人际关系中的分量大为加重，一言不合，即可分离，能否在情感上共鸣，成为决定人们关系厚薄的重要因素，人与人之间的关系更趋简单化。

（三）在伦理层面，网络对传统伦理带来多方面冲击

与网络特性相适应的网络伦理尚未完全形成，这是当前网络上伦理秩序较为混乱的重要原因。要形成相对稳定、得到各方认同的网络伦理，还有很长的路要走。

从目前网络上各种伦理碰撞、融合、衍生的趋势看，未来成型的网络伦理，可能具有以下特点：一是开放性。网络伦理将是一个开放的系统，不断将新的伦理因素吸纳其中，在动态中彰显活力。二是开明性。网络伦理不仅包含鼓舞人们积极向上的因素，还包括各种适于人们保持心态平衡、以谦退为主要特征的一般性伦理，后者在网络上发生的可能性更大。三是“去形式性”。传统伦理是以一定的符号载体如各种称谓、行为载体，如祭拜等特定形式表现出来的，而网络伦理则可能不拘形式，只存在于人们内心之中，在人们上网的种种具体行动中体现出来，并为人们所感知。

（四）在信仰层面，网络社区里的信仰众多，折射出现实社会信仰的芜杂

网络技术使匿名表达、超时空交流更为方便，将现实社会中人们深藏于心底而很少显之于外的信仰充分展现出来，使网络社区的信仰十分复杂。

实际上，网络文化的问题，是社会问题在网络上的反映；网络道德，是社会道德的写照。只不过因为网络的迅猛扩展，加上管理难度大于其他媒体，导致网络文化和网络道德中的恶性问题明显地突出。

二、网络文化的社会心理

（一）网络文化的“三位一体”

网络文化是人、信息、文化“三位一体”的结合物，是人类社会发展的产物。

就如同电子商务的重心和关键不在“电子”而在“商务”一样，网络社会建设的根本，也不在“网络”，而在于在网络中活动着的主体——“人”。人，既是网络文化的主体，又是网络文化的客体。[4]因此，网络文化的人文传承，要遵循以人为本的宗旨，把人作为出发点。同时，又把人作为落脚点，尊重人、关爱人、成就人。要在全社会提高人文素质，构建网络文化发展的良性生态；要建设最能体现人的价值追求的社会环境，切实提升和美化人的精神世界；要充分利用好网络平台，使人文精神作用于人的心灵和知性，使网络文化担当起人文精神现代传承的历史使命，拓展自身发展的无限空间。

信息是知识的“物化”。[5]“原子”砝码降低，“比特”价值提升，人类未来充满着机遇与挑战。谁营造了有序的信息社会，谁实施了应时的网络控制，谁就会谋得理想的生存状态。在物质产品的生产和交易活动中，如果将活动过程细分，可以发现，伴随着物质流和

能量流的是大量的信息流，比如产品的生产和消费者是谁、交易过程的谈判、生产规模的预测等，都是信息过程。

文化是人类生产和生活方式的反映，它的一个显著特点是具有社会性。网络的产生和发展，深刻地影响和改变着人类的生产生活方式以及人际交往和沟通方式，为文化传播与发展方式的突变和飞跃创造了条件，甚至直接影响到文化的存在形态及其发展轨迹，使其具备了许多新的特征，从而形成一种特有的文化现象，即网络文化。[6]简言之，网络文化，是以信息为标志的文化。以个人和家庭为终端的网络文化，是信息网络文化的个体载体；网上种种虚拟组织构成的网络社会，是信息网络文化的社会载体。

无论你是不是过一种虚拟的生活，无论你怎么利用网络，只要你接触它，你就会逐渐按照网络的逻辑来行事。当这样的人越来越多的时候，一个“网络场”，即网络文化就形成了。[7]

（二）网络时代的“时代心理”

互联网，是人类在借助数字通信、信息技术对自然界和人类社会进行模拟综合的基础上，逐步构建起来的一个与人类精神世界紧密结合的虚拟空间。在这个空间中，网络群体逐渐形成了自己独特的社会心理、价值取向以及较为恒定的行为模式。

生活在不同时代的人的心理，往往具有不同时代的特征，我们称之为“时代心理”。进入 21 世纪，网络已经并且还将对人的心理，产生广泛而深刻的影响。其中，网络文化，无疑是影响最大的因素之一。

网络时代，“网络心理”一直是人们争论与研究的热点问题。正视网络带来的时代环境与心理的变化，是提高时代适应能力和引导能力的一块磨刀石。

网络文化，是网络时代的人类文化，是人类传统文化、传统道德的延伸和多样化展现。文化多元性是当今社会的明显特征，而网络对于文化多元化可谓起到了推波助澜的作用。多元的文化环境，对于培养兼容并包、求同存异的健康文化心理有着一定的积极意义。

与此同时，在网络化发展的过程中，必然存在许多矛盾和错综复杂的问题。我国网络建设还不尽完善，存在诸多借助网络蔓延、发展的负面影响，如网络犯罪、网络诚信缺失、网络欺诈等。这些，均会在人们的心理、心态、理想信念和价值取向等方面留下阴影。

与传统文化的相对保守相比，网络文化显得更为开放、自由，但同时也存在着诸如网络暴力等有悖健康文化心理的现象。近来引起人们热烈讨论的“人肉搜索”就是网络文化的一个引申现象。它在满足人们好奇心、对违法违纪现象进行监督的同时，也常常会给当事人或者无辜者带来困扰与痛苦。

网络时代的思想政治教育工作者，要实现从被动到主动的心理转变，即改变过去被动地依附于党的政策、路线与方针，局限于文本与教条的被动角色，转向具有积极性、前瞻性的主动角色。理论与现实，均要求思想政治教育工作者的思维方式有一定的前瞻意识，针对社会和人的发展提前运筹，站在时代的高度去观察问题，预测时代发展的趋势，遵循以人为本的原则，研究网民的思想观点和立场的发展趋势，广泛了解当今科技的发展趋势，以便能找到新的理念和方法。

第三节　网络文化社会心理功能分析

当前，网络已经成为一种"时代话语"，融入我们的生存方式和发展方式中，并深刻地挑战和冲击着传统社会的方方面面。可以说，网络时代的来临，对于政治、经济、文化等各方面，都具有非凡的意义。

一、网络文化的政治、法律思想

网络文化的快速发展，对人们的生活和思想观念，均产生了广泛而深刻的影响。

（一）网络文化的政治思想

对于那些关注社会成长的人来说，互联网是一个必不可少的"时代监视器"，一条参与政治与社会生活的道路。[8]在这里，你不仅可以看到这个转型时代的困顿与挫折，更可以触摸到这个时代的脉搏与心跳。

1．"网络民主"的正负效应

网络文化已经对全球的民主政治产生了深刻影响，有人甚至提出了"网络民主"的概念，认为"网络民主"是民主的新形式。[9]

所谓"网络民主"，包括言论表达的开放性和法治化两方面重要内容：一方面，要进一步鼓励和发展多种形式的网络言论平台，通过论坛、博客、微博等载体，公众可以自由地发表自己的观点，只要其言行合乎法律规范，哪怕观点本身不无错误和偏激之处，也不能被横加干涉；另一方面，通过加强网络法制建设和提倡网民道德自律等手段，推动网络法治化进程。[10]

社会主义民主政治的建设，仍然存在许多需要克服和解决的问题，有待进一步探索和完善。而网络文化因其个性特征，正好满足了社会主义民主政治的建设需要。网络与民主有着天然的联系，从技术上就带有民主的痕迹。正如尼古拉斯·尼葛洛庞帝(Nicholas Negroponte)对网络基础 TCP/IP 协议的解释："正是这种分散式体系结构令互联网能像今天这样三头六臂。无论通过法律还是暴力，政客都没办法控制这个网络。信息还是传送出去了，不是经由这条路，就是走另外一条路出去。"[11]

从我国社会主义民主政治建设的实践来看，网络文化对社会主义民主政治的影响，是非常明显的。

(1) 网络文化促进社会政治发展。互联网正好为人们提供了一个可以自由发言、平等与人交流的虚拟空间。网络文化鼓励每个用户保持自己的独特个性，从而形成丰富多彩、兼容并蓄的网络世界，打破了过去那种信息垄断的局面，促进了信息集权走向分权。网络文化，已经成为当今时代人们精神文化生活不可或缺的重要组成部分。长期在网络文化中熏陶，人们不仅自由选择的空间扩大，而且平等、分权的观念得到强化，民主化的诉求日益增强。

(2) 网络文化促进政府行政运作方式改进。从1997年中国首个政府网站开通至今,我国各级政府网站目前已达到七万多个。这些网站,不仅成为政府部门提供信息的平台,也成为广大群众办事的平台,还成为政府与群众之间的互动平台。中央领导人的身体力行,更是极大地推动了各级官员对网络的运用,政务公开得到推进,领导"在线"成为时尚,网络聚民智、汇民意的作用初步显现,以至于有媒体声称,"网络正在促进一个崭新的执政模式逐步成型"。

(3) 网络文化促进公民参与政治。公民依法有序的政治参与,是人民当家做主的重要实现方式。其实现程度如何,反映着一个社会的民主政治发展水平。网络的出现,为公民政治参与提供了新的形式,降低了操作成本,拓宽了实践渠道,为实现民主的广泛性创造了条件。

同时,网络文化也能唤醒公民的政治热情,提高公民政治参与的兴趣、认知和能力,使公民政治参与的自主性和自觉性,在法律规范下得到更充分的发挥。

(4) 网络文化促进社会监督发展。加强社会监督,是民主政治发展的重要内容。传统的社会监督,由于时间拖延、信息不对称以及中间环节多等诸多非正常因素的干扰,效率低下,有时甚至流于形式,被完全消解。所幸的是,网络文化带来的网上舆论监督,正在逐渐形成。它以技术上的明显优势,弥补了传统社会监督的不足。

网上监督,可以全天候运作、全方位监督,不受时间的制约,视野可延伸至政府的每一个角落。近年来,纪检监察部门已经开始尝试利用网络收集案件线索。网络文化还助推了一大批社会治安案件、反腐案件的快速立案、公正审判。2010年9月2日,南宁市中级人民法院开庭审理的广西壮族自治区烟草专卖局原销售处处长韩峰涉嫌受贿一案的犯罪嫌疑人,就是年初经网络曝光的"局长桃色日记门"的主角。

随着网络技术的发展,"网民",逐渐成为当代网络政治参与的主体。作为一支新兴的政治监督力量,网络舆论监督为推动政治民主化进程作出了重要贡献。同时,我们也应该看到,正是在参与网络政治活动的过程中,对于民主自由的渴望、对于是非善恶的判断也逐步培养起来。

网络文化对民主政治的影响,主流是积极的,但也存在一些负面因素:一是网络可能导致非理性参与的产生,一些失范的网络行为,可能引发无政府状态的出现;二是网络技术的发展可能导致信息集权、技术集权的网上再现,形成技术精英与普通大众之间的"数字鸿沟",出现新的不平等;三是网络被西方文化信息所主导,导致西方信息霸权主义对社会主义民主政治的危害。

2. 以网络文化的健康发展推动社会主义民主政治的发展

网络文化,已经对社会主义民主政治产生了深刻的影响。网络文化的进一步发展,将为社会主义民主政治的发展带来更大的机遇和挑战。因此,通过网络文化的健康发展来推动民主政治的发展,已成为中国特色社会主义民主政治建设的重要课题。只要我们坚持以科学发展观为指导,紧密结合我国民主政治建设的实际,采取切实有效的措施推动网络文化的健康发展，社会主义民主政治，必将随着网络文化的发展而发展。

（1）通过营造健康向上的网络文化氛围，不断提高公民的综合素质和政治参与能力。网络文化拥有许多积极的、主流的力量，是一个五彩斑斓的世界，但同时，也有着许多阴暗的角落，仿佛是一个巨大的染缸。因此，我们必须趋利避害，加强网络文化建设和管理，形成积极健康的网络环境，使网络真正成为社会主义先进文化的创作生产平台、产品传播平台和消费平台。

（2）通过发展电子政务，进一步提升政务公开化程度和决策民主化水平。实现政务公开，是社会民主的重要标志，而推行电子政务，则是促进政务公开的有效手段。电子政务可以利用网络实时双向传输的功能，打破地域和时间限制，使各种政务信息及时到达公众手中。同时，还能随时接收群众意见，方便群众办理各种事务，从而形成政府与公民之间的良性互动。

电子政务除了促进政务信息公开之外，还能提升政府决策民主化的水平。电子政务系统，改变了传统的科层制一级传一级的信息传送模式，使得政府的政令能够畅通无阻地抵达基层，而基层的意见也能够及时地反馈上去。目前，许多政府部门的重大决策在网上广泛征求意见，都取得了良好的效果。

（3）通过创新网民政治参与的网上运行机制，更好地实现人民当家做主。由于我国幅员辽阔，经济发展和公民素质不平衡，公民有序、有效的政治参与，一直存在不同程度的障碍。互联网时代的到来，为解决这一障碍提供了新的途径和机会。

创新网民政治参与的网上运行机制，能够更好地实现人民当家做主。尤其是基层民主政治建设，可以大胆地利用网络技术，依法探索民主选举、民主决策、民主管理和民主监督的新形式，使公民的知情权、参与权、表达权和监督权，得到更有效的拓展。

（4）通过拓宽网上监督渠道，不断完善社会监督。监督，是民主政治发展的一项非常重要的内容。只有实现了有效的监督，才能保证社会主义民主政治的健康发展。一方面，要发挥网络传媒的舆论监督作用。传媒是公民的代言人，它的一个重要作用就是代替人民群众监督政府、监督社会。网络传媒作为新媒体，在舆论监督方面能够发挥更大的作用。要通过立法，充分保护网络传媒履行舆论监督的职能。另一方面，要开通全天候运作的网上举报系统。公民可以通过网上举报系统，方便快捷地行使举报的权利，并得到有效的保护。

3. 网民参政议政四大好处

随着网络文化的发展和网民力量的壮大，一些地方陆续实施了邀请网民代表参与事件调查，甚至推荐网民代表担任人大代表、政协委员的具体举措。前者如昆明的"躲猫猫"事件、南京的"徐宝宝"事件，后者如洛阳的网民人大代表人选等。

网络参政议政，至少有四个方面的好处：[12]

第一，能够充分体现民意。在当今网络普及的时代，任何人都可以通过网络发表对一个问题的看法。网民代表、委员一般具有广泛的民意基础。

第二，能够切实代表民众。网络便于沟通，网民有什么意见和要求，可以随时向这些代表、委员提出来。

第三，有助于对代表、委员的监督。网民可以随时在网上“挑刺”，这就会使监督无处不在、无时不在。

第四，有利于网络的健康发展。网络文化，是不可忽视的力量，不能将之边缘化，而应当将其纳入主流文化中来。在人大和政协中新增网民群体，标志着网络群体受到重视，有助于网民增强政治责任感，有利于网络的健康发展。

（二）网络文化的法律思想

“所谓网络文化法，就是指调整网络文化的传播、运营和调控的一切法律规范的总和。”[13]它不是指以此冠名的法典，而是学理上的一个统称，其在事实上是散见于其他法律之中的。网络文化法与其他法律并无二致：网络文化法必须找准自己的定位，才能发挥其应有的作用。网络文化的蓬勃发展，客观上当然需要法律的调整，但不仅仅是规制，更重要的是促进、支持和保障，这是时代赋予网络文化法的历史使命。网络文化法应立足于维护社会公共秩序，保障弱势群体权益，同时兼及公法（保护国家公共利益）和私法（保障网民的私权追求）。

法律的社会作用主要涉及三个领域：经济生活、政治生活和思想文化生活。网络文化法主要在后一领域施展，但也不可避免地要涉足前两者。在法律规则行为模式的设计上，应以“可为模式”为主，以体现促进网络文化发展的主旨。

二、网络文化的哲学、文学艺术意识

（一）网络文化的哲学意识

用哲学的语言来讲，文化的本质，就是人的自我的生命存在及其活动；文化世界的本质，就是人的自为的生命存在。因此，网络文化，作为反映社会现实的一种文化形态，是人类社会发展的结果，是人类社会“自为的生命存在”。[14]其存在的合理性及对社会的进步意义，是毋庸置疑的。

我们还可以从哲学高度，进一步深化对网络文化的认识。互联网不仅是一种技术，一种媒体，一种工具，它已成为重要的社会基础设施。[15]伴随着网络的普及，已逐渐形成网络社会，使传统的社会结构、社会生态发生了新的变化。在一定程度上可以说，互联网管理就是社会管理，社会管理离不开互联网管理。这要求我们对互联网有新的认识。例如，对于网络的虚拟性，就需要认识到网络空间的虚拟性是技术性的，不是社会性的，人们在网络空间的活动，是人类社会生活的一部分。社会网络化是一个充满矛盾、冲突、创新、融合的过程，新的社会管理，需要在技术基础上，构建一种新型的网络社会公共秩序。这不仅需要加快立法步伐，同时需要通过网络公民社会建设，提升网民和网络主体的自律意识和能力。

（二）网络文化的文学艺术意识

从以下几方面，我们可以感受到网络文学所带来的冲击和震撼。[16]

1. 超强的传播能力。网络文学具有超强的传播能力，使纸媒文学瞠乎其后。正因为这种传播能力，使它成为未来民族审美的导引者。任何轻视或忽视其巨大能量的行为，将造成国家软实力建设的战略失误。

2. 无“门槛”的发表自由。网络文学无“门槛”的发表自由，使网络文学成为最丰沛的创作资源的拥有者。它将可能是民众鲜活思想的展示场，是民众绚烂的审美感受的园地，是创作个性张扬的大舞台，是社会主义核心价值体系的铸造者，也有可能成为粗制滥造的垃圾堆。故此，它面临着树立社会责任感和网络道德的艰巨任务，也面临着建立健全法制的神圣使命。

3. 作者与读者之间的交互性。网络文学所特有的作者与读者之间的交互性，将大大消弭创作者与欣赏者的界限，因而大大增强文学创作过程的民主性。这种民主性，成为铺设于作家和读者之间的最好桥梁。优秀的作家，将从中及时听到读者的呼声，不断汲取读者的建议，写出为广大读者喜闻乐见的优秀作品，然而其中也未必不潜藏着销蚀作家的个性，迎合、取媚通俗口味的危险。

4. 独具特色的语言。网络文学独具特色的语言，比如极强的跳跃性、极大的想象空间、图文的相得益彰、简洁的符号使用等，已经并将继续为我们的汉语注入新鲜的元素，但也使我们民族的语言面临着如何在继承传统中创新、在日益丰富中保持清洁与纯粹的难题。

5. 网络版权的贸易与保护。网络将为版权的贸易与保护提供丰富的信息、快捷的通道，却也使知识产权保护不得不面对新的难题。

随着网络文学的发展，还有许多尚未被我们想到，或者尚未被我们发现的课题。稍稍留心的朋友不难发现，这些课题，无不包含着双面的选择和可能。因此，以实事求是、与时俱进、重在建设的态度面对网络文学这一新生的文学现象，实在是以繁荣文学为己任的广大作家和文学工作者不能不面对的问题。

> 下面这则有关“新浪第六届原创文学大赛”颁奖的报道，就从一个侧面，反映了这方面的问题：昨天下午，新浪第六届原创文学大赛在中国现代文学馆颁奖。虽然主办方表示网络文学是不是主流文学尚存争议，但与会的作家、评论家都认为，网络文学对传统文学创作带来了冲击和压力，加之网络文学今年起可参评鲁迅文学奖，所以说明它已经逐渐成为主流文学。

在本届原创文学大赛中，共有3个不同类别的文学奖项。其中，推理类金奖和最具影视改编奖花落《秘藏1937》，军事类金奖作品为讲述戍边战士故事的《一个人的战斗》，情感类金奖则由商战小说《胜负》获得。在新浪网副总编孟波看来，所有文学都应是原创文学，而该大赛则定位为网络文学大赛。不过，他坦承，“网络文学是不是主流文学呢？这和网络媒体是不是主流媒体一样，都存有争议。不过，网络文学已经成为不可忽视的文学现象”。作为颁奖嘉宾，中国作协书记处书记、新闻发言人陈崎嵘表示，“网络文学作品今年参评鲁迅文学奖是一个尝试，可以叫破冰之旅。网络文学创作在表现手法和审美标准等方面都与以往不同，我们的文学奖要与时俱进，反映这些变化。此外，我们也想通过这样的举措，吸引更多网民关注、参与文学大奖的评选”。评论家白烨则认为，“我觉得网络文学在提升，而新世纪文学的一大特征就是网络文学渐成主流。而在多元化的社会里，应该是多主体。如果说网络文学是主流文学，并不意味着它要征服谁”。[17]作为跨文化艺术门类的网络文化，将进一步把自己定位为跨文化艺术形态，将文字的“意义注入型”与“图像感受丰满型”整合起来，打破文类的界限，求异存同。[18]和则双美，离者两伤。其发展趋势是：更进一步遵循艺术规律，在文图时代将图与文加以新的整合，激发出二者的和谐状态，从而使媒体文化成为文图时代的精神平台。

未来媒体文化发展的意义在于，在图文时代人们不仅有老照片似的怀古，也有相当直观的图像把握能力对当代社会生活中的问题进行直接反映，使人们在感受新生活和新气象中，注意到图像所不能达到的文字深刻性；关注当代社会发展的重大转型问题以及转型所带来的心理和情感方面的新问题；注意生态环境被破坏的恶果，呼唤具有绿色文化生态文化意义的新事物。

三、网络文化所反映的人们日常精神状态

《中国青年报》2009年9月1日的一篇题为“调查显示81.4%受访者认为业余时间在上网中度过”的文章中说：调查显示，81.4%的人业余时间首选上网，如果在电脑和电视只能选其一的情况下，94.1%的人选择电脑。有人戏言，随着网络的普及，坐在沙发上，像土豆一样一动不动地看上十来个小时电视的人越来越少了，取而代之的将是“鼠标土豆”的生活。此前新疆新闻在线的一篇题为“调查显示84.1%的人认为没有网络生活会受很大影响”的文章写道：23.1%的人认为，如果没有电视，自己生活会受很大影响；而认为没有网络，自己生活会受很大影响的，则高达84.1%。

YouthNet青少年社区教育网站表示，75%的16～24岁青年人，离开网络无法生活。兰开斯特大学教授迈克尔·休姆(Michael Hulme)在《维持生命：数字时代青年人的需求报告》中表示，45%的青年人声称，在线时他们是最快乐的。YouthNet网站也指出，82%的16～24岁青年人，利用网络咨询信息，其中1/3表示可以通过网络搜索到所有需要的信息，并且确信无须向任何人当面咨询任何问题。此外，37%的受访者表示，他们还会就一些敏感问题咨询他人意见。

说起互联网，许多人会想到互联网里的歪门邪道，比如，偷拍、恶搞、病毒、流氓软件……其实，互联网里不只有这些，还有许多光明正大的事，对我们的生活还有很多正面的影响，帮助人们解决生活中的难题。[19]

（一）有效缩短人与人之间的心理距离

有些生活在同一实体居民社区里的人们，虽然居住相距不过几百步，但是一年中也很难见上一面。从这个角度来说，这些社区居民在情感空间里住得相距甚远。然而，如果把社区搬到互联网上，形成一个虚拟社区，就能有效地缩短人们之间的心理距离。

在虚拟社区里，无论谁有了奇思妙想，都可能与其他社区成员及时沟通并共享；无

论什么人的建议，社区成员都有权表示支持或抵制。例如，有人在某小区网上历数养狗的“几大罪”后，提议开展一场“杀狗”运动。这个建议很快引起反响，有人甚至设计了几种具体方案。但是，社区里养狗的人表示强烈反对。原来，养狗人早就把狗看成家庭成员，杀人家的狗等于是杀养狗人的家人。很自然，通过这次虚拟社区里的交流沟通，养狗人也知晓了另一番道理：大多数人并不反对养狗，而是反对把自己的社区变成一个肮脏的狗厕所。杀狗不好，纵容狗随地大小便也不好。有了这种相互理解，社区里养狗和不养狗的人之间，便有了和谐相处的心理基础。

（二）扩充人们获取知识的渠道

当今世界知识越来越多，而且越来越繁杂，使每个人都感到掌握知识的困难。互联网能帮助人们在一定程度上解决这个困难。互联网里到处都藏有“知识财宝”，而互联网搜索引擎（如，谷歌和百度），则是发掘这些“知识财宝”的引路图。使用搜索引擎的办法很简单：只要输入一个词语，搜索引擎就能把相关的网页找出来。但是，要想最大限度地发挥搜索引擎的效用，还需注意下面案例中提到的几件事。

案例 4-2　搜索引擎的效用

比如，要尽可能多地向搜索引擎提问。例如，一位想研究一下石油价格的人，可以向搜索引擎输入如下关键词：石油价格、油价、油价预测、oil price、the pricing of oil……问法越多，获得知识的机会就越多。

再如，必须利用直觉去挑选搜索引擎给出的海量搜索结果。例如，谷歌搜索引擎给出“oil price”的搜索结果多达 4000 万个相关网页。一页接着一页地读完这 4000 万个相关网页需要太多的时间，这个办法很不实际。实际上，在海量搜索结果中，有非常多貌似有关而实际无关的网页。因此，最好的办法，是以最快的速度浏览搜索结果的标题，依靠直觉去挑选可能满足自己研究目标的相关网页。此外，直觉有一个好特性——越用越准确。

又如，在阅读某一搜索出的相关网页时，必须尽可能在该网页的内容中，寻找进一步搜索的线索。例如，在 Google 给出的“oil price”搜索结果的 4000 万个相关网页中，有一页的标题是：“History and Analysis-Crude Oil Prices”。进一步阅读这个网页，能发现这份对石油价格历史的研究报告，来自一家叫 www. wtrg. com 的网站，它是一家英国石油工业咨询公司。顺着这个线索，还能找到这家网站里提供的更多有关石油工业的报告。

（三）方便政府与百姓之间的交流互动

政府建设的目标是便民、为民服务，而现实中还存在一定的不足和缺憾。政务效能和便捷化程度还不足。通常，等候的时间，比办事的时间还要长。特别是遇到手续不全的情况，还必须反复去几次，既耗时间又费精力。现在，很多中国政府的事务，都被放进电子政务网站里。过去的难题，现在变得简单了。

一进入 http://www. gov. cn 网站，在屏幕的最上方，一个红色的横匾上醒目的机构名称让人倍感亲切。在横匾下方，整齐有序地排列着种类繁多的政府信息。这里，有政府主要机构的描述和主要负责人名单。一旦政府机构发生改组或有人事变动，网站会马上更新。这里还有法律法规，不仅有国家级的，还有地方级的。例如，在查看了国家对高级人才的政策后，如果你是四川人，可以马上再去看看四川省有什么具体规定。最实用的要数主题服务。为公民设计的主题服务覆盖面很广，包括生育、户籍、教育、婚姻、纳税、社保等。为企业设计的主题服务也不少，包括开办设立、年检年审、企业纳税、工商管理等。就连对外国人也有特殊的主题服务。外国人最常遇到的出入境、移民、定居、婚姻、收养等问题，都能在这里找到相关规定。最吸引人的是政府与民众之间的交流互动。政府网站经常邀请专业人员做网络访谈，民众可以直接听取他们对时政的解读，并提出自己的疑问要求解答。这就极大地改善了政府与民众的关系，可以有效地提高行政效率。

四、网络文化的发展趋势

目前，网络文化正处于一个飞速发展的阶段。由于发展的速度以及未来环境等的不可预测性，我们尚不能对网络文化做一个较为系统的分析，也不能臆测网络文化是否能成为今后文化的“中流砥柱”。但是，以现有的网络文化发展的基础和环境来看，还是可以对网络文化的发展趋势进行一个初步预测。总体来说，随着网络技术的发展和网络管理的规范化，网络文化将会越来越趋向于成熟。具体有如下几大趋势。

（一）传统文化与网络文化逐渐趋向于融合

随着网络技术的飞速发展，人们使用网络的成本越来越低，同时使得网络对人们生活的影响越来越大，网络化的生存方式，必将更加深入人心。网络文化逐渐被更多的人所接受的事实，在一开始无疑是对传统文化的巨大冲击。传统文化在面临生存困境时，显露出了巨大的困惑。人们对网络文化是否最终会取代传统文化而成为主流文化展开了激烈的争辩。近年来的一个事实表明：传统文化与网络文化正在逐渐由冲突走向融合。而这样一种文化的融合，将更能推动社会主义新文化的迅速发展，使各种文化更好地为社会服务、为时代服务。

最突出的融合案例就是“报网互动”模式。传统报纸拥有几百年的发展历史，已经逐步走向成熟，在人们日常生活中扮演着不可缺少的信息传播角色。茶余饭后或者是上班途中，手拿一份报纸迅速浏览最新消息，早已经成为很多人的一种习惯。报纸凭借它便捷的携带方式、较为迅速的传播速度等优势，赢得了很多人的青睐。可是最近几年，无论是在地铁、公交上，还是在家里，越来越多的人正在阅读电子报纸而非传统报纸。逐渐发展的手机报纸和各报纸的电子版，使得人们有了更多的选择。手机或者网络读报，更符合现代年轻人简洁的生活方式和快速的生活节奏。“报网互动”模式具有明显的优势：阅读更方便、更快捷，更能彰显时代特色。但是，其缺点也是显而易见的：上网阅读受到一定的时空限制，仍需要进一步的技术创新。一般来说，人们在互联网上获得消息，比报纸等传统媒体要早。但是，鉴于网民结构的特殊性，报道形式和内容会与传统媒体不同。

通常,网络上只是对事件进行原始化描述,而报纸在报道事件本身的同时,常常伴随着深度分析与评论。由于人的个性不同,传统报纸和电子报纸分别会拥有不同的“粉丝”。也由于它们自身不同的优缺点,二者均将接受时间与实践的“审判”。但是有一点是可以肯定的,无论哪一种形式,都需要不断进步,以便更好地为人们“效劳”。

网络文化是一种综合型文化,同其他文化形态具有密切的关联。因此,建设中国特色网络文化,要实施网络文化同中国传统文化的融合。这是实现中国特色网络文化建设的关键所在。[20]

(二) 网络削弱大众媒介的文化权利,公众意见的传播更加自由、民主

作为一种最新的信息交流方式,新浪微博得到了众多博友的疯狂支持。“你织围脖了吗?”成为日常生活中常常听到的话语。那么,是什么原因使得这样一种信息交流平台能够受到网友的追捧呢?

网络作为一个虚拟的社区,能够容纳各种不同形式、不同内容的信息。在这样一个相对较为自由的平台上,人们的话语权得到了与现实中的大众传播媒介不同的“待遇”。对于大众传播的社会功能,哈罗德·拉斯威尔(Harold Lasswell)有较著名的“三功能说”:环境监视功能、社会协调功能、社会遗产传承功能。这三项功能是包括人际传播、群体传播、组织传播在内的一切社会传播活动的基本功能,大众传播不仅具有这些功能,而且起着重要的作用。不过,这种功能的主角是大众传播媒介,受众在整个传播过程中,始终处于被动状态。也就是说,受众往往处于大众媒介的“拟态世界”中,往往是被“议程设置”的。

网络登记虽有滞后、盲目、甚至是过效等现象,但是不可忽视其对社会建设的作用。大众媒介与受众“对话”较少,缺乏互动,致使有些媒体的言论都是一家之言,内容、形式均相当单一。但是,网络传播却不同。网民在传播体系中,同时拥有两个角色——既是信息的接受者,又是信息的传播者。这不仅改变了受众以往的被动状态,而且使网民有了发表意见的广阔空间。

微博作为一个这样的信息交流平台,是一个既虚拟又十分真实的社会。博友中既有各类专家学者、明星、企业家等,更有广大的普通网民。你可以大胆发表自己的观点,并能及时看到各类评论和他人的意见与状态。舟曲特大泥石流灾害发生仅仅几分钟,就有一位身在舟曲的博友,将灾情在第一时间向全国报道出来,让网民倍感网络信息传播的快速。

在这样一个网络空间里,人们跟现实中十分遥远的偶像、专家的距离,只有“一键之遥”。专家们或许在一定程度上充当着意见领袖的角色,但主动权更多的还是在网民自己的手里。诸多网络博客、微博的存在和知名,就是“自媒体”文化权力增强的一个表现。

(三) 网络文化产业独特、创新的消费形式推动经济迅速发展

网络创造了独特、创新的消费方式,以此为基础,逐渐形成了一种新的产业——网络文化产业。在这里,文化符号的消费与个性化需求直接联系。短信、电子邮件、聊天

室、博客、微博等新颖的传播形式,被附加以消费价值。[21]

网络娱乐的开发、网络教育的发展、手机上网的流行等,都是新兴网络文化产业蓬勃发展的标志。随着人们对于网络的使用日趋驾轻就熟,网络文化的层次逐渐提高,文化内涵和潜力也被挖掘得越来越深,对于网民来讲,也是“被网络文化”的机会。

以网络游戏为例,根据“一游网”发布《2014 年中国游戏规模继续扩大 产值破千亿大关》有关数据显示,2014 年中国网络游戏市场整体销售收入为 1062.1 亿元,同比增长 29.1%,首次突破千亿大关。新产品层出不穷,市场规模继续扩大。2014 年全国新增具有网络游戏运营资质的企业 1183 家,截至 2014 年底,具备网络游戏运营资质的企业累计达到 4661 家。

目前增长速度极快的网络应用,是手机上网。各类手机产品的开发与通信技术的发展,给了手机上网一个良好的平台。无论是手机游戏、手机音乐还是手机动漫,都拥有广泛的发展前景。其他的网络行为,如网络购物、网上支付、网上银行等,都具有一定的消费市场,尤以网络购物起到了领军作用:根据“中国电子商务研究中心”监测数据显示,截至 2014 年 12 月底,网络购物用户规模达到 3.8 亿,同比增长 21.8%。

(四)网络文化在凸显个性化发展的同时,也加强了网络文化的规范化

虽然目前网络文化还存在一些失范的网络言论和行为,但是,随着人们对于网络的认识逐步成熟,在各方面力量的作用下,网络文化将向规范化的方向发展。网络环境既需要言论“百家争鸣”,也需要措辞文明整洁。

网络文化需要规范的前提在于,它是一种各种作者、各种文体相互融合、相互渗透的文化,这就使得网络文化相当“杂糅”。而要使这种“杂糅”的特性,变为网络文化独有的“丰富”特性,就需要规范的力量了。

纵观网络文化的诸种趋势,可以看出,网络文化在建设社会主义先进文化的进程当中,有着至关重要的作用。传统文化与网络文化逐渐趋向融合,能使文化形式更加多元化,内容更加丰富;网络削弱大众媒介的文化权力,公众意见的传播将会更自由、更民主,为反映民众舆论、正确引导舆论架通桥梁;网络文化产业是信息化社会的主导产业,将会作为一种新的经济形式,有效地推动经济发展;网络文化的个性化是人们使用网络进行创新的一种展现,随着上网观念的理性与成熟,网络文化也将进一步规范化。只有有效掌握网络文化的发展规律,把握网络文化的特点,才能让其更好地服务社会、服务人民。

本章小结

网络文化的流行性,可以迅速而真实地反映网民的社会心态,是准确把握社情民意的一个重要方面和有效途径。网络文化心态可分为社会意识形态——经过系统加工的社会意识、理论和艺术作品(基层是政治、法律思想,高层是哲学、文学艺术、宗教)和社会心理——人们日常的精神状态、思想面貌、流行的大众心态等。

从网络文化的社会心理看。网络文化是人、信息、文化“三位一体”的结合物,是人类社会发展的产物。网络文化作为新型文化,在认知、情感、伦理、信仰四个方面,都别具特

色。在认知层面，网络是知识和信息的海洋；在情感层面，人们的情感在网络时代获得了极大解放；在伦理层面，网络对传统伦理带来多方面冲击；在信仰层面，网络社区里的信仰众多，折射出现实社会信仰的芜杂。

从网络文化的时代心理看。互联网，是人类在借助数字通信、信息技术对自然界和人类社会进行模拟综合的基础上，逐步构建起来的一个与人类精神世界紧密结合的虚拟空间。在这个空间中，网络群体逐渐形成了自己独特的社会心理、价值取向以及较为恒定的行为模式。

网络时代的来临，影响与改变了环境，其中包括经济环境、政治环境、文化环境的宏观环境。

当前，网络已经成为一种"时代话语"，融 入我们的生存方式和发展方式中，并深刻地挑战和冲击着传统社会的方方面面。可以说，网络时代的来临，对于政治、经济、文化等各方面，都具有非凡的意义。

思考与练习

1. 如何理解网络心态？
2. 网络心态机构有哪几个组成部分？
3. 网络心态具有哪些功能？

参考文献

[1] 孟建，祁林. 网络文化论纲[M]. 北京：新华出版社，2002：16.
[2] 吴永. "贾君鹏"网帖的话语内涵与文化意蕴解读——兼与叶兵、蒋兆雷二学者商榷[J]. 探讨与争鸣，2010(5).
[3] 徐向良. 玩开心还是玩寂寞 "开心网现象"引热议[EB/OL]. (2009－10－10). http://www.chinanews.com/cul/news/2009/10－10/1902782.shtml
[4] 涂小雨. 网络文化的人文意蕴[EB/OL]. (2008－09－01). http://blog.gmw.cn/blog－37360－26843.html
[5] 鲍宗豪. 网络文化概论[M]. 上海：上海人民出版社，2003：258.
[6] 李钢，王旭辉. 网络文化[M]. 北京：人民邮电出版社，2005：1.
[7] 孟建，祁林. 网络文化论纲[M]. 北京：新华出版社，2002：24－25.
[8] 熊培云. 自从有了互联网[EB/OL]. (2014－04－08). http://www.99csw.com/book/4266/150116.htm
[9] 马克·斯劳卡. 大冲击——赛伯空间和高科技对现实的威胁[M]. 南昌：江西教育出版社，1999：71.
[10] 何频. 论网络文化与社会主义民主政治的发展[J]. 马克思主义与现实，2009(1).
[11] 尼古拉·尼葛洛庞帝. 数字化生存[M]. 海口：海南出版社，1997：274.
[12] 政协应不应选"网民委员"? [N]. 深圳商报，2009－10－12.
[13] 陈朝晖. 论网络文化的法律调整[N]. 温州大学学报(社会科学版)，2009(2).
[14] 鲍宏礼，鲁丽荣. 论全球化时代网络文化的双重效应[J]. 学术论坛，2004(1).
[15] 庹祖海. 对网络文化研究的几点建议[EB/OL]. (2009－09－29). http://www.ccmedu.com/bbs20_104386.html
[16] 陈建功. 网络文学之我见[N]. 人民日报(海外版)，2009－6－10.

[17] 张玉洪.新浪第六届原创文学大赛颁奖[EB/OL]. http://book.sina.com.cn/z/ycbj/index.shtml
[18] 王岳川.网络文化的价值定位[J].江苏社会科学,2005(1).
[19] 正确认识互联网给人们生活的影响[N].中国青年报,2010－1－29.
[20] 周鸿铎.发展中国特色网络文化[J].山东社会科学,2009(1).
[21] 孟威.网络文化走势与和谐社会建设[J].精神文明导刊,2007(8).

第五章　网络文化制度

学习目标

1. 了解网络文化对人们生活的影响。
2. 把握网络制度的构建方式。
3. 掌握网络文化制度的设计方法。

网络文化制度日益勃兴的互联网，正在推动全球范围内的产业革命、文化创新和社会变革，把人类从工业社会带向信息社会，也成为保持和提升国家竞争力的重要手段。互联网在不断推动人类经济、社会发展的同时，也对现有的法律制度、管理模式、社会规范、意识形态、国家安全等，不断带来新的挑战。网络科技带来了通信、电子、媒体和服务产业的大融合，并对整个社会生活层面和传统社会经济结构带来冲击；网络技术在加速全球化进程及所造成的文化趋同性的同时，又不可避免地面临不同意识形态和社会伦理相碰撞的局面。网络文化呈现出的这种特有的复杂性，迫使各界为其寻找一种能让大家都认同的制度，并且让这种制度成为保护网络文化的重要屏障。

自从互联网进入中国以来，我国的网民数量就一直保持着高速增长的态势。截至2011年12月底，我国总体网民规模已经达到5.13亿，全年新增网民5580万。面对如此庞大的网民群体，有人看到了民意，有人则看到了商机。然而，是否有人想过：我们在网络上究竟支付了多少时间与精力成本？又获得了多大的收益？当我们在键盘上飞速地敲打、按动鼠标不停地点击时，我们得到了什么，失去了什么？如果从制度上考量，规范网络文化的发展，使其更好地促进社会的整体发展，我们又需要注意哪些事项？

第一节　网络文化所带来的得与失

自从上了互联网，许多人感觉好像鱼儿进入了大海：有那么多信息可以浏览，有那么多人可以交流。要是哪一天没上网，就会觉得全身不痛快。然而，有得必有失，上网在使我们收获良多的同时，也让我们失去了不少东西。

网络让我们得到的有：最新最快的资讯，便捷的通信方式，来自世界各地的朋友，更广阔的市场，如爆炸般增长的知识和良好的自我展示平台……没错，网络从诞生至今，给人类社会所带来的变化，甚至已经超过了此前人类所有的发明。互联网开创了一个崭新的时代，对我们的生活产生了实质性的影响，对整个社会和人的心态，均带来了深刻的变化。

一、我们因网络而得到的

（一）沟通

网络给我们提供了一个倾诉的平台，让我们相互间的交流变得更加方便而快捷。现实中，人与人之间的空间距离有时很近，但是，心却相隔万里。心灵孤独，找不到真诚的慰藉，困扰着许多人。而网络，却可以让很多彼此不认识的人，相互倾吐心声，这能填补许多人心灵的空虚，找到现实生活中久违的快乐！就像有人说的："上网是为了几个志趣相投的好朋友在一起的好心情！为了一点心灵慰藉！"[1]

（二）知识

网络是个知识库，是个巨大的信息空间，你想知道什么，几乎就可以查到什么。网络，让人们能够从更多的方面认识和了解这个五彩缤纷的世界。

（三）利益

对于做生意的人来说，"商机"二字想必会脱口而出。随着电子商务的普及，网上购物走入寻常百姓家，并变成了网民一种非常重要的生活方式。网络满足了众多网民当"老板"的梦想，网上创业、网上开店、开办网络公司、进行网络直销等，这一切都变得那么普通。网络，俨然是一个现代化的商务工具，使我们的业务范围越来越广，成为我们离不开的伙伴了。

（四）梦想

网络还能带来梦想。它是一个广阔的平台，你可以在这个平台上尽情表演。于是乎，许多草根通过网络，实现了自己的梦想。当一个个怀揣梦想的草根红极网络的时候，其带来的示范效应，简直无法估量。

总之，网络是交友、学习、经商甚至实现梦想的重要平台，它让我们得到了许多。

二、我们因网络而失去的

（一）忍耐

互联网有一项著名的"8 秒原则"：用户在访问 Web 网页时，如果时间超过 8 秒，就会感到不耐烦；如果下载需要太长时间，他们就会放弃访问。

不仅如此，由于网络上几乎谁也不认识谁，网民们变得随意和放松起来，忍耐和礼节似乎显得多余。在网上，网民可以随意发言，随意骂人。在网上，每个人的脾气，似乎都牛得不行。一有争论，就言辞激烈，乃至谩骂。人们收起了礼貌，逐渐失去耐性。

有实验可以很好地说明这种现象。该实验是在被实验者完全处于自然状态下进行的。实验记录了被实验者在两种环境下的表现，其中一种是工作环境，另一种是个人独处的环境。结果发现，人们在这两种环境中，有明显的不同表现：在前一种环境中，个人表现得礼貌、规范、文明；而在后一种环境中，个人的表现则非常随意。其原因在于，他们知道在独处环境中，没有一双眼睛看着他。网上的无标识状态，正是这样的。

（二）习惯

网络的兴起，让我们习惯了键盘，习惯了电子邮件，习惯了QQ聊天，已经很少再拿起笔写字了。网络让胶卷的产量越来越少，照片全部存在电脑上，可以在社交网上直接与好友分享。网络让看电视的人越来越少，即使打开电视机，也不再是一家人一起围观，而是一个人自己欣赏。网络让我们不再热衷买书、买报刊和音乐CD了。

（三）记忆

网络，让我们的记忆力越来越差。出去玩再也不用翻地图、记地理位置了，打开网络直接用GPS定位一下；有什么事情忘记了，直接百度一下，几秒钟就有了结果。互联网时代，一个人靠大脑所能记得的东西，远远比不上百度这样的搜索引擎，以至于记忆能力逐渐降低。因为所受的诱惑非常多，越来越多的人已经不能再像从前那样，集中注意力做某一件事情了。一些人甚至一边工作，一边听音乐，一边看新闻，说不定还见缝插针上开心网摘菜，不时看看K线图。

（四）诚信

网络还加重了道德和诚信的缺失。尤其是在一次又一次地看到他人摒弃道德与诚信却易如反掌地获得了金钱名利之后，有的网民可能会超越现实中的道德和诚信底线，在网络的隐藏下，“心安理得”地获取不义之财。这是网络使我们失去的最恐怖的东西。

网络还让我们更深地陷入沉迷，网络游戏就是最好的例子。玩游戏的人除了娱乐，真能获得一种在现实里找不到的满足感、自豪感、成就感吗？当不惜逃课、翘班，每天不停地玩游戏时，似乎没人会计较自个儿的所失。

总之，目前我国网民的网络消费方式，总体倾向娱乐化。与国外人们大多使用互联网进行电子购物、发展电子商务和电子政务不同，国内很多网民使用网络主要是浏览新闻与娱乐信息，上网甚至成为打游戏、聊天、“不务正业”的代名词。有的网民还通过发布虚假信息骗取同情和信任。有的甚至蛊惑民众，扰乱社会秩序，激化矛盾。同时，在市场主导下，商业因素对网络“泛娱乐化”倾向推波助澜，网络文化消费畸形现象日益突出。

第二节　兴利除弊：网络文化的制度追求

利与弊就像是一对“孪生兄弟”，谁也离不开谁。上网的利与弊，是这几年新出生的“孪生兄弟”，它们之间存在着不可分割的关系。这天，“利”与“弊”在讨论谁更重要些，谁占主要地位的问题。

利说：“上网可以轻松地查找到需要的东西，如文件、图片、音乐等。快捷方便、准确高效！当然是我占主要地位啦！”

弊立刻反驳，说：“上网太多不良影响了，像色情、暴力等等的也够你受吧！还有，现在有不少网站以营利为根本目的，为达到目的而不择手段。如把不良网站强制打开之类的，防不胜防。我是占主要地位的了！”

利说：“弊老弟，你也太小看现在的安全技术。什么防火墙，杀毒星的，就挡不住那些‘邪门歪道’?”

弊说:“你也太自信了。”

利与弊谁对、谁错呢?其实,它们俩都没错。俗语说得好:“有利必有弊!”世界上的事情,都是相对而言的。

制度经济学原理告诉我们,制度是经济发展最根本的源泉和动力。通过制度的供给,创造制度的需求,从而扩大制度覆盖的范围,无异于占领和控制了市场。

许多人认为,互联网时代的来临,意味着全球化时代的到来,意味着经济的无国界。实际上,这是不可能的。世界上最大的互联网公司之一——雅虎公司,在2000年一年内频繁受到诸多国家诉讼这一事实,在一定程度上冲击了长期以来互联网上“三无”(即无国界、无法律、技术无法管理)的说法,表明一个国家可以依据该国的国情和法律,对互联网的信息进行适当的治理。它意味着,互联网完全不受掌控的神话已被打破,并将对今后互联网的发展产生深远的影响。这也说明,技术本身的应用可以是无边界的,但制度却是有边界的。制度边界的扩展与收缩,主要取决于制度能否不断创新。因此,在网络经济时代,根据我国国情进行相应的制度创新,是一个不可回避的重要课题。

虽然各国的管理法规和具体措施因政治体系、民族文化和信息化程度的不同而有差异,但立法与管理的目的却基本相同,那就是:既要充分利用互联网网络促进经济发展和社会进步,又要尽量清除它所带来的消极影响,做到兴利除弊;既要规范团体、个人在网络上的行为,又要保持和推进本国信息业的发展。[3]

一、网络文化是柄双刃剑

全球化,为网络文化的发展创造了广阔的生存和发展空间。在全球化时代,无论哪个国家,无论何种社会制度,如果忽视了网络文化的发展,就不可能适应新的文明时代的到来,就会跟不上时代发展的步伐。随着全球化的日益深入,全球文化正在经历着一场范式的转变,这就是传统文化正受到具有新文化特质的网络文化的强烈冲击,甚至大有被取而代之之势。当然,我们对网络文化的理解和诠释还不仅于此。事实上,作为人类文化史上的文化现象和文化类型,从来没有哪一种文化像网络文化这样,对现实文化既具有突出的积极作用,又有着明显的消极效应。[4]

西方有些学者认为,网络文化不仅包括与网际行为有关的规范、习俗、礼仪和特殊的语言符号形式,还包括网际欺诈(flaming)、信息滥发(spamming)、网上狂言(ranting)等现象。也有人把网络问题归结为“7P”,即 privacy(隐私)、piracy(盗版)、pornography(色情)、pricing(价格)、policing(政策制定)、psychology(心理学)和 protection of the network(网络保护)。

关于网络文化的负面影响,钟国兴在《文化兑水的忧虑》一文中有一段精彩的论述:网络化、信息化,使得文化的传播,连用纸和印刷的环节都省掉了。传送一条信息到地球的另一端,只是转瞬之间的事。发表作品,任何人随时都可以做到。于是,文化进一步大众化,又一次被大量兑水。原来是把高度酒变为低度酒,现在是酒精度趋近于零。人们的欣赏口味进一步发生变化，名著没有人读了，过去崇尚的东西现在没有多少人读得懂，也没有时间和耐心去读。所以，亚里士多德、孔子、莎士比亚的著作，越来越少有人问津，思想和文学的大家不适用了……

作为一种客观存在，网络文化越来越强烈地渗透到文化生活领域的各个方面，改变着人们的生产、生活方式，带动了中国文学新的繁荣，也推进了全球文化的转型与跃升。然而，网络文化又是一柄双刃剑。知名文化学者朱大可称："我痛切地感受到中国诗歌、中国文化都面临着一种危机，民众在获得话语权之后产生了'广场效应'，大量话语泡沫淹没了文化宝石……中国知识分子和文化精神面临严重退化……"不可否认，由于作者成分繁杂、专业话语缺失等原因，网络作品良莠并存，加剧了对传统文化的冲击，强化了民族文化间博弈的同质性，主流文化被日益边缘化的态势，已不容忽视。

从表象和微观层次看，网络文化是一种集不同群体、不同民族、跨越时空的、具有巨大包容力的多元文化，有利于社会主义民主和公共政策的科学化，但多元文化也造成了对权威和秩序的冲击。[5]网络快捷、开放、多维等特点，方便人们网上浏览和接受远程教育等，但"泛娱乐化"和"低俗化"，也正在腐蚀着青少年的心灵。虚拟世界为快节奏的现代人提供了心理解压和消极情绪宣泄的出口，但过于自由的网络文化，又催生出"两面人"：一些人在现实世界中循规蹈矩，在虚拟世界里却失去了自我约束，甚至把人性"恶"的一面发挥到极致。一旦社会出现大量的具有双重人格的"两面人"，不但会损害国民的心理健康，而且会损害和谐社会的微观基础。

从深层和宏观看，网络文化加速了全球化和本土化的进程，又不同科技削弱了本土化，在促进文化集中化的同时，又造成了不可避免的零散化和碎片化：网络将越来越多的人卷入其中的同时，又以强势方单向传播、信息源垄断以及程序操控等形式，暗中削弱潜在的批判空间；在为各种异质因素和新生事物提供生存可能性的同时，又以"符号暴力"摧毁民族传统的权威，使全球文化趋于同质化、类型化和新教条化；在与市场相结合提高效率的同时，又促成了技术主义和消费主义意识形态。这样，技术、学术问题与政治问题，合理诉求与情绪发泄，真善美与假恶丑等搅在一起，如果被动以待，执政党的意识形态就难以发挥主导和主流作用。

在网络虚拟空间中，人际关系处于一种彼此信息不对等的状态，使某些人可以在隐蔽自己身份的情况下，说出内心真实的想法和私人化的言辞。其正面价值在于：可以随心所欲地坦言心迹，或发人深省、或启人心扉、或揭露时弊；其负面效应则在于：恶意攻击、揭露隐私、编造谎言。同时，人因超负荷的信息堵塞，导致信息膨胀焦虑症和信息紊乱综合征，使整个社会出现了信息过剩和人性遮蔽。网络的发展，实现了大众的狂欢，在个性极端张扬的同时，也带来了很多问题，对青少年而言更是问题多多。文字的阅读，要经过思想的领悟，而网络图像的浏览，则带来肉身的快感。于是，快感战胜领悟，青少年可能会在快感中忘掉思想和文化，而沉浸在图像的愉悦中。因而，应增加文化含金量，强调大众文化中的精英文化因素，并使文化具有某种超前的价值存在和观众审美共识。只有这样，群魔乱舞才会变成感性、理性统一，娱乐场所才会成为文化空间。[6]

网络文化突飞猛进地发展，始终伴随着正负两方面的社会效应。一方面，人们可以很方便地进行种种日常活动，如学习、搜寻信息、交友、娱乐、购物以及获得其他服务等，可以与世界上任何一个地方的人进行对话交流，并尽可能地、不断地将信息科技与人们的日常生活全面、实际地结合起来；另一方面，人们把有限的时间与精力过度投入到网络世界里，容易忽视周围现实的变化和自我内心的健康成长，身陷种种不良信息的包围之中，容易滋生紧张、焦虑和厌倦等情绪与心理，对公众的现实生活和个人的现实生活不经意、不关心。这些负面的社会效应，给网络文化建设提出了很高的要求。如果不能尽早、切实地建立网络文化的精神价值观念系统，全力倡导科学而符合我国实际的精神价值取向，以人为本，倡导人文精神，网络文化发展中负面价值的表现与积累，很可能会愈来愈明显和沉重。在某种程度上，网络文化就有可能转换成一种对人的正常发展形成威胁的"异己"力量。

此外，令人十分担忧的是，网络作为一种公共性的信息传达、接受和互动平台，正在被利益攫取之手、利益欺诈之手和犯罪实施之手所利用，而且愈来愈呈现出蔓延之势。凡此种种，已经超越了网络文化建设可以容忍的范围，成为恶变与罪恶人性的网络呈现，成为社会法律严惩的对象，为人们所不齿。[7]有专家认为，其实，除了色情、暴力、谩骂等低俗信息外，对网络文化的破坏，还有两个因素不容忽视，一是少数人借助网络，通过制造和传播谣言，扩大矛盾，危害社会稳定；二是网络诈骗时有发生，严重影响互联网的诚信形象，对网络文化建设负面影响很大。

二、大兴网络文化之利

网络文化的传播方式和特点，具有独特的魅力，不仅改变着人们的生存方式、工作方式和交往方式，而且改变着人们的思维方式、价值观念和精神世界。

（一）促进经济增长方式转变

随着网络化的推进与发展，经济的粗放型外延增长，必将被集约型内涵增长所替代。在传统生产方式占主导地位的经济增长过程中，经济增长主要是依靠劳动力、资本、原材料等生产要素的投入，实现的是投入高、消耗大、效益低的粗放型经济增长。随着网络化生产方式的蓬勃兴起，知识和信息在提高投入的回报率方面，发挥着越来越大的作用。

（二）影响劳动力布局

网络化趋势，改变了劳动力的布局。大量的劳动力，由传统生产领域转向知识产业和信息服务领域。目前，在网络化较为发达的国家和地区，服务领域的劳务成本，已占到总成本的80%。网络文化的发展，使"白领"员工的数量大大增加，"蓝领"员工的数量则大为减少，有较高文化素质和较高技能的"知识工人"，日益成为网络社会生产与服务的主力军。

（三）加速全球一体化进程

互联网是由分布于世界各地的计算机互联构成的。难以计数的不同地域、不同国家、不同民族的人，都可以自由地登录到所想到的网站，享受网站的各种信息服务。用户只要拥有一台联网计算机，便可尽情分享来自世界各地的文化，并将自己思想与情感，以图文并茂的形式，随时随地加入网络中，与其他人共同分享。时间与空间、风俗与制度、主流与边缘等，不再成为交流的障碍。

（四）为人类文化提供新载体

作为第三次工业革命的信息革命，使人类的生活方式发生了翻天覆地的变化，也使人类在信息领域突破了时间和空间的限制。互联网的出现，实现了信息全球化的自由传播，也帮助人们以更为广阔的视野，来观察世界和理解生活。可以说，网络为人类文化提供了新的载体，而网络文化则促进了世界文化的交流和知识的传播。

（五）促进社会价值取向转变

网络文化价值的普及，使得人们的世界观和价值取向，不断受到各种观点的冲击，并在不同的观点之中权衡、对比，并由此引发生活方式和工作方式的变化。这在一定程度上，有利于社会主义政治民主化和法制化建设，也有利于促进人们平等意识的普及和全面发展，对大众文化的普及和建设社会主义学习型社会，更有着不可替代的推动作用。[8]

（六）实现真正意义上的全民教育和终身教育

如今，人们足不出户，便可以游遍世界一流的图书馆，欣赏全世界优秀的文化艺术节目，享受网络教育、远程教育带给我们的便利和机会。网络不仅满足了不同年龄、不同阶层、不同层次人员对知识的需求，而且还冲破了人类旧有的时间和空间的局限，使人们可以在任何时间、任何地点从事教学活动。

网络文化对人类、对社会将产生或正在产生巨大的正面影响。这是主流，是历史发展的必然规律。[9]网络的优越性和作用，对于社会发展的推动无疑是巨大的。因此，我们应当尽可能地利用网络的优点，发挥网络的功能，建设健康和谐的网络文化。

三、力除网络文化之弊

网络文化在发挥强大正面功能的同时，也存在许多缺陷。事实上，这些缺陷并不是网络本身所具有的，而是网络作为一种工具，在为人们所利用的过程中产生的。或者说，这是网络与人类社会结合过程中的副产品。对于网络文化这样一种新型文化形态，在充分肯定其积极作用的同时，也不能忽视其消极效应。[10]以更大的篇幅来论述其消极影响，或许能在一定程度帮助人们更好地趋利避害。

（一）网络文化传播造成的生态危害

1. “信息崇拜”

信息崇拜，是指过分夸大信息的价值甚至将其神化。西奥多·罗斯扎克（Theodre Roszak）指出：“信息被认为与传说中用来纺织皇帝轻薄飘逸的长袍的绸缎具有同样的性质：看不见、摸不着，却备受推崇。”对信息的崇拜，极其容易造成对信息的滥用、误用，造成网络信息污染，导致信息膨胀乃至信息高速公路的堵塞，从而极大地破坏网络生态环境。[11]

2. 信息污染

信息污染，是指网络上充斥着信息垃圾，妨碍了人类对有用信息的吸收和利用。遨游在互联网世界里的人们，或多或少地都会遭遇到垃圾邮件、病毒侵蚀、过时信息等的“狂轰滥炸”。

3. 自由主义

网络突破了传播学上人际传播的单向传播模式，而代之以多元联动。在网络中，任何人都可以按照自己的思维和逻辑行事，较少受到别人的压抑和制约，形成一个无拘无束的“自由王国”，由此造成自由主义泛滥。

4. 心理失衡

心理失衡也称之为“信息综合征”，指与信息有关的症候群。有的症状表现为会使人因失去信息而感到精神匮乏，继而产生信息孤独感；有的症状表现为人与人之间的隔阂越来越大，成为“信息恐惧症”。

5. 道德伦理失范

杜·拉凯(Du Luckylube)将失范注释为：“一种社会规范缺乏、含混或者社会规范变化多端以至于不能为社会提供指导的社会情境。”由于网络技术超乎寻常地高速发展，现实的道德规范很难适应这种日新月异的新环境。结果，不可避免地出现道德冲突，引发一系列的网络生态道德失范问题，诸如黄毒泛滥、版权侵犯、病毒传播、黑客骚扰等。“网络道德问题实质上还是现实中的利益和需要问题，所不同的是利益和需要的表现形式发生改变。”[12]

6. 人际关系冷漠

由于网络文化的同律化、标准化、程序化，使人的思维简单化和直观化，致使人们知识匮乏，审美能力下降，人际关系不断疏远，人际交往变成了“人机交往”。随着网络的不断普及，网民将会把更多的时间耗费在网络上。于是，可能出现漠不关心现实生活的情况。这样，冷漠、孤僻等心理问题油然而生，进而导致人际间的亲情、友情等的冷漠，甚至破裂与沦丧。

7. 侵犯隐私与网络犯罪

人们的一举一动，都会在网络上留下符号烙印，也很容易被追踪，因而让一些不法分子能轻易获得网民的隐私。一些不法的数据采集商，利用各种电子手段收集网民个人的点滴情况，并储存于计算机中，出售给违法公司。网络犯罪，已成为一大社会公害，对网络安全运行构成了严重威胁，是最为严重的破坏网络生态环境的行为。

8. 文化霸权滥用或绝化

“据统计，目前占世界人口20%的发达国家拥有全世界信息量的80%，而80%的发展中国家(其中包括中国)却只拥有信息总量的20%，信息富裕与信息匮乏的最高比例达100∶1。信息大量集中于富国的结果，使得信息贫富差距日益扩大，发展中国家正面临一场前所未有的、另一种形式的贫困威胁——信息贫困。”个别国家利用网络技术先发优势，向目标国受众不断地传播文化信息，将自己的意识形态与价值观，强加于人。

（二）网络文化对人的存在方式产生的消极效应

1. 僵化人的思维方式

网络集文字、声音、图像于一体，构成一种立体化的传播形态。它对人类文化最深刻、最内在的影响，恐怕莫过于导致人类思维方式的改变。如果说，书刊造就了书刊人的思维模式，即想象和逻辑思维能力发达，那么，网络等电子媒介，则造就了多媒体人的思维模式，即形象思维能力发达，想象和逻辑思维能力较差。

网络文化高度综合性的突出特点，远远超越了简单文字或静态图像的桎梏。然而，信息的高度图像化，必然会使人习惯于放弃思考和追问本质的思维方式。它的形象化倾向，会诱导人用“看”的思维方式来认知世界，而排斥“想”，致使知识得不到提炼或梳理，信息得不到整合和归类。其结果是，知识和信息，呈现出碎片化和凌乱化特点。长此以往，人的欣赏能力可能会普遍得到提高，但眼高手低的现象，可能会比书刊人严重得多。

2. 异化人的行为方式

作为一种技术，网络是负载着特定文化与道德价值的双刃剑，既可以造福于人类，方便人的行为活动，也可能危害人类，异化人的行为方式。

就网络文化对人的行为方式的异化的方式而言，具有多样性。诸如盗窃机密、金融投机、发布虚假信息、制黄贩黄、剽窃学术成果、黑客入侵，网络黄色毒瘤对青少年的摧残，网络黑色信息对专业网站的侵扰，网络暴力文化对人的侵害等。

从异化的途径来看，具有隐蔽性。正是这个隐蔽性特点，很容易误导一些网民去进行违法犯罪，做出有害于他人、有害于国家的行为。

从异化的范围来看，具有超时空性。即可以不受国界、地域、事项的限制。一旦人们利用网络进行虚假交易，甚至涉黄贩黄，致使赌毒流行，必然会造成世界性公害。

从异化的结果来看，则具有毁灭性。不仅可能加重技术对人的控制，使人在网络中沦落为技术的奴隶，而且会剥离人的理性和情感，令人混淆现实与虚拟，放弃责任与义务，造成角色混乱，淡化真实而淳朴的情感，异化本我生存的意义和价值，从而造成技术统治下冷冰冰的非人化世界。

3. 虚化人的实践方式

由于网络是一种虚拟技术，这种技术负载下的文化，客观上会虚化人的实践能力，使人的某些技能逐步退化和变形。

人所赖以实践的工具——双手，机械地敲击着键盘上的字母或重复移动着鼠标，人的十个手指不能同时发挥出应有的功能。长期沉浸在计算机面前，人的双手功能很可能会虚饰和退化。

人们借助网络技术，利用电子邮件、公共网络交流平台、网络聊天、文化传输、远程登录和搜索引擎等，利用网络的“去身份”特征获得交往信息，但也失却了面对面的情感沟通、即兴表达，个人真实的内心世界，在符号化的语言中被遮隐，真实的自我很难被还原，人与人之间的情感被虚拟。

4. 极化人的距离方式

置身于现代化的大门口，我们的交往工具日新月异，信息手段千变万化。可是，人与人、人与社会的距离，并未因信息手段的便捷而缩小，反而在增大和扩展。

我们有理由相信，网络工具和网络信息手段的革新，确实给人类带来了便捷，改善了人的生活质量，提高了生产效率。然而，当我们仔细审视网络给人们所提供的便利的同时，我们却容易忘却，网上交往，是以“人—机”对话的形式进行的，与现实生活中的人际交往相比，其掩盖了许多丰富的内容：眼神、微笑、手势、语调等非语言符号，它使人无法体验到现实中情感交流所带来的喜悦。

沉溺于网络中的人，通过网上的“人—机”对话，在很大程度上失去了与他人、社会直接接触的机会，忽视了人与人之间的情感，容易加剧人的自我封闭，造成人际关系淡化，使人走向孤立、冷漠和非社会化，甚至导致人性本身的异化和丧失。

（三）不良网络文化对青少年的影响

实际上，网络文化最令人担心的负面效应，是不良网络文化对青少年的影响。综合表现为思想观念、行为方式、心理模式和身体健康等几个方面。

1. 不良网络文化对青少年思想观念的影响

第一，民族意识的弱化。一定时代、一定民族的人们都生活在一定文化模式中，网络时代却恰恰打破了这种文化模式。网络文化完全打破了国界，连通了地球上任意一个可以连通的角落。以美国为主的西方发达国家，通过占据互联网这一文化传播的制高点，一方面控制国家舆论；另一方面源源不断地向其他国家和地区输送其价值观和精神文化产品。这必将对我国青少年的人生观和意识形态产生潜移默化的影响。

第二，思想观念混乱。网络是一个没有地域没有国界的全球性媒体，对网上的信息资源很难做到进行严格的审查，也不可能对所发布的信息进行逐一核实。人们都在一个绝对自由的环境下接收和传播信息，使得有用与无用、正确与错误、先进与落后的信息充斥网上，淫秽、色情、暴力、丑恶内容也在网上广为传播。广大青少年由于他们本身是非判断能力就不强，自我控制能力较弱，辨别信息的能力有限，长此以往，容易造成青少年的思想意识形态的混乱。

第三，道德意识和社会意识弱化。网络是一个由图文所构成的虚拟世界，人的创造性和破坏性在这里均变得异常活跃且无拘无束，人的随意性被强化，法律意识、道德观念和社会行为规范容易被扭曲和破坏。正因为如此意志薄弱的青少年极易放纵自己的行为，丧失道德感。

2. 不良网络文化对青少年行为方式的影响

第一，网络文化对青少年生活方式的影响。互联网使许多青少年沉溺于网络虚拟世界，占用了大量读书、学习的时间，对青少年的学业有很大的影响。长时间上网，致使青少年晨昏颠倒，生活无规律，导致生物钟紊乱。

第二，网络文化对青少年犯罪的影响。网络中的暴力文化，容易误导人们使用武力或者暴力手段来解决日常生活问题，认为暴力并不必然是非法行为，是人们生活的重要组成部分，是解决问题的重要手段。这种文化对正处于早期社会化过程中的青少年，影响尤为深刻。由于青少年人生经历太浅，是非观念不清，加之缺乏自我控制能力，常常会因生活环境中微不足道的失意、生活挫折或哥们义气大打出手，做出各种暴力行为，导致暴力犯罪。网络中各种色情信息的泛滥，对青少年产生了强烈的刺激和诱惑，容易导致青少年产生性犯罪心理。

第三，网络文化对青少年交往方式的影响。网上交往，是一种以网络为媒介、以文字符号为载体的间接交往。交往的虚拟性，使人们不必遵守现实生活中的交往规则，也不必承担违反交往规则而应当承担的责任，人们可以畅所欲言，甚至可为所欲为。青少年的性格尚未定型，长期迷恋网上交友，会在一定程度上弱化他们与真实世界的交往能力，形成了有异于现实社会、不正常的交往方式习惯。

3. 网络文化对青少年心理模式的影响

网络文化导致了青少年更显个性化发展特征，进入网络化时代，一人一机的上网方式使青少年有了更多的自主权利，网络文化容易带来青少年情绪情感的偏激。网络文化的氛围可以给人们带来快乐的情感体验，也可以给人以归属感和人性支持，但是，过多使用互联网也会给青少年带来社会孤立和社会焦虑，导致孤独和抑郁的增加。美国斯坦福大学学者诺曼尼指出：互联网会制造一个充满孤独者的世界。电脑使用得越多，孤独感和压抑感就越强，社会交往能力亦越差。青少年正处在情感体验的高峰阶段，他们需要有自我情感与社会发生冲突的机会与场所。

4. 网络文化对青少年身体健康的影响

容易引发紧张性头痛、焦虑、忧郁等。由于玩游戏时全神贯注，身体始终处于一种姿态，眼睛长时间注视显示器，会导致视力下降，眼睛疼痛、怕光、暗适应能力降低，脖子酸痛、头晕眼花等。[14]

青少年迷恋网络，长时间上网会对眼睛成严重的伤害。青少年处于学习的黄金时期，本来眼睛的负担就很大，如此面对电脑网络，更是会使得眼睛“雪上加霜”。高速、单一、重复的操作，持久的强迫体位，容易导致肌肉骨骼系统的疾患，如颈椎病、腰椎劳损、肩周炎等。这些对于处于身体成长期的青少年是极为不利的，容易使青少年的身体落下“后遗症”。部分青少年为了玩游戏，长期吃睡在网吧，饮食基本靠“凑合”，营养难以保证。而且网吧难免通风状况与卫生条件不好，这就使得引发热伤风、肠胃性疾病、接触性皮炎、头晕头胀头痛等。而且，长时间上网，致使青少年由于睡眠不足而导致生物钟紊乱，免疫功能降低，且容易引发心脑血管疾病，紧张性头疼、焦虑、忧郁等，甚至导致死亡。

第三节　规范发展：网络文化的制度设计

目前，中国互联网正在进入一个全新的阶段，也就是所谓 Web 2.0 阶段。这个阶段的显著特点，就是网民高度参与。当前，某些地方的网络诈骗、网络色情、垃圾广告、暴力游戏等丑恶现象泛滥，从反面证明了打造健康网络文化、加强网络管理的重要性。

客观上，网络文化呈现出弱规范性和价值多元性。互联网在世界各国，都程度不一地呈现出弱规范性的特征。在我国，这一特征也是网络引发多种社会、法律问题的基本原因之一。网络的公开性与弱规范性，使得网络中的各种信息的价值取向呈现出多元甚至混乱的特征。互联网中符合社会主流要求的信息固然大量存在，但是，不良信息与网络垃圾也四处泛滥，色情、错误价值观念、反动政治观点、反科学或伪科学信息随处可见。网上的内容可谓良莠不齐、鱼龙混杂，各种主流文化与非主流文化并存，其价值取向也相当多样化。

没有规矩，不成方圆。我们认为，在网络文化制度的设计过程中，既要加快立法，使解决网络文化的问题"有法可依"，也要大力宣传和鼓励网络文化参与者自律。只有两者相结合，才能促进网络文化的良性发展。

一、全党全民，法治先行共建共享

生活富庶、丰衣足食的人们需要文化诉求，文化元素在和谐社会建设中扮演了重要角色。

全体公民不仅是服务对象，也是建设主体，他们的参与和创造，是公共文化服务体系赖以存在和发展的根基，也使得文化建设力量的结构和面貌为之一新。

加强网络文化建设和管理，建立具有鲜明中国特色的包括马克思主义理论资源在内的信息资源是当务之急。构建和谐网上社会，创建网络精神文明，是社会主义精神文明建设在网络时代的重要建设内容，而且必将成为新时期精神文明建设的重要任务和引领社会主义精神文明建设的主渠道。全社会要行动起来，努力形成全民共建、全民共享的网络文化局面。

（一）加强网络信息和舆论监控机制建设

建立快速反应的信息和舆论引导机制，切实做好正面宣传，围绕社会改革与发展的重大举措、成就，加强网上正面宣传，解读政策，唱响主旋律，打好主动仗。遇到突发事件时，更要秉持客观、公正、快速的原则掌握真实的情况，在第一时间对公众发布信息，让广大网民及时了解事件的真相。

（二）强化正面网络评论力度，营造积极向上的网络舆论氛围

网络评论是现代舆论开放发展的重要标志，但在初期发展过程中，由于立法等法治环境尚不完善，个别网络不良信息仍有一定的生存空间，影响了正常的社会秩序。另外，不同地域、不同文化信仰、不同教育层次、不同立场导致人们对问题的看法不尽相同，造成舆论的分散和多元化。在发布信息时，要根据工作需要，选择有利于帮助网民正确认识事实真相和能赢得网民支持的信息发布，要有目的地告诉网民什么是社会接受的观点，什么是已经过时的观点，让正确的声音成为网络中的主流声音。

（三）结合广大人民群众关心的问题，进行网络舆论引导

人们的一切行为都是在相应需要的推动下进行的，都与人们的现实利益有着这样那样的联系。与人们的利益密切相关的政治教育内容，往往对接受主体来说具有更大的吸引力。因此，一方面有利于消除网民的种种困惑与不满；另一方面有利于网民加深对政策的理解，提高认识水平。

（四）结合网络重要时政，进行网络舆论引导

可以利用重要政策出台、重大的国际国内新闻事件发生、一般的网上新闻事件聚焦为契机来开展网络文明教育。

对网络文化的管理既需要政府的政策引导，也需要从业人员的努力工作，行业内部要加强对员工的培训，提高法律意识、道德水准和业务素质，通过规章制度明确规范网管、版主以及编辑的职责范围，同时网民也要提高自身素质，不浏览更不传播网络低俗信息。

互联网的发展是网络文化发展的前提和基础。对互联网的建设应该是有步骤、有计划、有法制、有道德的建设过程，要坚持依法管理、科学管理、有效管理的原则，尽快建立起完善的互联网法律体系和行业规范。同时，广大教育工作者必须适应互联网发展的要求，积极倡导网络文明，强化网络道德约束与行为引导，完善网络行为规范，积极引导广大群众进行网络文化创作实践，自觉抵御不良信息的侵蚀，坚决反对网络滥用行为和低俗之风，全面建设积极健康的网络文化。

网络文化正在慢慢成为社会文化中的一部分，我们的生活被网络中形形色色的信息渗透影响着，我们已经离不开网络这个媒介，网络文化的发展好坏也在很大程度上映射出这个国家社会文化发展的层次。

二、在他律中规范

我国党和政府所大力维护的公民自由权利，是有限度的自由，是以保障他人权利为前提的自由。随着网络技术问题、网络伦理问题、网络对社会主流文化的冲击等问题日益突出，对网络加强管理的呼声已经越来越高。为了更好地保障人们利用网络进行信息传播的自由，必须强化对网络传播的管理，并将其纳入法制化轨道。因此，对网络文化良性运行的条件和机制，网络文化的法律界限和规范，网络文化控制的结构、作用和功能等，都应该深入研究。

1987年，我国成立了国家信息中心下设的政策研究室，专门研究信息法规问题。国务院信息化工作领导小组成立后，其下设的“法规组”，在我国信息化立法和制定相关法规方面，发挥了重要的作用。

1994年2月18日，国务院颁布了《中华人民共和国计算机信息系统安全保护条例》。

1996年2月1日，国务院颁布了《中华人民共和国计算机信息系统国际联网管理暂行规定》，规定了我国境内计算机信息系统国际联网的条件、方法及处罚办法等。经过一

年多的实践,1997 年 5 月 20 日,国务院办公厅又公布了《国务院关于修改〈中华人民共和国计算机信息系统国际联网管理暂行规定〉的决定》,对暂行规定作了相应的修正。

1997 年 10 月 1 日颁布的新《刑法》,补充了计算机犯罪条款。

1997 年 12 月 11 日,国务院又批准了《计算机信息网络国际联网安全保护管理办法》,并由公安部于同年 12 月 30 日发布执行。

1998 年 2 月 13 日,由国务院信息化工作领导小组根据《中华人民共和国计算机信息系统国际联网管理暂行规定》,制定了《中华人民共和国计算机信息网络管理暂行规定实施办法》。

目前,国家正在着手修改《著作权法》。除此以外,《国家安全法》《人民警察法》《专利法》《反不正当竞争法》《标准化法》《治安管理处罚条例》,以及公安部所颁布的一些规定中,都有保障计算机信息系统健康应用的有关条款。针对日益增多的网络犯罪,公安部专门成立了公共信息网络监察局,一支“网络管理”队伍正在形成。

图 5-1 网上报警

(一) 制度现状:网络相关法律缺失

前已述及,自 20 世纪 90 年代以来,我国一直非常重视网络的相关立法工作,先后出台了《计算机信息系统安全保护条例》等一系列法律规范。但是,在立法方面,仍然存在着诸多缺失。[16]

网络立法是网络建设所必需的。没有规矩,不成方圆。当网络无序时,就需要法律介入。近年来,我国出台了一系列网络管理的法律法规、部门规章和司法解释,但是,具体实施中仍然存在着不完善、不配套的问题,突出的表现是:立法层次低,部门规章多,缺少上位法,现有法律资源的网上延伸不够,网络立法还不能适应网络发展形势的需要。[17]

首先,我国的立法,从社会控制的角度来看,如果社会控制过度,就会牺牲个人的利益、减少个人的自由,这与网络的“天性”相违背;而社会控制过弱,则要牺牲社会的利益,导致网络空间紊乱和失序。因此,要避免社会失控和社会过控,就必须把握控制的力度、掌握适度原则。有鉴于此,要建设和完善信息网络安全保障体系的法规及有效防止有害信息通过网络传播的管理机制,就要制定通过信息网络实现政务公开和拓宽公民参政议政渠道的法律法规,制定通过信息网络引导和鼓励全社会弘扬中华优秀文化的激励机制,等等。

其次,我国的立法主体多、层次低,缺乏整体协调性。从一些调查数据可以发现,我国对网络的规制文件，散见于各类法规和部门规章中，甚至还大量出现在各类通知、通告、制度和政策之类的规范性文件之中。这就极易导致不同位阶的立法冲突、网络立法缺乏系统性和协调性。这些，都需要在今后的实践中加以改进。

（二）法律尺度：确保平等共享与预防网络犯罪

网络社会，从根本上说是人与人之间关系的体现。网络文化的规范，必然要恪守法律底线。[18]在网络空间中，赤裸裸的网络色情、花样翻新的网络诈骗、暗潮汹涌的网络赌博、层出不穷的电脑病毒、无孔不入的网络黑客，还有防不胜防的诽谤、谣言等日益泛滥，亟须以法律的形式加以强制性规范。

一方面，“共享”不能变为侵害和剥夺。当前，平等共享，已经成为互联网上约定俗成的基本规则和网民的基本权利。然而，网上的一些恶性行为利用病毒的传播和黑客技术等手段，严重破坏了这一基本规则，侵害了网民的基本权益。建立法律尺度的关键是保护“共享”的基本规则，保证他人“共享”网络资源的权利不被侵犯，打击偷窃、掠夺、截取、占有他人的既得利益和成果的行为。

另一方面，不能以网络作为工具触犯法律。网络在带来巨大便利的同时也催生了网络色情、网上盗版、肆意诽谤等网络犯罪，甚至还形成了制造木马、传播木马、盗窃账户信息、第三方平台销赃、洗钱等分工明确的黑色产业链。用法律的尺度规范网络文化，就是要以强制性的规约告诉人们，在网络世界中，哪些是基本的规则，哪些是自由的空间，什么可以做，什么必须禁止。

网络法律及政策是保护网络安全、预防和打击犯罪的有效措施，只有通过立法并建立管理制度，我们才能预防、抵制、减少网上犯罪和网络色情及其网络垃圾等不良现象的发生，才能维护网络公民权益不被侵犯，步入依法治网的良性发展轨道。

（三）法律规制：保障网络文化建设和管理的主导性路径

国外的经验和我国的实践表明，法律是刚性手段，又是其他管理手段的基础和支撑。要加强网络文化建设和管理，必须将法律、法规覆盖到网络所到之处，涉及网络运行的全过程，做到网络文化建设和管理有法可依。鉴于网络发展中出现的新情况、新问题较多，未知领域较多，立法应遵循这样一些原则：先政策后法规，先法规后法律，先地方立法后全国立法，使立法有一个从小到大、从地方到中央、从不成熟到成熟的过程。另外，也可以采取急需先立、重点先立、预防苗头性问题先立、借鉴别人成功的做法先立、国际通行做法先立等做法。当前，亟须加快基础性立法工作，对网络内容、网络娱乐、网络游戏的分级以及网上色情暴力等问题进行立法。中央和地方立法机关以及政府有关部门应该制定出一个立法规划，排出时间表，依序实施。

对网络文化加以法律规制，引导网络文化健康发展，具体可从以下四方面展开。

1. 完善国家管理网络主体制度，发挥其在网络文化建设中的主导作用

国家管理主体，是进行社会活动的实体组织，包括政府和各行政部门，在社会活动中主要起着管理性、领导性的主导作用。

在网络社会中，国家管理主体仍然扮演着管理者的角色。其职权，主要是一种以间

接调整为主的单向性、层次性、隶属性的管理权。与现实社会不同的是,数字化社会的国家管理主体,需要新的行为模式。传统的控制型模式,已经不能适应网络社会的发展。因此,应促进国家管理主体的职能转变,有效发挥其主导作用。

2. 规范网络用户的行为,发挥用户在网络文化建设中的主体作用

用户是网络社会中最大的主体。在承担社会责任方面,也应该与在现实空间里承担的责任相类似。因而,有效规范网络用户的行为,是当前法律规制的重点。

提高全民的法律意识,可以通过普法教育、维持司法权威等方式进行。其中重要的一点,就是培育公民的权利意识。无论是在现实社会中,还是在虚拟社会的互联网上,只要实施了侵害公民的名誉权、隐私权、姓名权、肖像权及社会组织的名誉权、名称权等人格权的行为,侵权人都要承担相应的民事责任。网络用户在网上制作、复制、发布传播的信息、言论,造成对他人人格权侵害的,应承担侵权责任。我国法律要求建立 BBS 用户登记制度,显然是为了便于确定 BBS 信息提供者,从而在必要时追究法律责任。

3. 促进社会中间层组织的形成,发挥其在网络文化建设中的基础作用

社会中间层,是指独立于国家经济管理主体与市场活动主体之间的一个阶层,为政府干预市场、市场影响政府以及市场主体之间的相互联系发挥中介作用。社会中间层,具有中介性、公益性、民间性和专业性的特点,主要表现为自律型和中介服务型组织。

在网络社会中,我们也应该重视这样一些民间组织的作用。因为,它们对于网络中存在的安全隐患以及违反道德原则的行为,能起到一定的监督作用。从实践层面来看,国际上,无论是发达国家还是发展中国家,在规范网络信息管理方面,都十分重视发挥民间组织,尤其是行业组织的作用。在网络的建设、发展过程中,逐步形成了规范网络行为特有的协议、规则、规范和礼仪等。

在这方面,韩国新加坡进行了一定的探索。如韩国的"信息通信委员会",对于危害网络安全的行为以及危害青少年的不良信息等,起到了很好的抵制作用。

另外,相对于其他民间组织,社会中间层组织在技术方面也更具有专业性。促进这些社会中间层的形成,可以为网络社会的健康、和谐成长提供一个架构支撑。

4. 建立互联网信息评议评价制度,促进绿色网络文化建设

相对于之前的互联网管理制度,互联网信息身份与评议、评价制度,有其可取之处。它融互联网信息的提供方、接受方、管理方为一体,通过合议方式来确认哪些信息是不健康的,从而给网民和网站等被管理方以充分的知情权和裁判权,使得互联网管理更为科学,监督更加民主,也更易于为网民所接受。评议、评价制度,作为一种将自律和他律相结合的管理制度,可以在管理部门的强制他律中加入行业自律,以促使网站进行道德反思,并接受他人监督。[19]

由于交易环境的虚拟性,在电子商务中,更容易出现欺诈行为,交易主体之间也很难产生信任,而消费者权益受到侵害的现象也非常严重。网络环境的虚拟性,使得消费者更易产生疑虑。建立网上经营者的信用评价制度,对从事消费类电子商务的经营者进行信用等级评定,是防止商业机构否认交易、怠于履行职责的重要手段。

由此可见,互联网信息评议评价制度的建立,对营造绿色的网络文化,具有至关重要的作用。[20]

三、在自律中发展

除管理方外,网站与网民,是网络文化的重要主体。所谓自律,主要是网站与网民的自我约束。

(一)网络文化的道德建设

1. 网络文化规范的道德尺度

电子化、数字化的网络,营造了一种独一无二的隐蔽空间,也给人们提供了逾越社会规范、社会现实的机会空间。网络社会泥沙俱下、鱼龙混杂,网瘾、网恋、叫骂、攻讦等现象严重挑战着人类传统伦理道德。[21]因此,必须以道德尺度规范网络文化。

(1) 维护"共享"模式。

网络资源的"提供—使用"模式,是网络文化的基本形式。每一个网民,既是网络文化和网络服务的生产者和提供者,也是网络文化的使用者和享受者。网络文化道德尺度的建立,应该以维护这一基本模式为基点。

(2) 倡导"共享"精神。

从主体角度进行引导,倡导网民发展和弘扬"共享"精神。"共享"的主体是网民,充分发挥网民的"共享"精神,既是网络文化健康发展的关键和前提,也是网络文化道德建设的目标和归宿。网络文化规范的道德尺度,应该以有利于"共享"为导向,引导、提倡共享精神在网络社会发扬光大。

(3) 提供有价值的"共享"内容。

从客体角度进行规范,以提供真实而有价值的"共享"内容。"共享"的客体是各种可供共享的资源。要达到良好的、纯净的、各取所需的共享状态,网络文化必须剔除消极的或者说是被污染了的垃圾信息,提供真实的、有价值的资源,并将这一原则内化为每个人心中自觉遵守的网络行为规范,从而实现"共享"成果的最大化和效益的最优化。

2. 网络道德建设的基本原则

网络道德是人们在网络交往过程中,处理各个方面关系时所应持有的价值观、行为模式和准则,以及应表现出来的情感等一系列的具体规范和要求。构建完善的网络道德体系,必须确立网络道德建设应遵循的基本原则。

(1) 反映现实社会道德规范要求。

网络道德并不是脱离现实社会的一种新的道德形式,它实际上是现实社会生活的延伸,是现实生活中人与人之间关系的折射。网络道德的基本价值,与现实生活的基本价值有高度的一致性。人类社会的共有价值,如正义、公平、善良、和谐等,一定是网络世界的基本准则。人们在借助网络进行社会交往时,也只有遵守现实社会的相应准则和要求,恪守人类社会的价值理念和对美好事物的向往,才可能形成和谐的网络社会,并使网络社会与现实社会协调发展。

(2) 遵循网络自身特点。

人们在网络上的交往方式与生活中的实际情况,并不完全一样。所以,在构建网络道德规范的过程中,一方面要考虑现实社会的要求;另一方面也要考虑网络自身的特点,例如交往的匿名和非匿名问题,我们只能要求注册时的实名,而不能强求每一个人在网上必须实名。这就是所谓"后台实名,前台匿名"。当然,可以提倡和鼓励网民自愿选择全实名制。例如,从前的"人人网"及其前身——"校内网",正是因为实施实名制而赢得网民良好口碑的。

(3) 确立网络道德范畴。

要逐步确立网络道德的范畴。网络道德的内容是非常丰富的,但概括地讲,依然是围绕"人"处理几个最基本的关系。[22]

首先,与他人的关系。网络上的诚信,并不表现在非匿名上,而更多的是表现在处事的态度以及是否对他人的利益具有侵害的倾向和实践上。

其次,与社会的关系。网络所形成的,是一个虚拟社会。很多人认为,生活在纯粹的虚拟社会中,是无所谓什么责任和道德的,可以为所欲为。然而,纯粹的虚拟社会是不存在的,每一个网络的终端,都与现实社会相连;任何一个人网上行为的结果,必定会对现实社会产生不同程度的影响。如何解决好人与虚拟社会以及现实社会的关系问题,自然成为网络道德的重要范畴。

再次,与自我的关系。人在网络中往往会表现出一种非我的状态,有时并不知道自己在做些什么、为什么这样做和这样做的结果,只是凭借一时的好奇、兴趣,或是发泄现实生活中的郁闷、不快和不满。在网络交往中,"自我"的扭曲时有发生。因此,网络道德必须规范网民与自我的关系。

最后,与自然的关系。在网络上,人与自然的关系,主要表现在运用科学技术手段的目的和方式上。正当、合理地运用先进的网络技术手段,应成为网络道德规范的重要内容之一。

(二) 重视行业自律和公众监督

网站,是网络文化传播的平台和载体。中央及各省市的主流新闻网站、有广泛社会影响的门户网站,都是网络文化的直接建设者、参与者,肩负着弘扬社会主义精神文明的使命,理应发挥建设健康网络文化"主力军"的重要作用。网站应当加强自律,把好上传关口,当好有害信息"守门员"。比如,不刊载不健康的文字和图片,不链接不健康或非法网站,不在网站论坛、聊天室、博客、微博等发表、转载违法、庸俗、格调低下的信息。同时,网站还应加强对有害信息的过滤和删除,把好第一道防线,努力把互联网建成宣传科学理论,传播先进文化,塑造美好心灵,弘扬社会正气的阵地。[23]

充分发挥行业组织的作用,把政府监管和行业自律、公众监督结合起来,是各国管理互联网的通行做法。

目前,国际互联网举报热线联合会已有22个成员。这些成员,都是各国负责上报工作的行业组织。各国普遍实行有害信息"通知删除"和"删除免责"机制,要求网站必须承担相应的社会责任。

1996 年 9 月，英国的网络服务提供商自发成立半官方组织——网络观察基金会，在贸易和工业部、内政部及城市警察署的支持下开展日常工作。为鼓励从业者自律，该基金会与由 50 家网络服务提供商组成的联盟组织、英国城市警察署和内政部等组织和部门，共同签署《“安全网络：分级、检举、责任”协议》。经过十几年的努力，成效显著。2006 年公布的报告显示，英国网上源自本土的非法内容，已从 1996 年的 18%下降到 0.2%，在被举报的网上非法信息源中，来自英国本土的只占 1.6%。[24]

2010 年 1 月 20 日，中国 101 家互联网网站在北京共同发布《中国互联网行业版权自律宣言》。据悉，这 101 家互联网网站包括人民网、新华网、央视网、新浪网、搜狐网等。[25]宣言强调，互联网网站应对处于公映档期、热播期间的影视作品采取技术措施限制用户上传，对于违反服务协议、不听劝告、多次实施违法传播行为的用户，应采取移除相关信息、停止服务等措施加以制止。宣言提出，互联网网站应坚持“先取得授权再使用作品”原则，不以任何方式传播未经版权人授权的作品，应加强对用户上传作品的监督管理，提示用户不得上传他人作品，防止他人利用本单位信息网络平台实施侵犯版权的违法行为。宣言指出，互联网网站应对版权行政管理部门公告中列明的未经许可不得传播的作品，采取技术措施限制用户上传，应切实保护版权，对版权相关权利人的侵权举报，保证 24 小时以内依法采取删除或屏蔽相关信息等处理措施。

2010 年 6 月中旬，人民网、新华网、光明网等 11 家中央新闻网站，共同发出倡议，抵御庸俗网络文化之风，此举再次吹响了建设健康网络文化环境的号角。

此前，陕西、浙江、广东、广西等地方主流网站也曾发出倡议书，抵制庸俗网络文化传播。由此可见，清除不健康信息，营造健康文明的网络文化氛围，已成为全社会的共同呼声。

2010 年 8 月 27 日，北京网络媒体协会新闻评议专业委员会召开该年度第三次评议会议，主题为：共建网络文明、共享网络和谐。来自专家学者、网民代表、网站代表，以及互联网管理部门的代表参加了会议。评议会发出了《关于在网络媒体设立自律专员的倡议》，得到了与会网站的积极响应。[26]

（三）强化网民自律意识

对于互联网的发展而言，仅靠强硬的网络监管，未必能起到理想的效果。培养网民的自律意识，靠自律和责任感的软力量，是维护网络安全和健康的另一种力量。互联网自由度的大小，依赖于网民的自律程度。有自爱才有自尊，有自省才有自制，有自律才有自由。现实生活需要良好的秩序，虚拟的互联网同样如此。

网络文化要健康发展，需要培育心智成熟的网络使用者。网络使用者，应具备起码的网络伦理道德意识、网络责任意识和网络自律自治意识。这是营造健康的网络文化氛围的底线要求和前提条件。

林林总总的网络文化消极现象，从一个侧面反映了我们这个社会的真实状况和人性的本来面目，但这不应是我们修改互联网技术特性和转变网络文化精神气质的理由；

相反，这应是我们培育心智成熟的网络使用者的契机。这是因为，人，始终是网络的决定因素。互联网和网络文化考验一个社会、一个民族文明进步的真实程度，也为一个社会、一个民族提供了走向文明进步的可行方向。只有以人类现代文明共有的标准，培育心智成熟的网络使用者，我们才能更好地分享网络文化带来的数字福利和喜悦，才能造就一种人人受益的网络文化。[27]

1. 网民自律的关键方法

网民自律的关键方法，是遵循“我为网络、网络为我”“从我做起”等理念，通过反省，检查克服自己的陋习，日新月进，这样，才能达到道德自律境界。[28]

我们生活在一个媒介化社会，随着网络媒介的崛起，社会文化进入着一个新的文化转型时期，即整个社会呈现出全新的参与式文化现象。在这种参与式文化的浪潮中，网络媒介创造出了一种全新的媒介素养方式：以培养受众具备“媒介批判意识”为核心的传统媒介素养，正在过渡为以“媒介参与”为主要内容的网络媒介素养。[29]在这种新型媒介素养的形成过程中，我们尤其应该重视网络媒介所形成的生活政治和社会建构动力，这无疑将成为网络媒介素养的重要内容。

2. 上网应遵循的四大基本原则

我们认为，网民不管是什么身份，只要是网民，上网时就应当遵循四大基本原则。这些原则是基本的底线，大家都可以做到。

(1) 无害原则。

要求网络行为要尽可能避免对他人、对网络环境造成不必要的伤害。这是一个最低的道德标准，也是网络文化的伦理底线。比如摒弃网络色情；不传播电脑病毒；不进行网络犯罪行为等。

例如黑客和骇客等行为，实际上都是一些年轻人为了炫耀网络技术玩的一些恶作剧，有一些并没有直接的破坏能力，就是显示一下自己的本事而已，但是客观上对网络、对社会造成了危害。当然如果是有意的，特别是出于牟利动机，则有可能涉嫌网络犯罪。曾在国内造成很大损失的“熊猫烧香”案，就是一个典型的例证。

违反网络无害的原则，明明知道不对还去做，自己的良心应该受到谴责。

(2) 公正原则。

网络信息权利的分配，应该体现社会平等思想。网民应该关注他人的存在、他人的感受，维护网站的利益。还要关注不同文化生存的公正性问题，关注世界各国网络文化发展的不平衡性问题，关注网络资源分配的公正性问题，关注文化多样性的问题。

(3) 尊重原则。

网络不是无人之境，而是人与人之间的关系网络。网络主体之间，应该彼此尊重，不能把对方看成是纯粹的数字化符号。无论网络如何技术化、虚拟化，其主体始终是人，不是机器，也不是虚拟的人。网络空间是人性化的空间，不能随意被操纵。一定要尊重他人、尊重网络，共同保护和珍惜网络环境。

(4) 善待网络。

我们在接受网络带来的美好生活的同时,应该树立网络生态观念,倡导全社会都善待网络。这是建设健康的网络文化所必需的。

3. 上网的基本礼仪

(1) 注意自己的形象。

发帖以前仔细检查语法和用词,不要故意挑衅和使用脏话。

(2) 不要浪费别人的时间。

在发帖提问题以前,先自己花些时间去搜索,很可能现成的答案触手可及。不要以自我为中心,别人为你寻找答案需要消耗时间和资源。

(3) 入乡随俗。

同样是网站,不同的论坛有不同的规则。在一个论坛可以做的事情,在另一个论坛则可能不宜做。比方说,在聊天室打哈哈发布传言,跟在新闻论坛散布传言是不同的。最好的建议:先趴一会儿墙头再发言,这样就可以知道坛子的气氛和可以接受的行为。[30]

(四) 引进"部分权利保留"的灵活版权行使模式

CC,是 Creative Commons(知识共享)的首字母缩写。它倡导对知识创造成果的合法分享、使用和演绎,通过其所倡导的"部分权利保留"的灵活的版权行使模式,解决数字时代作品的传播和利用问题。它是学研合作的结果,并正在不断地应用于产业领域。[31]

CC 协议包含四个核心要素:署名、非商业性使用、禁止演绎和相同方式共享。根据不同要素的不同组合,形成了六套核心的 CC 协议。其中,"署名、非商业性使用、禁止演绎"是最严格的一套协议。但相对于传统模式来讲,它还是释放了一些自由,如在署名和禁止演绎的条件下,不排斥用户进行非商业性利用,例如自由传播。

案例 5-1　知识共享(Creative Commons)组织

2001 年,来自哈佛大学、斯坦福大学、麻省理工学院的专家教授,与一批网络先锋,共同创立了知识共享组织,目标是设计一些法律工具免费提供给公众,意在帮助人们表达其作品对公众开放的程度。2002 年,这个组织发布了 1.0 版本的 CC 协议。截至 2011 年 12 月,全球共有 72 个司法管辖区正式引入了本地化版本的 CC 协议。在不同的法律环境下,每项条款都会被因地制宜地做出改动。

CC 协议包含了三个不同的结构层次:普通文本、法律文本和数字代码。普通文本是供普通人阅读的简明的文字与图示说明,该版本全球通用;法律文本是一份给法律人看的正式授权条款,详细规定了协议双方的权利义务关系;数字代码是供机器阅读的,该代码将授权条款以机器可读的方式呈现出来,方便搜索引擎和其他应用程序辨识出采用 CC 协议授权的作品。

CC 使用者遍布全球。澳大利亚 ABC 广播公司的网站链接沿用了 CC 协议。美国大部分图书馆、美术馆采用了 CC 协议,如密歇根大学、哈佛大学、耶鲁大学图书馆等。著名视频网站 Youtube,在知识产权条款上也采用了 CC 协议的合同格式。视频上传者，可以自己选择授权形式，比如下载后需要署名、是否可以演绎，其有权决定视频是否可以参加商业性活动。通过CC协议，为视频上传者提供的不同权利的选择，令其作品得到广泛的传播。

为了促进我国网络文化的发展，有必要引进“部分权利保留”的灵活版权行使模式，使网站与网民在应用网络文化资源方面，形成一套共同的“游戏规则”。

网络文化要保有生命力，既要倡导“自由表达”“独立思考”“宽容博爱”的人文环境，还有待进行一些网络文化管理的改良。

第一，规范网络文化管理法规，完善网络文化建设管理体制。

文明办网，弥补法律真空，同时利用各种渠道宣传法律、法规，把互联网站建设成为传播优秀文化的和谐家园。

第二，健全网络舆情引导机制，引导网络文化市场。

关键在机制上下功夫。建立以内容建设为根本，先进技术为支撑、创新管理为保障的全媒体传播体系。完善舆论监督制度，健全重大部门和突发事件管理引导机制，营造健康文明的网络文化环境。

第三，制定行业规范，强化行业自律。

每一位网民应树立公平竞争意识，自觉维护主流思想，督促网络文化信息服务，共同构筑网络诚信。

如果网络文化能以开放的眼光吸收西方文化，并不断从中华民族传统文化中提炼内在的文化心性和良好的精神风骨，那么，网络文化就能容纳全球社会的新生态，弘扬民族文化，提高网民趣味，力求大众审美化和生活审美化，真正实现精神需求的转型升级。[32]

（五）网络自律要处理好三种关系

1. 个人网络自由与他人网络自由的关系

网络的行为是自由的，生活当中很多不自由在这里能够得到自由，这是网络的诱人之处，但也是网络的危险之处，你的自由在网络上不是无条件的，当其行为对他人、对网络环境造成了干扰、破坏，产生了消极影响时，就得对自己的自由方式加以必要的控制和调整，你的自由和他人的自由关系要处理好。[33]

2. 网络自由与道德规范的关系

个人的行为自由必须服从网络社会的利益，无论发布什么样的信息，都不能违反网络社会的道德规范，否则这个社会就有权对你进行制约、监督、管理，甚至是惩罚。

3. 网络行为与道德意识之间的关系

道德自律，说到底就是四个字：慎独、自律。“与传统伦理相比较，信息伦理更为注重以‘慎独’为特征的道德自律。”[34]无论处在什么样的环境中，不该你做的事情，不该你说的话，你都不要去做，去说。要严格自律，约束自己不正当的欲望，这样这个社会才能和谐地向前发展，才能有很好的环境。

本章小结

本章以网络对人民生活的影响为起点，明确网络社会的制度是通过权衡网络文化带来的利弊构建而成的。并在此基础上介绍了制定网络文化制度的设计方法。

首先，网络对人民的生活产生了巨大的影响，积极方面包括网络促进了人与人之间的沟通，为人们构建了一个巨大的知识库，便利了人们的生活，并为人们实现梦想提供了许多平台。消极方面表现在网络使人们失去了忍耐、习惯、记忆以及诚信。在当今中国，网络在人们的生活中主要担任着娱乐的作用，呈现出一种网络文化消费畸形的现象。

其次，在明确网络是把双刃剑的基础上，人们应做的就是扬长避短，通过种种手段"大兴网络文化之利"，即促进经济增长方式转变、影响劳动力布局、加速全球一体化进程、为人类文化提供新载体、促进社会价值取向转变、实现真正意义上的全民教育和终身教育；"力除网络文化之弊"，即网络文化传播造成的生态危害、网络文化对人的存在方式产生的消极效应、不良网络文化对青少年的影响。

最后，要保证网络世界的有序及发挥其积极作用，必须设计一套合理的网络文化制度。通过分析，笔者认为要促进网络文化的良性发展，必须做到两点：一是加快立法，使解决网络文化的问题"有法可依"；二是大力宣传和鼓励以网络媒介为主的网络文化参与者自律。只有两者相结合，才能更好地规范网络文化健康发展。

思考与练习

1. 网络文化对人们生活的利弊影响分析。
2. 简要论述怎样的网络制度最能平衡利弊。
3. 试分析如何通过网络文化的制度设计促进网络文化的良性发展。

参考文献

[1] 杨木喜. 互联网使人们得到和失去的要点分析[N]. 信息通信导报，2010－6－27.

[2] 袁蓉. 网络文化对青少年成长的影响及应对办法[EB/OL]. (2011－9－14). http://www.mcnedu.com

[3] 李钢，王旭辉. 网络文化[M]. 北京：人民邮电出版社，2005(155).

[4] 鲍宏礼，鲁丽荣. 论全球化时代网络文化的双重效应[J]. 学术论坛，2004(1).

[5] 王岳川. 网络文化的价值定位[J]. 江苏社会科学，2005(1).

[6] 方伟. 网络文化的价值取向[N]. 中国文化报，2009－7－24.

[7] 雷兆文. 论科学发展观与网络文化[N]. 工会博览，2010(5).

[8] 高云，黄理稳. 关于网络文化探讨[N]. 职业圈，2007(16).

[9] 刘建华. 网络文化对人的存在方式的消极效应[N]. 理论与改革，2010(3).

[10] 徐君康. 网络生态伦理观与网络文化传播之适切性[N]. 宁波大学学报(人文科学版)，2005(6).

[11] 杨鹏. 网络文化与青年[M]. 北京：清华大学出版社，2006(177).

[12] 徐君康. 网络生态伦理观与网络文化传播之适切性[N]. 宁波大学学报(人文科学版)，2005(6).

[13] 崔和宏. 浅论不良网络文化对青少年的影响[EB/OL]. (2012－3－21). http://www.lunwenf.com/

[14] 孟建，祁林. 网络文化论纲[M]. 北京：新华出版社，2002(289).

[15] 李长健,禹慧. 论网络文化及其法律规制[N]. 广西社会科学,2007(11).
[16] 曲青山. 进一步加强网络文化建设和管理[N]. 理论前沿,2009(9).
[17] 李倩. 网络文化规范的尺度[N]. 河北日报,2008-7-13.
[18] 李长健,禹慧. 论网络文化及其法律规制[N]. 广西社会科学,2007(11)
[19] 走过感伤地带(蚂蚁的天下). 从法律角度看网络媒体文化的建构[EB/OL]. (2013-5-12). http://hi. baidu. com/antthink
[20] 李倩. 网络文化规范的尺度[N]. 河北日报,2008-7-13.
[21] 陆士桢. 构建网络道德 营造青少年健康发展空间[N]. 中国教育报,2006-11-1.
[22] 肖健. 为建设健康网络文化添砖加瓦[N]. 解放军报,2010-7-13.
[23] 吴晓波. 网络文化与辩证法[EB/OL]. (2010-6-21). http://theory. people. com. cn/GB/40537/11928568. html
[24] 璩静. 101 家网站共同发布《中国互联网行业版权自律宣言》[EB/OL]. (2010-1-21). http://news. xinhuanet. com/internet/2010-01/21/content_12847201. htm
[25] 北京网络新闻信息评议会倡议网站设立自律专员[EB/OL]. (2014-4-21). http://www. qianlong. com/
[26] 姚远光. 网络文化需要人文精神作支撑[N]. 羊城晚报,2010-2-15.
[27] 徐君康. 网络生态伦理观与网络文化传播之适切性[N]. 宁波大学学报(人文科学版),2005(6).
[28] 周根红. 网络文化与媒介素养的转向[J]. 现代视听,2009(11).
[29] 漫画解析:上网别忘基本礼仪[EB/OL]. (2014-4-18). http://www. qianlong. com/
[30] 明. CC 定见之魅:打破数字时代的版权桎梏[J]. 中关村,2010(2).
[31] 郑鸿雁,张玉娥. 网络文化的平民视阈[J]. 今日科苑,2010(7).
[32] 欧阳友权. 网络文化与社会生活——广州讲坛第四十四讲[EB/OL]. (2014-5-21). http://wlwx. literature. org. cn/Article. aspx? ID=24714
[33] 鲍宗豪. 网络文化概论[M]. 上海:上海人民出版社,2003(174).

第六章　网络文化传播

学习目标

1. 了解网络文化传播的六大规律。
2. 了解超时空的理念、传播特点，掌握网络文化超时空传播的效应以及超时空的规律。
3. 了解突变论的基本特征与社会化运用，了解网络文化突变律，掌握网络舆情突变的具体表征及其应对举措。

任何事物，均有自己的客观规律。按规律办事，已成为人们的共识。《国家哲学社会科学研究"十二五"规划》提出："围绕加强网络文化建设和管理，深入研究新形势下网络文化建设的特点和规律，积极探索符合我国实际的网络文化管理模式，推动用积极健康的网络文化占据网上主导地位。"对照这一要求，可以说，对于网络文化的特点，目前论述较多，但对于其规律的探索，则尚不多见。据笔者所知，中共中央党史研究室主任曲青山，在任青海省委常委、宣传部部长时，曾就网络传播，特别是网络舆论热点，写下过这样一段文字：

> 从其形成和传播的规律来看，有这样几个规律：互动性规律、权威性规律、非线性规律、超时空规律、对立效应规律、突变规律。即网上网下、网络与传统媒体互动，"意见领袖"定调归纳总结，发展过程忽高忽低，网上争论对立，从小事件到大事件，发生突变。[1]

该文曾被广泛转载，可惜这一段语焉不详。其中对于超时空规律也缺乏诠释，以至于网上流传的《网络评论员培训材料》，将其另称为"快速蔓延规律"，意指网络信息超越时间与空间，在互联网上迅速蔓延。

笔者不揣浅陋，谨据此生发开来，对这六大规律展开论述，同曲先生及各位读者共同探讨。

第一节　网络文化传播的互动性规律

有人说，19世纪是新闻的世纪，20世纪是评论的世纪，21世纪是参与和互动的世纪。如果说当代传播结构由信息传播、评论传播和互动（意见交换）传播"三要素"组成的话，那么，可以说，媒介化、网络化社会，已经步入互动传播的开放时代。研究网络文化传播的互动性规律，有助于网络文化的良性传播与可持续发展。

一、网络文化传播的线上与线下互动

对于互动的含义，我们的理解常常是褊狭的，即认为互动就是传播者与受众之间的关系。但实际上，很多人去某个网站，吸引他们的因素不仅在于网站给他提供了什么样的内容，还在于他在这个网站可以遇到什么人、可以与这些人形成什么样的交流。[2]

网络互动凸显了文化个体的主体性，也让人们见识了形形色色的人、事、物。[3]现实中相对清晰的主体形象因而变得臃肿而难以确定，而匿名无节制的角色转换也模糊了主体身份，使主体形象更趋立体、多元化。与此同时，在不断的链接、更新、交流中，人们自主选择、结识了更多具有相同爱好和持有相近观点、意见的人。他们通过多种互动形式结成联盟或竞争关系，形成了交流的氛围和联系的纽带，边消遣边传达差异、引发共鸣，增加了文化交往的丰富性。

一般而言，网上的舆论引导，可按引导主体分为两类：一类是与新闻事件本身无直接关系的网络媒体，在进行新闻报道时所形成的媒体的舆论引导；另一类是与新闻事件密切相关的部门，通过对新闻事件的发生、发展做出相关说明来引导舆论。无论哪类舆论引导，都应遵循真实性、准确性、及时性和主动性原则。网下的对策实施，则是指媒体在网下深入报道，寻求相关部门解决问题或是相关部门结合网上的舆论引导，寻求解决根源性实际问题的策略与措施等。

（一）网络文化传播的在线互动

随着网络文化传播尤其是网络舆情的扩散，网民会围绕某个议题不断即时交流。这种交流是迅捷的，也是即时的，具有极强的互动性。网络论坛中，舆情主体经常表现出一种“接力赛”式的传播，通过网民与网民、网民与媒体、网民与现实管理者的互动，“楼上”“楼下”“斑竹”“斑户”各个帖子之间相互碰撞，使得对某一信息或某一事件的评价像滚雪球似的发展下去，呈现出网络舆情中的“雪崩现象”，形成规模较大的舆情空间，最终汇集成舆情，并由此构成“网络互动应用的内容＋用户模型”[4]：

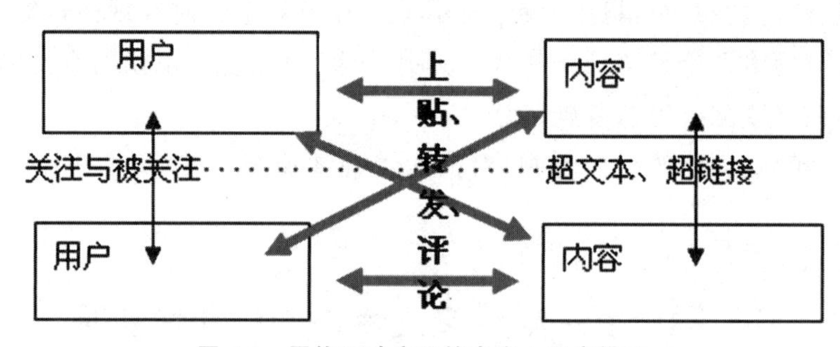

图 6-1　网络互动应用的内容＋用户模型

案例 6-1　《十七大手机报》三重互动

以新华社《十七大手机报》为代表的手机报，便体现了线上的三重互动：第一重互动——读者留言，使普通百姓通过手机报获得参与的机会和权利；第二重互动——读者意见摘登，牢牢抓住用户兴趣点，交互性实现手机媒体质的转变；第三重互动——基层代表、政要外媒、普通百姓、手机读者，整个手机报成为一个多方对话的空间，手机报形成一个多种传媒载体的受众之间互动的网络。

微博的兴起，更是体现了网络舆论是如何在互动中生成与扩散的。

微博有更新、评论、转发、收藏状态四个基本功能。微博用户一般是更新简短的动态，供所有用户阅读，同其他博友互相联系、互相影响、互相作用，畅言自己的看法，逐渐对某一焦点表现出一定影响力、带倾向性的意见或言论。网络舆论就是通过这样一种动态的信息交流过程而形成的。微博与博客和其他网络传播方式相比，互动性大大提高。这也是微博时代网络舆论生成方式的特点——极强的互动性。[5]因此，微博已经成为网民发布信息与表达意见的主要渠道之一。

不仅如此，互动还促使网络舆论扩散。互动是网络的本质，微博则将这一特性发挥到极致。迄今为止，尚没有哪个网站、哪种形式比微博的互动性更强。通过不断地意见互动，使网络舆论不断地扩散和延展，网络舆论逐渐膨大，从而产生强大的影响。这也是微博时代网络舆论大规模集聚涌现的原因之一。

（二）网络文化传播的线下互动

网络文化传播过程中，出现了颇为微妙的虚实互动现象。[6]

现实人与网中人，分别生存于两个世界。网中人是虚拟的，但他不可能超然于现实，不可能与现实没有联系。网中人是现实人在网络中的投射，其言论、行为、状态，都直接受现实人的影响。同时，网中人对现实人，也有明显的反作用。网络群体性事件往往直接引发现实社会的群体性事件，即使不直接引发，也会在社会思想文化领域造成一些影响。如重庆、三亚等地曾发生的出租车司机罢运事件，先是出租车司机小规模群体性抗议，随即一些人把相关情况散布到互联网上，引起更多人关注，随后形成了大规模的群体性事件，即现实社会的全城出租车司机罢运与网上以出租车司机罢运为主要话题的群体性讨论。这两个事件互相“感染”，增加了事件的对抗性。

由此可见，网络已成为重要的舆论场，有强大的动员能力。当前一些人不仅热衷于在网上发表意见，而且开始“从网上走到网下”，从虚拟空间走向现实社会，将舆论风暴演变成现实的公共危机事件。

可以说，虚拟的网络是现实社会的一面镜子，其间的风吹草动，均是现实世界的投影。每一起“网上群体性事件”，都必然能够从现实社会中找到触发点和源头。换句话说，纯粹虚拟的“网上群体性事件”并不存在。这就对执政党在新时期不断提升执政能力，提出了新的、更高的要求。

首先，急需建立互动机制，畅通民意渠道。鉴于网络已经成为党和政府联系群众、回应诉求、改进工作的重要平台，应通过主动使用网络，建立党委、政府与广大网民互动、互信的沟通机制，保障和扩大群众的知情权、参与权、表达权和监督权。特别是要建立主动回应机制，高度重视、积极回应网民反映的社会热点、难点问题。[7]

其次，坚持实现上下互动。[8]要坚持以民生为本，树立网民诉求无小事的理念，建立健全新媒体条件下的常态化工作机制,探索建立网络发言人制度,扩大党政机关和领导干部实名开微博的范围。注重在决策前、决策中、决策后通过新媒体扩大公众参与,使领导决策与民众意见实现充分沟通、良性互动,以此推动完善民主集中制,并在一定程度上遏制网络"暴民"、民主"哄客",削减网络上的虚拟政治动员和政治集结。

最后,要利用网络文化的互动性,增强引领的实效性。在网络文化中,不同地区的不同人可以就不同的主题进行讨论、形成共识,体现出极大的自主性和选择性。以社会主义核心价值体系引领网络文化发展,应充分利用网络文化的互动性特点,多与网民交流互动,通过互动凝聚力量、鼓舞斗志、引领风尚。通过互动增强引领工作的实效性,要做到既讲究科学性、理论性、导向性,又注重趣味性、生动性、针对性;既讲究教育人、感化人,又注重提升人、愉悦人。"总之,应使引领工作从平面走向立体、从静态走向动态、从单向灌输走向多方互动,不断提高社会主义核心价值体系在网络文化中的吸引力、感染力。"[9]

二、网络媒体与传统媒体之间的融合互动

传统媒体把它的用户称为"受众",突出信息单向传播的特点。人们一般只能被动地接收信息,反馈信息渠道窄、不便捷、时效低;而网络将主动权交给了用户,用户进行的是有选择、点播的信息接收方式,并且是交互式的人机对话模式,能更加直接、快速、广泛、有效地发挥作用,充分体现了用户的主人翁地位。但网络媒体也存在一些不可避免的局限:一是出现假新闻的概率远远大于传统媒体,网络新闻有时真假难辨;二是对网络新闻难以进行有效管理。传统媒体则能在很大程度上弥补网络的这些缺陷。因此,网络与传统媒体的良性互动,能有效地推动网络文化传播。

目前,相对于传统媒体舆论而言,网络舆论仍处于"弱势地位"。网络舆论宜与传统媒体互动,造成网络舆论"螺旋式上升"的扩散趋势,从而促使舆论在现实社会的迅速扩散。同时,网络舆论与传统媒体舆论可以在舆论强度、舆论发展方向、对社会生活的影响等方面相互补充、相互促进,全面推动社会民主化进程,以收网络媒体与传统媒体双剑合璧促发展之实效。

(一) 网站与传统媒体联合产生新动力

网络媒体也被称为"第四媒体"。从狭义上说,"第四媒体"是指基于互联网这个传输平台来传播新闻和信息的网络。"第四媒体"可以分为两部分:一是传统媒体的数字化,如人民网、央视网等;二是基于网络提供的便利条件而诞生的"新型媒体",如新浪、搜狐、腾讯、网易等门户网站。

实际上,不仅网络媒体正在通过联合传统媒体做大、做强重大时政类新闻,争取在重大政治事件报道中突出自己的声音;传统媒体也看到了网络媒体互动性强的优势,正在积极利用网络平台寻找新闻线索和选题,丰富报道内容、扩大自身影响力。近年来,"两会"报道普遍采用了多种媒体联动出击的方式,成为网络媒体与传统媒体良性互动的成功典范。

（二）网帖成为传统媒体信息传播新导向

传统的新闻事件，都是由传统媒体记者采访报道，随着互联网公民记者现象的出现，很多事件的新闻源是网帖。天涯杂谈的一篇名为“中国第一个全裸的乡政府”的帖子，造就了一场关注财政公开的舆论盛宴。广西来宾烟草局长“日记门”事件，最初也是源于网上流传的日记。日记现身后，网友迅速展开“人肉搜索”，酿造成一出“网事风云”。其背后的“推手”，被称为“网帖记者”。

“网帖记者”或是由工作性质而形成的，比如说版主、网络编辑等；或是空闲时间比较多的网民，同时又是新闻“发烧友”；或是大型网站的专业推手，他们负责让一个话题持续下去；此外，还有“网特”（特务）“五毛”（受雇用的网络评论员）等。他们各自的称呼不同，但实际上就是“网帖记者”，做的工作和现实社会中记者的工作很相似。

“网帖记者”主要有三类行为：发帖揭露某些人的不法行为；对新闻热点事件发表评论；将自己所知信息在网络上发布。他们不是真正的记者，却在某种程度上行使了记者的职责。由于现实社会的道德规范和相关法纪对他们约束较小，再加上网络匿名、交互的特点，“网帖记者”发布的信息真真假假，却往往能引发网络舆论热潮。而这股热潮，有时能促进事情圆满解决，有时又会带来令人遗憾的结局。

（三）网络互动平台为传统媒体提供互动新方式

网络互动平台本身体现并突出了互动特点，传统媒体欲与受众进行沟通互动，与网络互动平台相结合，不失为一个创新点。实践证明，这也是一个良好的互动方式。

著名文化人士于丹认为：“在网络发展异常迅速的今天，电视节目也完全可以借鉴‘用网络的方式去生产电视节目’，这不是简单地强调互动性，也不是单纯地让观众猎奇，看看节目怎么做出来的，而是以观众的视角去做新闻、去生产节目，要让观众成为节目生产者。”[10]

综上所述，网络媒体与传统媒体良好互动，相辅相成，可以共同创造出信息传播的新形态。

第二节　网络文化传播的权威性规律

从某种意义上说，网络文化传播的权威性，是一种“超权威性”[11]。由于网络信息传递的超时空性，使得网络文化的生产和传播机制不同于从前。文化虽然植根于大众，但是，在过去和当前占主导地位的文化中，权威都发挥着至关重要的作用。权威不一定单指个人，也可以是政府、大学和研究机构等。甚至有人说，人类在走过“法律面前人人平等”“金钱面前人人平等”的艰难历程后，将随着互联网的日益普及，步入一个“网络面前人人平等”的新天地[12]。

一、网络文化传播权威性的建构

“营造文明健康、积极向上的网上主旋律，打造具有权威性和广泛影响力的网络文化平台，大力建设有利于加强党的执政能力建设的网络文化环境已成为社会各界的呼声。”[13]

（一）清醒认识两个网络舆论场

舆论的来源，实际上有自下而上和自上而下两种。自下而上的舆论，由公民或公民团体首先发出，经逐渐传播，终于形成地区性或全国性的舆论。自上而下的舆论，则是由国家领导机关发出，通过文件公布出来，并有组织、有计划、有步骤地通过报纸、广播和电视等传统媒体加以宣传，从而在人民群众中传播的一种公众意见。自上而下的舆论，传统上具有很强的权威性。

在涉及公共权力的互联网舆论中，实际存在着两个舆论场[14]：一是各级党和政府通过权威发布和权威解读等方式，报纸、电视、广播等传统媒体是信息的主要来源，网络等新媒体只是传播载体；另一种是依靠网民自下而上“发帖，灌水，加精，置顶”而形成的“民间网络舆论场”，“草根网民”和论坛版主是这种传播模式的主体。相对而言，“官方网络舆论场”在涉及国家大政方针等重大题材上占据统治地位，而“民间网络舆论场”则在贪污腐败、贫富差距、行业垄断、社会保障、城乡差距等民众关心的话题上，更容易被网民所认可。

（二）切实增强网络信源权威性

传播学理论告诉我们，传播者在传播过程中居于优越地位，传播者决定着信息的内容，但即便是同一内容的信息，如果出于不同的传播者，人们对它的接受程度也是不一样的。这是因为，人们首先要根据传播者本身的可信性，对信息的真伪和价值作出判断。可信性包含两个要素：第一是传播者的信誉，包括是否诚实、客观、公正等品格条件；第二是专业权威性，即传播者对特定问题是否具有发言权和发言资格。这两者构成了可信性的基础。一般来说，信源的可信度越高，其说服效果越大；可信度越低，说服效果则越小。对于传播者来说，树立良好形象、争取受众信任，是改进传播效果的前提。

参照上述两个网络舆论场的划分，网络信息源亦可分为官方和民间两大类。民间信息源又可细分为非政府组织（NGO）、大众传媒、学术精英、社会活动家、宗教领袖、因公共议题聚合起来的公众与海外声音等。也有人将其大致分为社会权威人士、当地居民、宗教界、其他社会组织机构、媒体、其他民间声音和国际声音等七种。[15]

实际上，依据公共关系学的“三要素”原理，真正的权威在于公众。公共关系三要素是指：社会组织、传播沟通和公众。其中，社会组织是公共关系活动的发起者，是公共关系活动的主体，没有社会组织就没有公共关系；传播沟通是公共关系活动的手段和媒体，没有传播也就没有公共关系；公众是公共关系的对象，公共关系是针对对象来做的，没有对象也就没有公共关系。在三要素中，社会组织具有主导性，传播具有效能性，公众具有权威性。协调三要素之间的关系，是公共关系活动的基本规律。网络文化传播权威性的重构，正是要协调好这三要素之间的关系。例如，人民网办网之初，就定位于“权威实力源自人民”，所提出的办网宗旨正是权威性、大众化、公信力。“这是人民网目标一致、形成合力的根本。”[16]

因此，网络文化传播，除应关注可以提供各地区、各领域具有权威性的动态信息之官方信息系统和可以提供与新闻相关的深度信息之专家信息系统外，还应特别关注反映“民间舆论场”的互联网信息系统[17]。

对于政府网络传播来说，在信息发布方面，更要注意运用权威信源。因为调查发现，“如果多方在网络发布信息各有冲突”，将近70%的受访网民仍然认同官方网站的权威性。[18]对于重大问题尤其是公众普遍关注的热点、焦点、难点、疑点问题，还应在第一时间进行权威评论，其具体形态包括官方评论、新闻媒体评论、网上意见领袖评论以及网上跟帖评论等。

（三）不断整合网络信息资源

同报纸、电视等传统媒体相比，网络还不是强势媒体，为了弥补自身在公信力、权威性以及人力、物力、财力等投入方面的不足，网络媒体一方面要“以我为主”，通过统筹安排和加大全能型记者、编辑的培养力度等方式，整合利用网站内部资源，提高原创报道的数量和质量，争取在“内容为王、形式为金、技术为先、渠道为优”的市场竞争中占据主动地位。另一方面，还要善于借用“他山之石”，通过与传统媒体及其他各种社会力量的联动，在采访资源、信息资源、社会资源等方面拓展自己的发展空间，实现资源增值，不断提高点击率、扩大影响力。[19]

（四）主动设置重大网络议题

网络媒体还可以通过对重大议题的主动设置与积极探讨，来提升自身的公信力与权威性。

与传统媒体权威性、公信力与生俱来的优势不同，网络媒体在这两方面似乎“先天不足”，因此需要凭借后天的不断努力来改变不利局面。通过对重大议题的主动设置，积极参与公众话题的探讨，使受众可以经常性地在大是大非面前看到网络媒体的影子、听到网络媒体的声音，从而感受到网络媒体的影响力。

在具体操作上，可以适当引入权威或者专业人士的评论，添加知识库链接，对议题涉及的非常识性要点进行法律、技术和程序的介绍，最大可能消除信息不对称和信息不完全，鼓励并引导受众关注议题及形成理性认识。[20]

（五）主流网站要敢于讲真话

只有敢于讲真话，才能维护主流网站信息发布的权威性。

最近几年出现这样一种怪现象，对于一些舆论监督性事件真相的追究都是由网络或网民个人发起，然后逐渐形成一种影响力和压力，最后才有政府相关部门出面解决，造成的结果自然是政府公信力的贬损。“因此，要提高政府的公信力，切实掌握舆论主动权和主导权，讲真话是前提。”[21]以理性的态度，机制化建设来推进“真相”的传播，避免出现在敏感话题面前集体失语的现象。

在内容选择和报道方式上，要高度重视主流网站的信誉度和影响力，利用主流网站权威性，引领网络舆论的有序发展。

（六）率先采用网络评论员实名制

“网络评论员”，作为一种以国家长治久安为目的的大规模政府行为，应符合政府信息公开的原则。“网评员”个人在加强对外话语建设中作用明显。隐匿身份的发帖，在网众传播的场域中，明显无益于增强发言的权威性和可信度，损害了传播效果；同时也不方便社会公众监督其工作绩效与报酬薪资是否相称，可能滋生腐败。

（七）大力推动网络文化制度建设

我们知道，从结构而言，文化可分为物质文化、精神文化和制度文化。物质文化属于表层，指体现于物质生产和物质产品方面的文化层次，包括物质资料的生产和消费。精神文化属于核心层，指呈现于人的内心世界的文化层次，表现为人们的各种精神活动，即价值观念、道德情操、思维方式、审美趣味、宗教信仰、民族习性等，包括社会意识形态和社会心理。制度文化则属于中间层，体现于社会管理者认可和规定的交往方式的文化层次，即每个社会成员必须遵守的法律、纪律、规则和组织形式，在社会生活中具有明确的权威性。网络文化传播权威性建构的治本之策，在于大力推动网络文化制度建设，形成具有权威性的制度文化。

目前，在网络文化的法制管理上，仍然存在着一些弊端尚未解决。突出的有以下三方面：①法制体制还不够健全；②互联网依法监管不严；③网民法治思维不强。

因此，当务之急，是针对目前所存在的问题，逐步完善和落实有关网络的法律法规，使网络传播真正有法可依、有法必依。“网络舆情的管理涉及技术、内容等多方面问题，需要一个权威部门牵头，组织各相关部门联合制定出一个更加系统的规范，并最终形成相关立法。”[22]国家互联网信息办公室的设立，或许可以推动这方面的进程。

二、“网络意见领袖”的正负作用

20世纪40年代，传播学者保罗·拉扎斯费尔德（Paul Lazarsfeld）等人在《人民的选择》一书中正式提出“意见领袖”（opinion leader）的概念。他们认为，大众传播并不是直接“流”向一般受众，而是要经过意见领袖这个中间环节，即“大众传播—意见领袖——般受众”[23]。

随着信息技术的高速发展，互联网已经从一种新兴的传播媒介转变为新兴的生活平台，网络人际交往的社会性得以充分体现，“自由意见市场”逐渐形成。“网络意见领袖”就在这样的舆论环境下应运而生，并已成为一种显性的网络力量，其影响舆论、引导舆论的能力，也越来越受到各方面的重视。

所谓网络意见领袖，是指以互联网为平台的新型人际传播网络中，经常为网民提供信息、观点或建议并对网民施加影响的人[24]。与传统媒介相比，互联网给人们提供了一个相对平等的发表自己观点的公共空间，因此意见领袖产生的范围也更加广泛、更加草根化。

（一）影响网民

包括两种网民：沉默者和追随者。

如今，绝大多数网民并不在网络上发表自己的见解，而是被动地接受信息。很多网民经常上网逛论坛、看新闻，但是从来不发言，而是作为潜水者默默关注。

另外是作为追随者的网民，他们一般只是简单地留言，或者是对他人的言论表示是否赞成，但很少系统地、专业地讨论问题。于是在网络上，呈现出沉默者较之于发言者更为被动、追随者受发言者影响乃至支配的格局，而那些核心层中的强有力支撑者，就是意见领袖。

（二）影响舆论走向

意见领袖影响舆论，表现为议程设定和框架设定。从议题分布来看，网络意见领袖最关注的话题除了政治、经济、军事等国家大事以外，还有跟老百姓息息相关的教育改革、医疗保障以及社会民生等问题。他们一般抢先抛出问题，抢占舆论先机，再以鼓动性的话语与态度，对社会、政府乃至个人等进行慷慨激昂的批判甚至展开对峙。

一般的影响扩散过程，不外乎先发帖得到众多回应，然后被加精置顶，推荐到网站主页，接着被成千上万地转载，并辐射到其他网络（新兴的微博也同样是这样的道理，但是更为便捷快速）。

（三）加大话语权不平等

在网络传播过程中，意见领袖由于能够代表他所在群体的主流意见，一旦他们发表了某种观点，便很可能引发该群体内形成“沉默的螺旋”。他们的观点会在一定程度上压制其他竞争观点的表达，使得不同观点在实质上无法自由竞争，从而强化这种话语权的不平等。久而久之，意见领袖一方的主流声音大大压过了另一方，直至后者最后消失。

（四）可能使负面信息失控

意见领袖的观点，在拥护他的群体内常常被公认为是正确的，这就使得大众对其有着盲目跟从的可能。在鱼龙混杂的互联网中，信息消费快速，大众很少去核实和思考信息来源的可靠性、真实性。

在这种情况下，如果意见领袖观点偏颇，或者为了一己之利丧失基本道德准则，负面信息便很容易失控，甚至导致网络大众价值观的迷失等后果，其危害难以预知。

当然，网络媒体在充分发挥民间的舆论监督力量之时，也仍然要面临着权威性与开放性、公信度和信息量之间的矛盾。民间力量固然有着追求自由、崇尚真实的美好本质，不过，也暴露出无组织性、无理论性的盲目特点。网络媒体如何运用好自身的时效性、便捷性、高覆盖率等特点，把民间的舆论力量引向传统媒体的自信与舆论自觉中，是我国网络媒体在未来几年内需要认真思索和解决的重要问题。

第三节　网络文化传播的非线性规律

21 世纪是知识经济和网络信息交融的时代，是一个多元化发展的时代。它不仅由单线条变成多线条发展，而且呈现出非线性、多方向的发展趋向。

一、非线性传播在网络文化传播中的具体应用

具有超文本和超链接技术的非线性传播方式，在网络空间中显示出明显的优越性。它不仅在很大程度上改变了信息存在的形态、信息流动的方式，还在一定程度上改变了人们的思维方式、生活方式，构建了一个不同于传统媒体的拟态环境。

（一）技术的非线性

技术决定了网络媒体不同于传统媒体的存在形态，其最大的特点就是超文本性。超文本的原初含义是“链接”的意思，用来描述计算机中文件的组织方式。后来，人们把用这种方式组织的文本称为“超文本”。传统文本是以线性方式组织的，比如一张报纸上只有一段时间内的新闻报道，一般情况下，读者无法在这张报纸上找到五年前的新闻。而超文本则是以非线性方式组织的，用户可以从一个文本跳转到另一个文本。

与此相关的是超链接。超链接是指文本中的词、短语、符号、图像、声音剪辑或影视剪辑之间的链接，或者与其他文件、超文本文件之间的链接，也称为“热链接”，或者称为“超文本链接”。词、短语、符号、图像、声音剪辑、影视剪辑和其他文件通常被称为对象或者文档元素。因此，超链接是对象之间或者文档元素之间的链接。建立了互相链接关系的这些对象不受空间位置的限制，它们可以在同一个文件内，也可以在不同的文件之间，还可以通过网络与世界上的任何一台联网计算机上的文件建立链接关系。

（二）信息检索的非线性

印刷文本时代，只为读者提供了单一线性的阅读和写作模式。而网络时代的“超文本性”，在一定程度上打乱了信息解读的顺序性。通过广泛链接建立起相互联系，满足读者非顺序访问信息的需要，极大地成全了读者的自主性、选择性。网络解放了人们听觉、视觉、触觉上的传播需求。信息检索的非线性规律，在一定程度上改变着人们的信息获取习惯。

（三）传播方式的非线性

网络传播的出现和发展，拓展了传播的广度和深度，打破了以往多种信息传播形式之间的界限，既可以实现面对面传播，又可以实现点对点传播。

越来越多的电子信箱，具有邮件订阅功能。用户可以根据自己的需要，选择订阅一些定期发送的邮件，满足自身对某些特定种类信息或知识的需求。

从大的门户网站发展到今天风起云涌的专业频道、专业网站，再到诸多专业机构量身定做网站，信息传播做到了点对点、一点对多点、多点对一点、多点对多点交流，创造了qq群、BBS、新闻跟帖、WIKI、微博等多种交流方式，使交流、讨论无障碍。网络、手机与传统媒体之间，也逐渐形成了多种多样的互动方式。

网络在总体上形成了一种散布型网状传播结构。在这种传播结构中，任何一个网结都能够生产、发布信息，所有网结生产、发布的信息，都能够以非线性方式流入网络之中。[25]网络传播兼有人际传播与大众传播的优势，又突破了人际传播与大众传播之间的局限，受众可以直接而迅速地反馈信息、发表意见。同时，网络传播中，受众接受信息时

有很大的自由选择度，可以主动选取自己感兴趣的内容。点对点的网状传播模式，将传播活动的中心，转移到了受众的需要上。

（四）网民思维的非线性

线性思维，基于简单的因果关系。在纷繁复杂的网络环境中，网民们更倾向于非线性的思维方式。

首先，这是由网络空间结构所决定的。互联网无边无界，呈现循环联结。网络中的种种信息，是通过超文本和超链接的方式组合而成的。网页由网状结构链接在一起，使得网民获取信息的路径也呈现出跳跃性和非线性特征。发散性思维，成为搜索信息的主导思维。辅助信息，构成了某条信息的存在理由；人的思维方向，会以主信息为起点，向外延伸。在网上搜索信息时，容易出现注意力分散的情况。分散的注意力，培养出网民一心二用乃至多用的思维习惯。很多人在上网过程中，经常同时打开若干个浏览器窗口，在不同的网络窗口中搜寻信息。有鉴于此，网络编辑应避免过度使用超链接。

其次，面对浩如烟海的网络空间，受众必须主动地搜索信息。网民上网搜寻信息是一个完全主动的过程，网民可以自由地选择所要接受的信息。网络的信息接收方式是一种“信息搜寻模式”。一般来说，网民只接受自己感兴趣的信息，有能力拒绝不感兴趣的信息。主动接受和刻意回避，构成了网络信息的选择性接受行为。最典型的例子，就是网民对一些网络广告的主动跳过。

再次，网络去中心化的思维意识。在网络传播中，传者和受者的界限不再清晰，每个人都可以接受信息，也可以发布信息。这种去中心化的信息传播结构，在 BBS 以及网络聊天中表现得尤为明显。网民更看中自己的观点、态度，而对任何现成结论都持怀疑态度。网络空间中充满了琐碎的自言自语。不少网民为了维护自己的观点，甚至不惜使用语言暴力对他人进行攻击与谩骂等。

二、非线性传播规律对网络文化传播的若干启示

网络文化建设和管理，是党的执政能力建设的主要内容，也是国家治理体系和治理能力现代化的重要组成部分。从网络文化的非线性传播规律，我们可以得到加强中国特色网络文化建设与管理的一些有益启示。

（一）制定网络文化发展战略

到目前为止，我们对于网络文化，往往是重管理而轻建设；而所谓管理，又非治理或善治，缺乏国家层面的网络文化发展战略。

从理念上说，管理趋向于持续和稳定，通常是常规的、线性的、渐变的；而战略趋向于大的转型，通常是超常规的、非线性的、突变的。

由于网络文化建设与经济建设、政治建设、文化建设、社会建设、生态建设和党的建设“六大建设”紧密关联，需要从宏观上制定网络文化产业与网络经济发展战略、网络民主与网络政治发展战略、网络文化事业发展战略、网络社会发展战略、网络生态发展战略和网络党建发展战略。

就网络文化管理而言,互联网作为一种新兴媒体,在图像传播技术方面确实具有无与伦比的优势,呈现出海量、非线性链接、上传的随意性三大特点,这也使得对它的管理难上加难。尤其是对于网络视频,在鉴定标准细化之后,还存在着内容鉴定的技术难度,因为视频的内容比文本数据结构处理复杂得多。[26]目前,网络技术的发展对于非线性规律、搜索引擎数据文本的处理已经非常成熟,可以通过搜引器对语词进行鉴定。但视频是帧技术,由一帧一帧的画面构成,而技术发展对桢的检索技术手段还不成熟,而且在网民可以随时随地上传视频的信息海洋中,审核和监控的细化操作,需要强有力的技术支持。这些,都需要在网络文化发展战略的指导下,认真研究与开发。

网络文化研究应该避免线性思维。有些文化变迁是非线性的,如文化制度和文化观念的转向,包括从传统文化向现代文化、从现代文化向后现代文化、从物质文化向生态文化的转向等。有些文化变迁具有部分的线性特点,如科学技术、文化知识、文化设施和文化产业的发展等。网络文化建设是文化现代化的一部分。文化现代化是部分可逆的,在某些条件下,文化现代化可能发生局部逆转。所以,网络文化建设需要避免单向的机械思维,而应以全面的、发展的观点,辩证地研判和处理网络文化建设与管理中的具体问题。

(二)改进和健全网络舆情应对策略

当下,由微博汇集的舆论和社情态势快速变化,发展演变呈非线性,难于总结其一般规律,在现有的条件下不易管控、评估和预测。因此,如何应对、管控和化解此类复杂的社会舆情,亟待深入的整体性思考与筹划。[27]

网络文化传播的非线性规律告诉我们,网络信息的交流,往往不是单维、线性的,网民之间交流的途径和目的都是双向、多向、多维的,这就为及时引导舆论提供了便利。[28]

1. 培育舆情构成要素间的非线性作用条件

网络的层级传播、多级多次的传播形式,为有效监测与发现危机信息提供了时间和空间。网络作为一个非线性系统,很可能就是由于一个帖子、一条微博,或网站上的一条极其普通的小道消息,引发众多个体网民或组织卷入,进而不断升级演化,呈现出信息的“爆炸性”态势,出现网络传播的“蝴蝶效应”[29]。在网络舆情形成和变化的过程中,网络舆情系统是一个各要素相互调节、相互作用的非线性自组织系统,各构成要素发挥的非线性作用共同影响着舆情的变化走向[30]。这种非线性的作用具体表现为舆情主体、公共事件、网络舆情空间以及情绪、态度、意愿、意见之间相干、协同作用。因为网络舆情的产生是一种复杂的,表现为“刺激—反应”的心理过程,公共事件本身含有的刺激性信息会激发公众对某一具体议程的情绪、意愿、态度和意见,并影响公众的行为反应倾向,而公众的情绪、态度和意见又会对公共事件的发展和决策构成影响。因此,要使网络舆情从无序向有序发展,并使系统重新稳定到新的平衡状态,就必须使舆情内部各构成要素间产生相互协同、相互制约的非线性作用,也就是着力培育舆情构成要素间的非线性相干和协同的条件。

首先,网络管理者要重视那些容易激发舆情产生的焦点、热点、难点和易爆点,也即适时将刺激性大、与公众利益息息相关的信息进行放大处理，实现“议程设置”。

其次，要为舆情的传播提供开放自由的舆情空间，即要为公众顺利表达和传播舆情提供载体。

最后，要使网络舆情空间成为交换意见的自由市场，尊重各个“核心圈子”的话语权，让各方不同的意见都得到表达和抒发，为意见、态度的碰撞、冲突和协同创造有利条件。

2. 利用稳定舆论核引导网民行为模式

网络群体行为并不是简单的单个个体之间关系的加和，而是从众多微观交流过程中自组织形成的新的行为模式[31]。行为模式一旦形成，就会反过来在一定范围和程度内影响网络个体的行为。

舆论核(Attractor)，就是行为模式不断重复，从而对整个网络群体产生影响。根据功能的不同，舆论核可分为三类：稳定舆论核、不稳定舆论核和潜在舆论核。稳定舆论核代表正常信息源，它们按照线性轨迹运动，例如，电视或报纸上的常规性报道、主旋律价值观宣传节目等；不稳定舆论核通常表现为难以控制、预测和非常规行为的信息源，例如，网络对于某一突发事件发布的自由舆论；所谓潜在舆论核，从短期看，这种信息源只是偶尔出现，但是随着时间推移，会慢慢形成某种舆论。

在网络这种复杂媒体与传统媒体共存的现状中，由各种舆论核导致的多种舆论将共存。各种舆论影响的范围，即吸引域(Attractor Basin)可能相交，因为总是有大批在不同舆论之间摇摆的受众。但是，当某种舆论受到某个事件触发，那么，原来的意见氛围就会改变以前的演变途径，转而走向另一个方向。这就需要利用稳定舆论核来引导网民的行为模式，努力消除不稳定舆论核的负面影响，并尽一切可能，将潜在舆论核转化为有利于社会和谐稳定的积极因素。

第四节　网络文化传播的超时空规律

著名社会学家安东尼・吉登斯 (Anthony Giddens)认为，全球化的本质就是流动的现代性。其所谓流动，指的是物质产品、人口、标志、符号以及信息的跨越时间和空间的运动。全球化浪潮，是人的意识和行为超时空扩张的结果。全球化的超时空交往，是交往方式的革命和信息传播方式的革命。作为传播技术进步的产物，以互联网为核心的新媒体，凭借其海量的信息负载能力、数字化技术、超时空传播等特征，成为媒介发展史上新的里程碑。

实际上，网络的突出优势，在于信息资源永远开放并且跨越时空限制。这导致网络文化的传播速度非常迅速，任何一条信息的发布，都可以瞬间到达网络世界的各个角落。

一、网络文化的超时空传播

计算机与网络是继造纸和印刷术发明以来，人类又一个信息存储与传播的伟大创造，称为第五次信息革命。网络的超时空特性，不仅改变了人们对于传播媒介时间与空间的态度，而且加快了网络文化的传播速度，使信息可以在虚拟网络时空中迅速蔓延，并影响人们的现实生活。

（一）网络文化传播弥合时间长度

人类社会从传统的农业社会向现代化社会转型，经历了漫长的历史过程。在这个历史过程中，文化“是一个连续统一体，是在时间中从一个时代流向另一时代的事物与事物之间的超生物、超有机体的顺序”[32]。互联网将众多的历史文化信息，“一网打尽”于一个虚拟的空间。基于网络的虚拟性，并结合网络文字、图片、声音、影像等多媒体手段，可以打破时间上的限制。我们可以从网络上随时获取我们所需要的信息，查看并下载；我们还可以通过超链接的形式，随时将信息分享给更多的人，让更多的人在同一时间或者是不同的时间看到信息。不仅如此，我们还可以通过多媒体手段，身临其境地感受不同时间、不同文化带给我们的体验。在网络上，文化不再是一种单纯的继承与发扬，而是逐渐变成了一种客观存在的覆盖与改变。

（二）网络文化传播消除空间距离

随着使用网络的人越来越多，网络渐渐覆盖全球。只要愿意，人们可以通过网络这个平台向世界各个角落的人传播信息。与此同时，无论身在何处，人们都可以通过网络这个平台与异地的人交流沟通，也可以即时接收各种各样的信息。

与速度之于时间一样，速度对于空间也存在相当大的影响力。随着传播速度的提升，网络媒介正在逐渐淡化人们的空间概念，空间维度和传播速度日益不可分离。速度制服了空间距离，成为空间的测量尺度。按照麦克卢汉的地球村概念，地球实质上已缩小为弹丸之地，空间距离已不复存在。依据昂利·列斐伏尔（Henri Lefebvre）的空间本体论，空间的生产，本质上是一种政治行为，空间是社会关系的产物。这一理论认为，空间里弥漫着社会关系，它不仅被社会关系所支持，也生产社会关系和被社会关系所生产。在电子媒介时代，传播速度的临近极值，使得社会空间被重组和重新规划，最终呈现出一种拼贴、同质、复杂的后现代风格。[33]

（三）网络文化超时空传播的特性

网络文化的超时空传播，表现出一些突出的特点。

1. 网络信息传播的时空跨越

2001年，美国“9·11事件”发生当日，网络便将这则惊人的消息第一时间告诉了世界各地的人们。哈维的“时空压缩”理论，是对电子媒介所造成的后现代社会空间的非常精彩的描述：“资本主义的历史具有在生活步伐方面加速的特征，而同时又克服了空间上的各种障碍，有时世界显得是内在地朝我们崩溃了。”

时下呈现在我们面前的色彩缤纷的速度文化现象，虽然有许多是马克思当年所无法预见的，但他关于“用时间消灭空间”的科学论断，却为我们认识当今的速度文化提供了思路：即时性传播，正成为全球化功能。当时间差不多完全消灭空间之时，自然距离对传播的影响趋近于零。媒介让人们可以与世界任何地方随时保持联系，也可以从世界上的任何地方即时检索与发布信息，世界成为真正意义上的“地球村”。

2. 网络文化形态的高速运动和更替

以"速度学"著称的法国思想家保罗·维利里奥(Paul Virilio)在《消失的美学》中,指出了现代人毫无止境地追求速度所蕴含的风险:"速度越增长,控制就越倾向于取代环境,交互活动的时间逐步取代了身体活动的空间,一个有意义的空间的价值评判标准是其能提供信息量的多少和新鲜程度。人们在技术速度面前,若不想被世界所抛弃,就不得不成为摄取信息的贪婪者";"我们现在则拥有一种具有飞逝本质、以昙花一现般不稳定的数字图像为特征的消失美学"。

物理学原理告诉我们,一个物体在高速运动的过程中所能达到的速度越快,那么它所消耗的时间便越短。相应地,我们也可以得出这样的结论:网络文化是高速运动且不断更新的文化现象。

二、遵循超时空规律,发展健康网络文化

要发展健康向上的网络文化,必须遵循包括超时空传播在内的网络文化传播规律。

(一)遵循超时空传播规律

网络文化是在现代网络技术发展的条件下产生的,其传播必然依托网络这个载体,也就必然遵循包括时空超越性在内的网络传播规律。[34]前已述及,所谓时空的超越性,是指网络信息的传播,可以超越时间和空间。时空的超越性,是以时空的虚拟性为前提的。由于虚拟的空间不受现实时空的限制,参与者可以直接在网上追溯过去,探讨未来,也可以以各种虚拟的身份宣泄情绪、发表言论等。

在数字化网络社会中,由于因特网的开发与应用,消除了时间与空间的距离,建立了一个超时空的网络社会。正如伦敦经济学院教授丹尼·奎认为的那样,"非物质化的商品全然无视空间和地域"。数字化信息社会的本质,就在于保持时间和空间的距离为零。以网络为代表的新兴媒体既可以保存和检索既往信息,也可以即时发布和更新当下信息,持续关注未来信息,在信息发布的时间维度上,形成由过去、当下和未来构筑而成的完整衔接的时间链条。这使信息在传播过程中具有更广阔、更深厚的新闻背景,传播与更新速度更快,时效性更强,受众的关注度更持久。在空间上,任何信息一经上网,就会立即覆盖全球,在世界范围内传播。原有的国家之间、行政区划之间的界限被彻底打破,实现了信息的跨地域、跨行政区划、跨国界的全球传播。国内处于不同层级、不同地域的中央和地方新闻机构,在通过新兴媒体参与信息传播活动中,也都具有全球化信息传播性质。[35]

华东师范大学教授祝智庭曾在题为"信息化教育的社会文化观"的讲座中,谈到"媒体时空律",即"媒体在信息传播方面具有时间—空间维度调节功能,时间调节能力与其存储空间容量成正比"。受此启发,笔者认为,网络文化传播的超时空规律,可简称"网络超时空律",指网络在信息传播方面具有超越时间—空间维度的调节功能,其超时间调节能力与其超存储空间容量成正比:

网络超时空律的结构(structure):网络文化传播对于网民需求的响应度——结构越

高，响应度越高。

网络超时空律的对话(dialogue)：网络文化传播者与受传者之间互相响应的程度。

网络超时空律的交感距离(transactional distance)：网络虚拟人际距离的心理感受。

定律1：结构增高，对话降低；反之亦然。

定律2：结构越高，交感距离越大。

定律3：对话增加，交感距离减小。

由上可见，遵循网络文化传播的超时空规律，需要不断优化网络文化结构，逐步增强网络文化传播者与受传者之间以及传播者与传播者、受传者与受传者之间的对话，尽可能减少交感距离，取得更好的传播效果。

（二）发展健康向上的网络文化

2011年9月4日，惠州市人民政协理论研究会召开"网络文化与网络民主"理论研讨会。据悉，这一主题理论研讨活动，不仅在广东省是第一次，在全国也未见先例。[36]研讨会针对网络文化信息工具超时空扩张等现象提出，进一步加强网络文化建设与管理，营造文明、健康、向上的网络文化环境，应做到四个"必须坚持"，把握五个"着力点"，颇具参考价值。这里谨"借题发挥"，略加论述。

1. 四个"必须坚持"

首先，必须坚持中国特色网络文化的发展方向。

中国特色网络文化的发展方向，就是社会主义先进文化的前进方向，具体体现为"二为"方针，即为人民服务、为社会主义服务。"中国特色网络文化是基于我国网络空间，源于我国网络实践，传承中华民族传统文化，吸收世界网络文化优秀成果，面向大众、服务人民，健康向上、具有中国气派、体现时代精神的网络文化，是社会主义先进文化的重要组成部分，是体现先进生产力发展要求和最广大人民根本利益的文化，理所当然地应当坚持社会主义先进文化前进方向，坚持为人民服务、为社会主义服务。"[37]

如果放弃了这个方向，任由亵渎社会主义思想道德、毒害人们心灵的错误思想和落后腐朽文化在网上大肆传播，就会导致人心涣散、思想混乱，给党和人民事业带来不可挽回的灾难。"物质贫穷不是社会主义，精神空虚也不是社会主义。"[38]因此，建设中国特色网络文化，任何时候、任何情况下，都不能动摇社会主义先进文化的前进方向。

其次，必须坚持发挥政府引导和市场配置作用，推进网络文化健康快速发展。

网络文化建设，既包括以公益性为基本属性的事业建设，又涉及以商业性为主要特征的产业发展，需要促进文化事业和文化产业共同发展。无论是网络文化的事业建设还是产业发展，都离不开政府引导。一方面，"网络文化具有鲜明的时代特征和意识形态属性。建设中国特色网络文化必须以社会主义核心价值体系为引领，才能确保网络文化的正确发展方向，才能确保网络文化建设的活力，才能增强网络文化的吸引力和感染力"。[39]另一方面，网络文化产业的发展，离不开市场配置作用。只有坚持市场导向，才能加快发展文化产业、推动文化产业成为国民经济支柱性产业。

六中全会提出，发展文化产业，是社会主义市场经济条件下满足人民多样化精神文化需求的重要途径。我们必须坚持把社会效益放在首位、社会效益和经济效益相统一，推动文化产业跨越式发展，为推动科学发展提供重要支撑。当务之急，则是构建现代文化产业体系，形成公有制为主体、多种所有制共同发展的文化产业格局，推进文化科技创新，扩大文化消费。

再次，必须坚持重视硬件和软件建设，健全网络文化建设的监管体系。

发展健康向上的网络文化，既需要强大的硬件支撑，也离不开先进的软件技术和软件产品，尤其是有待于数字内容的构建。在这方面，需要处理好投入与产出的相互关系，首先加大投入力度，做到"软硬兼施"，"两手抓，两手都要硬"，力争在优化投入的基础上，获得良好的产出与收益。

与此同时，要进一步健全网络文化建设的监管体系，尤其是建立和完善以网络视听监测评议为核心的监督管理机制，确保网络文化健康发展。

最后，必须坚持实施网络道德教育，不断提高公民的综合素质和政治参与能力。

网络文化传播的超时空特性，要求我们共同努力，确立一个"远距离道德体系"。

有学者认为，在传统社会中，道德规范体系主要以直接当下为适用范围，所涉及的大多是人与人之间的直接关系(例如亲缘关系、地缘关系、业缘关系等)，故可称"近距离道德"[40]。如果以这一视角观之，网络时代，受到网上行为人影响的"第三者"已经远远超越了传统的交往范围，有关行为主体与"第三者"之间，是一种以网络为中介的远距离的伦理关系。所以，新型的网络道德体系，需要从"远距离效应"着手创立。不能因为行为的不良影响远在天边就置之不理。例如，在媒介素养教育中，可以引导青年思考这样的问题：你的网上行为的影响范围有多大?[41]

在现实道德严重滑坡的当下，在网络问政蓬勃兴起的今天，强化内源性道德素养，对于坚持实施网络道德教育，不断提高公民的综合素质和政治参与能力，无疑具有重大的现实意义与深远的历史意义。

2. 把握五个"着力点"

第一，以提高主流文化传播能力为着力点，大力加强网络文化阵地建设。

由于网络文化传播的超时空性，网络热点在全国的传播大同小异。据一份调查资料显示，每日在各类主流网络媒体上传播的热点话题，有 60%是相同的。[42]

提高主流文化传播能力，需要进一步发挥主流网站的作用。包括中央和地方重点新闻网站和商业性综合门户网站在内的大中型网站，尤其要以社会主义核心价值体系为引领，以传播主流文化为己任。与此同时，还要发挥搜索引擎传播主流文化的重要作用，进一步办好各级政府网站，发挥政务微博等新兴传播形态服务社会的功用。

第二，以提高产品服务供给能力为着力点，大力加强网络文化内容建设。

从总体上来说，这些年来，网络文化产品与服务的供给能力有了很大的提高，较好地满足了广大网民的精神文化需求。但是，网络文化产品与服务落后于网民日益增长的网络文化需求的矛盾仍然存在并相当突出，网络文化内容建设的任务迫在眉睫。这也是大力加强网络文化建设的重要抓手。

第三，以提高网上舆论引导能力为着力点，大力加强网络文化队伍建设。

网络文化建设涉及许多方面，可谓千头万绪，但网上舆论引导，乃是异常重要的环节，尤其是重大突发事件和网络群体性事件的舆情信息监测与舆论导向把握，关系重大，只能做好，不能捅娄子。

第四，以提高依法管理能力为着力点，大力加强网络文化管理体制机制建设。

网络社会，应当是也只能是法治社会。从中央到地方均应提高依法管理能力。然而，目前，我国网络文化管理的体制、机制均不健全，无论是纵向的“条”还是横向的“快”，其间的关系远未理顺。期望在这方面能够有所突破，取得实质性进展。

第五，以提高网络空间治理能力为着力点，大力加强网络文化环境氛围建设。

网络空间治理能力，是网络文化建设的一大重要目标，也是检验实施四个“必须坚持”、把握五个“着力点”的实际效果的主要指标，必须落到实处，并按照六中全会有关“把文化改革发展成效纳入科学发展考核评价体系”的要求，切实加强和改进党对网络文化工作的领导。

第五节　网络文化传播的对立效应规律

当前，随着经济全球化的步伐不断加快，人类从非此即彼的二元对立时代，进入了一个多元共存的时代。人民日报副总编辑陈俊宏指出：“特别要看到，互联网作为思想文化信息的集散地和社会舆论的放大器，作为人们获取各种信息的重要渠道，它对人们思想认识产生的聚合效应、离散效应甚至对立效应越来越明显……”[43]由于我国正处于社会转型期，舆论多元化与尖锐化的现象相当突出。不同利益的政治诉求表达意愿不断增强，但现实中利益表达渠道又不通畅，从而将大量政治诉求表达渠道挤压至网络空间。这是当前我国网络对公众具有强大吸引力的根本原因。“网络传播中的一些特有效应使得社会矛盾在虚拟世界里进一步扩大，在社会大部分成员中产生共鸣，从而加剧了两个舆论场的分化乃至对立，削弱了社会公众对政府的认同感，降低了政府的公信力。”[44]

在互联网高度发达的今天，网络信息对人们日常生活的影响越来越广泛而深刻。网络信息传播的空前自由与社会控制相冲撞，形成了较为鲜明的对立性，给社会传播治理带来严峻挑战，因此，亟须研制合理有效的举措，实现网络文化传播的善治，以创新与改善整个社会管理。

一、对立效应及其规律性

说到对立效应规律，令人很自然地联想到对立统一规律。不过，一般人或许并不知道，对立统一规律，是由古希腊哲学家赫拉克利特(Heraclitus)首先提出的，他将其称为“对立面的混一学说”。赫拉克利特说，“他们不了解相反者如何相成。对立的力量可以造成和谐，正如弓之与琴一样”。赫拉克利特对于斗争的信仰，是同这种理论联系在一起的，因为在他看来，斗争中，对立面结合起来就产生运动，运动就是和谐。他指出，世界上有一种统一，但那是一种由分歧而得到的统一："结合物既是整个的，又不是整个的；既是聚合的，又是分开的；既是和谐的，又不是和谐的；从一切产生一，从一产生一切。"

（一）对立效应

所谓效应，有效果和作用两方面的内涵，主要指一种事物所产生或引起的反应与效果。从认知的角度理解，"当同一目标对象与不同的参照物对比时，人们往往会产生不同的印象或偏见"，这就是所谓对立效应（contrast effects）。[45]根据语言学家科斯顿（Colston）的观点，对立效应在许多不同的观念和认知领域都存在。对立效应既包含先入为主的首因效应或第一印象，也涉及参照效应、对比效应、视差效应、干扰效应，还牵涉偏见与误解等因素。例如，当人们被要求判断图 6-2 中 A 和 B 的中心圆圈之大小时，通常都会因为周围圆圈的大小而受到影响。

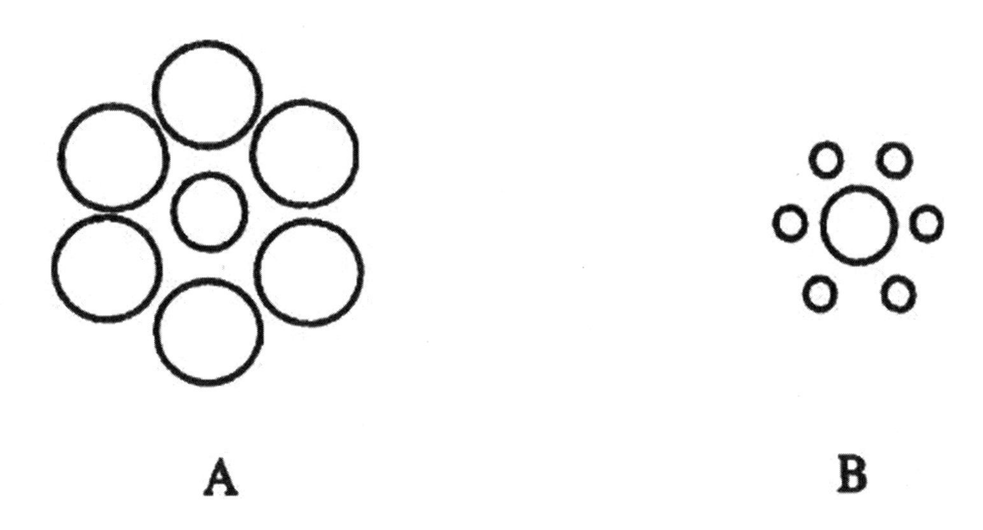

图 6-2　对立效应示例图

尽管 B 的中心圆圈和 A 的中心圆圈大小是一样的，但由于受到周围不同大小之圆圈的影响，人们通常会认为 A 的中心圆圈比 B 的中心圆圈更小。

（二）网络文化传播与对立效应规律

在网络文化传播中，对立效应规律可以概括为：互联网上不同立场、观点、意见之间的争论与对立，对网络舆论场的构成与发展所产生的带有可重复性因而可以验证的影响。小到论坛中网民群体对某一具体问题持不同意见的争论，大至一些特定公共事件中出现的广大网民与政府之间的政策性争议，都存在不同程度的对立效应，都有对立效应规律发挥作用。

实际上，受全球化的冲击，目前，社会各界的思想均出现了新的分化，人们对我国应对全球化而采取的外交政策、经济改革和政府改革的举措，经常发生认识、意见、态度的对立和争鸣。在网络上，则不时发生阶层对立事件。例如，以雅阁女、郭美美等为代表，她们宣扬仇穷、拜金、鄙视民工、鄙视穷人的人生观，并因此而挑动网民的神经，被视为

“网络公敌”。

案例 6-2 邓玉娇事件

2009年5月10日发生了湖北省恩施州巴东县野三关镇雄风宾馆的女服务员邓玉娇基于自卫目的，刺死、刺伤镇政府工作人员而引起全国轰动的“邓玉娇事件”。该事件发生之初，面对舆论广泛质疑，巴东县公安局三次通报案情均前后矛盾，非但没有平息事态，反而激起更强烈的舆论质疑。在事件发展中，当地部分基层干部视媒体为对立面，要么推诿塞责，避而不见；要么不负责任，胡言乱语，甚至发生了伤害记者的风波。这些，均造成当地政府与媒体之间严重的对立情绪，引发大量负面报道，错失了对舆论进行引导的最佳时机。19日，“天涯杂谈”发表《邓玉娇案，妇联怎么没有声音》的网帖，点击量超过242881个。随后，中国妇联在网站上发表声明，明确表示将关注邓玉娇案的进展，保护妇女儿童的合法权益。中国妇联的回复，再次引发网友支持邓玉娇的舆论。22日，人民网“强国论坛”与“天涯社区”等几大论坛的热点帖，主要围绕巴东警方意图毁灭证据和邓玉娇被捆绑在精神病床上的话题。相关话题的跟帖与回复，出现了明显的对立与极端情绪。《中国青年报》分析说，这种现象，说明邓玉娇事件“又让我们唤起了对一些官员贪污腐化、欺压底层民众的集体记忆”。可以说，官员阶层与老百姓阶层的分裂甚至对立，才是这个事件引发如此多热议的真正原因。邓玉娇案“被网民赋予了极强的象征意味——一边是拥有政治权力、性权力、金钱权力等强权的官僚，一边是被侮辱、被压迫、被剥削的底层民众。这种二元对立的图景植根于公众的潜意识中，且不断被现实证实”。

该事件是颇能反映网络文化传播对立效应规律的典型案例，由此可见，网络文化传播的对立效应，实质上是一种舆论冲突。这种冲突是一种公开的对抗性行为方式。冲突的产生，是由于个人或团体间的利益、意见和态度方面存在根本对立。冲突的正功能在于：由于社会存在一定程度的冲突，以及冲突的潜在力量，有可能使社会更好地调节不同群体、阶层之间的利益，各群体间经常地沟通意见，展开对话，避免矛盾的根本对立。冲突的负功能，则在于其破坏性。

在网络文化传播对立效应规律的作用中，网民互动聚合个体行为能量这一点，尤其值得注意。在很多网络文化事件中，我们都可以看到个体能量聚合起来后所产生的“聚变”效应。如一个网帖让“天价烟局长”周久耕锒铛入狱，一个网帖让武汉经济适用房“六连号事件”中造假公职人员被查处，一个网帖捅破了河北邯郸“特权车”这个久治不愈的脓包，一个网帖则踢开了内蒙古阿荣旗人民检察院检察长刘丽洁的“豪车门”……这个单子还可以开列得更长。这些最早经由网络展示出来的线索，通过广泛的网络转载和网民的持续关注而影响力“放大”，甚至倍增，形成强大的聚合压力，从而促使制度变革或具体问题获得解决，集中地反映了对立效应积极的方面。不过，有时，多数个体并非基于理性判断或社会责任来发出自己的声音，而是更多地基于个人的生活经验、信息环境和当下心境来表达个人诉求。这时网络暴力等就可能以强势者的形象出现。如近年来一些经网民舆情互动聚合后对法庭审判造成压力的“舆论审判”，还有一些以基层政府、城管、警方违法行政、野蛮执法、亏待百姓等为内容的网民诉求，上升为群体性事件，这些难免在客观上造成一定的破坏性。

构建和谐社会，离不开“和谐秩序”，而“和谐秩序”又与“和谐规则”相依共存。现代社会时刻在制造着“对立与统一”：失败与成功轮回、风险与机遇共生、守旧与创新相伴、困境与希望同在。既然存在种种“对立与统一”，就会产生种种矛盾，就会对安定有序的社会环境产生或利或弊的影响。我们的媒介传播，应当立足国情，进行建设性的舆论监督，报道“热点”而不增加热度，评论“难点”而不增加难度，根据适量、适宜的传播原则，介入矛盾而不超越职权，是其所当是，非其所当非，化消极因素为积极因素，尽力维护“和谐规则”、守望“和谐秩序”，提高社会和谐度。

（三）对立效应与网络炒作

毋庸讳言，网络文化传播中的对立效应，与“网络推手”以及“网络水军”的有意炒作不无关系。

在网络生活中，我们时常可能遭遇一些网络策划公司为了提高点击量而在幕后策划的网络事件，其中很突出的一种手法就是利用对立效应，即所谓“双簧炒作法”来吸引眼球。用炒作者的话来说，炒作只是表达一个观点，公众不可能只接受一个观点，所以需要不同的甚至完全相反的观点来对立；观点越对立，用词越尖锐，炒的火苗就越旺，引起的公众话题就越多，公众的参与兴致就越高昂，最终实现的炒作效果就越强烈。若新闻登出后热度不够，就安排所谓的正反观点“媒子”向媒体打电话，以此人为地制造“舆论高温”，让媒体关注此事，让社会公众注意，从而达到炒作目的。当然，网络策划公司为了达到商业目的而采取这种手段，在一定程度上也无可厚非。

不过，炒作的驱动力是为了吸引受众，达到一定的目的，而受众对网络炒作尤其是网络新闻炒作是否真的甘之如饴呢？我们注意到，新闻炒作和事件营销在媒体上的见光度越来越高，受众对此的兴趣却越来越低。由最初的好奇渐渐变得怀疑，继而抵触。受众面对网络炒作时，由其逆反心理起到了主动的抵制作用。受众的逆反心理，是指受众跟新闻本意相反的心理活动，是受众在接触媒体传播的信息时，抱着一种抵触的、反感的、甚至从反面接受的心理状态，表现出与新闻对立的思想感情，出现对新闻明显不信任的态度。其具体表现为：受众对媒体所报道内容的事实判断或价值判断，与媒体所持的观点正好相反；媒体在报道内容中所蕴涵或表现的情绪，不仅未被受众接受，反而激起受众反感；媒体希望受众采取某一行动，受众却反其道而行之。这种种逆反心理的表现之间，又往往是相互联系的。[46]

二、对立效应的破解与转化

罗素指出：“每一个社会都受着两种相对立的危险的威胁：一方面是由于过分讲纪律与尊重传统而产生的僵化，另一方面是由于个人主义与个人独立性的增长而使合作成为不可能，因而造成解体或者是对外来征服者的屈服。”[47]对于中国社会来说，如果说改革开放前主要受前一种危险威胁的话，那么，目前，后一种危险的威胁，则正日益明显。

清华大学新闻与传播学院副教授、中央电视台特约评论员周庆安认为，中国目前进入了一种舆论二元化的时代：一种是精英化的声音，一种是草根的声音；一种是网络的声音，一种是舞台上表演的声音等。[48]这种二元对立，不利于多元化声音的形成。在传播学视野中，这属于典型的双向不对称模式。作为一种双向传播的公共模式，它使用有战略意义的信息进行说服，但并不寻求一致或采纳对立的观点，也不意味着改变社会组织的行为。

笔者认为，对立效应的破解与转化，是实现网络文化传播从对立到对接的重要路径。

（一）端正对互联网的认识，发挥政府的主场优势

在认识上，要从把网络视为应对的敌手阵地，转变到把网络视为发挥政府主场优势的最佳园地。

中国人民大学教授陈力丹指出，网络这个新的社会信息通道，具有颠覆性的一面，但也是活跃思想的社会减压阀，尤其对中央遏制地方权力做大和制约某些基层无良官员，是相当有效的。[49]网络意见把民众的不满分散到一个又一个新闻事件当中，分散地释放了怨气，避免了把社会不满凝结在某个断裂带上。通过测量网络意见，政府能够较为准确地把握社会温度，一定程度上不是扩大而是减少危机事件。政府不能将自己置于网民的对立面，而要做他们的朋友。现在，网络的力量和影响已经渗透到日常生活中，企图让网络意见按照某种主观意图发展，达到既定的目的，首先自己的意见不宜扭逆网民总体意见的走向，不能采用类似中世纪书报检查的方式来达到治理的目的，否则，就可能人为造成某种不该有的虚拟世界的社会对立。

我们知道，只有在讨论中，探究者之间相互质疑，通过观点的对立及相互指出对方的逻辑矛盾，才能更好地引发探究者的认知冲突和自我反思，深化各自的认识。网络质疑的议题看似分散，实际上相对比较集中，都是社会矛盾的热点，如贪污腐败、贫富对立、漠视人性、环境恶化等。[50]

实践证明，网络舆情应对成功与否事关社会安全稳定、事关民心向悖、事关执政能力。习近平总书记强调，我们党过不了互联网这一关，就过不了长期执政这一关。要旗帜鲜明、毫不动摇坚持党管互联网，不断改革完善党对网信工作的领导方式、体制机制，加强网信领域党的建设，为网络强国建设提供有力保障。教育引导广大党员干部从我们党经受执政考验、巩固执政地位、提高执政能力的战略高度来认识互联网、运用互联网、发展互联网，不断提高对互联网规律的把握能力、对网络舆论的引导能力、对信息化发展的驾驭能力、对网络安全的保障能力。做好网络舆论引导，关键靠制度。党的十九届四中全会第一次把马克思主义在意识形态领域指导地位上升为一项根本制度，具有重大的现实意义和深远的历史意义。这就需要我们坚持和巩固党对网络舆论工作的领导，掌握主动权。

（二）承认文化多样性，允许不同观点自由表达

有学者指出，文化是需要多样性的，多样性并不只是一种观点的多种形式表达，比

如，同一种赞扬，有的通过跳舞，有的通过唱歌，有的通过画画，有的通过写书法等来表达，方式不同，其实赞扬都一样。我们所倡导的多样化，是不同的观点，对立的意见，也就是“意见”与“异见”。在网络传播中，应保证多样性的观点都“发声”，而不是用司法的手段去“消声”。[51]实际上，在一定条件下，争议、冲突具有保证社会连续性、减少对立两极产生的可能性、防止社会系统僵化、增强社会组织的适应性和促进社会整合等积极功能。

互联网政治的特征，在群体性事件中表现得尤其明显。社会心理失衡和对政府有关部门公信力的质疑，致使一些大的群体性事件中，绝大多数参与者与最初引发事件的原因并没有直接利益关系，往往只是为了发泄对一些长期积累的问题之不满。很多情况下，往往是麻木引发不满、拖怠贻误主动。本来可以讲得清的事情、解得开的矛盾，硬是被层层请示、迟迟未决、官僚迂腐而拖得民情不满、情绪对立。而且，很多时候，对立与争执只是情绪的问题，症结并不在事情本身。因此，在发生争执的时候，只要能够让对方的情绪缓和下来，绝大多数的争执自然就能迎刃而解了。

由于网络文化产业兴起时间不长，致使网络上的信息真假难辨，这就要求政府部门必须对网络文化产品和文化服务特别是网络视频技术实行严格监管，其中重要的一点就是完善相关法律法规。虽然相关部门已经在法律法规上对网络文化进行了监管，也出台了一些相关政策法规。但是当前相关法律法规还不健全，甚至有些领域还存在法律空白，导致一些违法分子打擦边球，钻法律的空子，使一些不健康的东西在网络上大肆宣传。因此，法律法规建设要跟得上网络文化产业快速发展的步伐，让违法经营者无空子可钻。

从根本上说，就是要建立合理的社会利益表达和博弈机制。唯有建立合理的社会利益表达和博弈机制，才能形成官民之间的制度化信任。

（三）依法管理网络文化，合理引导网络舆情

我国自颁布《中华人民共和国计算机信息管理安全保护条例》以来，先后颁布了《中华人民共和国计算机信息网络国际互联网管理暂行规定》《中国公众多媒体通信管理办法》《国际联网安全保护管理办法》和《互联网信息服务管理办法》等法律法规。这些在中国互联网不同发展阶段制定并颁布施行的法规条例，对于依法有效掌握网络管控权，起到了不容忽视的作用。但是，立法不等于法治的全部，政府在执行法律的同时，还应该考虑如何与时俱进，如何在充分尊重网络发展规律，止确引导舆论，弱化对立舆论的生成和传播。

就中国目前的网络大环境而言，可说其是新闻集散地、观点集散地和民声集散地，用“四面来风，八方来雨”形容各种论坛的喧闹景象，或许较为贴切。网络为舆论的表达提供了一个窗口，提高了人们参与社会生活的积极性，逐渐培养出人们自由思考与发言的习惯。因此，有人说“若然论坛泯灭了硝烟，就标志着论坛的没落，一团和气的争论是思想消亡的开端”。网上争论的产生，是必然的，也是有意义的。网民需要于网络的匿名环境中学会甄别和汲取一些有意义的观点，在网络论战中摒弃娱乐化和随波逐流的态度，真正表达心声，展现民意。

随着中国社会后现代特征日渐显现，中国网民对热点事件并未投入足够的思考。这些现象对网络文化管理提出了严峻挑战。权威机构应在权威媒体上发布权威信息，统一口径，以正视听；必须分级管理，坚持守土有责，不把矛盾简单上交；必须协同互动，在统一指挥协调下，相关部门各尽其责；必须源流并重，把网上引导与网下解决根源性实际问题结合起来。对涉及民生利益的热点问题，主动开展舆论引导；对公共突发事件的舆论引导，力求做到“尽早讲”“准确讲”“持续讲”，保持信息发布渠道畅通；对思想文化领域的思想引导，坚持尊重差异、包容多样的态度，冷静观察，辩证分析，区别对待，审时度势，正确把握，妥善应对。

第六节　网络文化传播的突变规律

在人们眼里，网络本是一个虚拟的世界。然而，近年来，频频发生的网络事件，尤其是各类突发事件，不时以迅雷不及掩耳之势，席卷虚拟世界与现实生活，不只引发网民们的一场场舆论狂欢，更牵动整个社会敏感的神经。

任何事件经过网络发酵，其结果往往难以预料。纵观形形色色的网络事件，虽然产生的原因和发展的状态与结果各不相同，但透过现象看本质，会发现一些规律性的东西：网络传播从小事件到大事件可发生突变。换句话说，网络舆论从热点到突发事件的演变过程中，往往呈现出高度相似的突变轨迹。

一、文化突变的一般法则与网络文化突变律

按照中国现代化战略研究课题组、中国科学院中国现代化研究中心《中国现代化报告 2009——文化现代化研究》的界定，文化变迁是人类文化的一切变化，包括文化的进步、倒退、进化、适应、渐变、突变、革命、运动、反动、波动、循环、转向和冲突等，没有时间与性质限制，其内涵包括文化知识、文化制度、文化观念、文化内容等的一切变化，其外延则涉及各种文化形式、文化设施、文化产业、文化生活等的一切变化。

（一）文化突变的一般法则

在人类社会演进史上，文化变迁大致以两种方式发生着，一种是渐进式变迁，一种是突变式变迁。社会文化学研究表明，文化的变迁与发展遵循“积累”“突变”“整合”三大法则。其中，突变法则也称“渐进积累和突变飞跃交替规律”，或“渐进与突变相结合的螺旋上升律”。

作为文化变迁的方式之一，“文化突变”(cultural mutations)，是指产生新文化结构的一种飞跃过程。文化变迁虽然在大多数状态下表现为量的积累，但是在一定社会发展阶段，结构性的剧烈突变，则会取而代之。有学者指出，不论是物质文化变化，还是精神文化变化，这种从积累到突变再到积累的发展，是一种规律。[56]不过，精神文化的突变，要比物质文化复杂得多，特别是文化价值体系的突变，更是如此。它不仅牵涉不同精神文化的内在价值及文化主体的价值判断，还牵涉非常复杂的社会历史情境与

情势。

文化突变的实现，离不开新文化创造的过程。每一次文化突变所产生的新文化，虽然较之旧文化是一个进步，也较旧文化更适合人们的需要，但是，任何新文化都并非完美无缺，从它产生的那天起，其内在结构和功能都存在着不合理性，都存在着自我相关的某些矛盾、错误和不足；人类创造了它，但是随着时间的推移，它却愈来愈可能成为束缚人类自身的东西，成为不能满足人类需要的东西。文化的这种自我相关的不合理性和矛盾性，被称为“文化悖论”。正是这种悖论，成为文化不断发展的内在动因。

（二）网络文化突变律

纵观这几年来的热门网络事件，网络文化传播的突变，还是有一定的规律可循的。

1. 波浪式推进

一些社会性事件经由网络的传播发酵，会牵动网民的情绪，逐渐演变为网络群体事件，引起网络舆论呈现出一浪高过一浪的发展态势。

作为网络流行语，“70 码”源于 2009 年 5 月 7 日杭州的一次交通事故。杭州警方在案发后的事故通报中称，案发时肇事车辆速度为“每小时 70 码左右”。此事引发争议，后来证实实际驾驶速度约为“120 码”。富家子弟撞死浙大高才生，引发众怒，网民纷纷指责有关部门庇护强势群体。在掺混了复杂情怀的“打酱油”“俯卧撑”“躲猫猫”等词句持续风传之际，“70 码”迅速成为一个新的顶级热词，在各大论坛流传开来，被用作民众对政府公众事件解释及处理不满的一种反讽。

2010 年 10 月 16 晚，在河北大学新区超市前，一辆黑色轿车将两名女生撞出数米远，造成一死一重伤。肇事者口出狂言：“有本事你们告去，我爸爸是李刚。”“我爸是李刚”，迅速成为继“70 码后”，又一开车肇事的网络热词。网民们开始发挥自身造句与作曲的强大热情。一时间，改编自小沈阳那首《我叫小沈阳》的新歌《我爸是李刚》在网络上疯传。

2011 年 5 月初，一条题为“大连又现‘李刚’：官二代光天化日打死交警”的帖子在网上热传，引发网民强烈关注。新华社“中国网事”记者经调查核实，帖中所反映的交警在执法过程中被殴打致死一事属实。

在该帖中，知情网民爆料说：5 月 1 日 11 时 30 分许，一辆白色轿车行至大连市富民路与马兰北街交汇处时，驾驶员不听从协警员的指挥，违规行驶，协警遂将其拦下。随后，司机下车对协警进行殴打，并欲强行逃离。民警史某见状，便上前试图制止其暴行，凶手竟连民警一同殴打。打过之后还不解气，竟给其父母打电话。父母带着打手赶到，直至史姓民警因多处受到重击而倒地，四人依旧没有停手。约 5 分钟后，增援民警赶来，但此时史某已出现心脏休克等症状，送到医院后经抢救无效壮烈殉职，年仅 32 岁。

这位网民爆料说：据了解，凶手的父亲为某地产商老板，其叔为某区公安分局副局长，其姑姑为市检察院的一位领导。后经警方查实，导致此案件发生的是驾驶人韩方奕，其同样涉案的父亲韩家敏是做土石方生意的商人；其叔叔确实为大连某区公安分局副局长，刚被提拔到现职不久，而其叔叔与被袭民警史英才的父亲还是同事关系；其姑是大连市检察院领导的可能性不大。

连续三年发生的这几起交通肇事案件所引发的网民舆论，一波比一波强，并都有着相似的状况。“70码”事件曝光后，网民们质疑和不满检测结果，要求重新测量驾驶速度，后证实为“120码”。这起“富二代”飙车案，又引发了权力机关的信任危机。“我爸是李刚”这一口号还走出国门，登上了国外一些大媒体的头条。官民之间的矛盾，在口号的流传中迅速升级。而“大连李刚门”事件，则首先由一条网络的帖子引起，网络媒体处于主导地位。肇事者身份是“富二代”加“官二代”，加之其情节特别恶劣，网民激愤的舆论铺天盖地。

社会分化是网络分化的现实基础，当前发展的不平衡性在网络文化中也呈现出来。网民们担忧社会行政、司法的缺失，造成弱势群体的权益无法保障，从而导致公平正义的沦丧。因此，网民们试图用自己的舆论影响司法审判，追求类似“杀人偿命”一样清晰明了的社会公道，同时也减轻自己存在于社会中的不安全感。

2. 抛物线式淡化

网络上有一些信息，会以私人的方式流传开来，在微博等自媒体上被不断转发，进而引起传统媒体的关注和报道，其中不乏一些虚假信息。普通网民核对信息的能力有限，谣言经过大量网络用户传播，就容易形成“三人成虎”的效应，使假的变成真的。但经过权威人士或机构核实以后，通过发布真实情况，虚假信息便逐渐消失。这一类的网络突变事件，就像抛物线一样，经过一个高潮，然后渐渐淡出人们的视线。

2010年12月6日下午，一条消息引发网上轩然大波：“金庸，1924年3月22日出生，因中脑炎合并胼胝体积水于2010年12月6日19点07分，在香港尖沙咀圣玛利亚医院去世。”不过，这次，经验颇为丰富的网友们并没有单纯跟风，而是纷纷提出疑问。凤凰卫视知名记者闾丘露薇在自己的微博上证实，该消息为假消息。她在微博中写道：“假消息，金庸昨天刚出席树仁大学荣誉博士颁授仪式。另外，香港没有这家医院，造谣者也太不专业。其实大家自己搜索一下就知道了。”

中国互联网协会常务副理事长高新民称，“微博的最大特点是人们可以随时随地在网上发布信息，随时随地获取感兴趣的或者关注的信息”。这说明，包括微博在内的“自媒体”，几乎使人人都握有发布信息的话语权，由于缺乏传统媒体的“把关人”，使制造谣言变得轻而易举，任何人随时随地都有发布虚假信息的可能。

3. 水波式扩散

所谓水波式扩散，指一些网络事件在发生之初，一石激起千层浪，随着时间的推移，则逐渐淡出人们的视线。当类似的事件再次发生时，网民们的关注程度，不会再如之前那么强烈，像扩散的水的波纹一样，越到外面，幅度越小，以致渐渐趋于平静。

例如，2008年年初的香港艺人“艳照门”事件，引发了一场网民的“偷窥”盛宴。

而对诸如2010年的车模兽兽的“艳照门”以及2011年韩国艺人秋瓷炫的个人写真在网上流传等类似事件，网民们不再睁大好奇的目光去窥视，而是从道德角度评判其个人行为，并以质疑的心态揭露其背后商业炒作的本质，然后见怪不怪。

由上可见，面对网络突变事件，首先要正视网络传播的力量，理解网民心态，增强网民的媒介素养，提高其辨别信息真伪的能力。

其次，要提升媒体公信力，发挥舆论引导功能。传统媒体应建立突发事件报道的预警机制，及时跟进事态的发展，全面客观地报道事件真相。

最后，要强化公权力机关的相关职能。媒体不是权力机关，虽然媒体有监督社会的功能，但所谓的“第四权利”只是一个比喻，只是一种社会精神力量的体现。媒体只能通过报道客观事实形成无形的压力来影响报道客体，并不具有行政和司法当局所具有的落实和执行的能力。[57]

二、网络舆情的突变及其应对

网络传播的突变性，明显区别于传统媒体传播的突变性。在我国，对传统媒体的采、编、校、印、发（播）等环节都有严格的规定，新闻的采集发布和舆论引导都有“把关人”，这使得舆论引导可以按照预定的方向发展。而以网络为核心的新媒体，通过不停地寻找“兴奋点”以引起网民的关注，社会矛盾往往成为网络上最抢眼的话题。这个传播过程不可控，无法准确预测和把握传播结果，无法评估这种传播带来的社会影响。“新媒体时代舆论传播的这种突变性特征，已经引起相关部门的高度重视。”[58]

（一）网络舆情突变的具体表征

1. 涨落与突变同现

网络舆情中存在涨落和突变[59]。涨落通常指系统的各要素围绕某个“阈值”时刻处于起伏的动态变化之中，从而启动非线性的相互作用，使系统发生质的变化，跃迁到一个新的稳定有序状态。如果在涨落过程中不断施加能量，使各要素偏移平衡态的距离不断加大，达到某个“临界点”，通过相干效应，就会形成“巨涨落”，迅速把不稳定状态推进到一个新的有序的稳定状态。这种能量，在网络舆情中，首先是来自公共事件本身所包含的刺激性信息的不断输入，其次则源于传统媒体或权威人士所发表的有影响力的报道或言论。由此，在这些相干效应的作用下，舆情涨落就会被放大，并有可能形成突变和“巨涨落”，舆情系统就可能由原来纷杂、无序的状态转向有序的状态，形成一种或几种主导性意见分支，每一个分支都意味着一种可能形成的新的稳定结构。

突变，则指网络舆情来得快，变化也快，情绪化突出。一件看似不大的事情，往往很快就会弄得满网风雨。网上热点不仅数量越来越多、涵盖面越来越广，而且燃点越来越低、转换越来越快，往往一个热点尚未平息，另一个甚至几个热点就又形成了。同时，由于互联网的匿名性，网民意见表达的非理性特点十分突出。据有关部门的网上舆情分析，网民往往不分青红皂白，“逢官必贬”“遇富即骂”[60]。

2. 传言杀伤力增强

自有人类社会开始,传言就作为一种社会现象出现了。当社会危机产生、环境发生突变时,有的传言可能借风使力,破坏一个社会赖以存在的根基。当前,以网络为代表的通信技术,使传言的交流和传播更加迅捷,破坏力更大。可以说,传播手段突变,极大地增强了传言的杀伤力。诚如清华大学新闻与传播学院教授崔保国所言:"传言还是传言,关键在于传播手段发生了质的突变。"[61]网络、手机等便捷通信手段,使传言具备了前所未有的传播速度和广度,因而也来得更加迅猛。有鉴于此,我们必须时刻关注舆情,积极稳妥地做好辟谣工作,维护社会稳定。[62]而辟谣成功与否,则直接取决于政府的公信力。

(二)网络舆情突变的应对举措

应对网络舆情突变,需要分析重大突发事件的特征,以掌握网络舆情的触发机制。这方面的研究,离不开从现象入手,深入本质。爆发突然、危害巨大、紧迫决策、无法预测和影响力强,是构成重大突发事件的五个最为基本的特征;具备了这些特征的事件,就具备了引发网络舆情突变的极大可能性。

根据突变理论可知,突发事件的发生,主要是能量聚积造成平衡状态势函数发生突变。在突发事件发生阶段,应对工作的主要任务,是避免突发事件发生,或者延缓突发事件发生的时间、减轻突发事件发生的烈度,或者选择相对有利的发生与发展方向。

1. 训练直觉思维

应对网络舆情突变,除需要正常思维外,还需要运用反常思维或思维形式的反常性。思维形式的反常性,经常体现为思维发展的突变性、跨越性或逻辑的中断。这是因为,创新思维主要不是对现有概念、知识的循环渐进的逻辑推理的结果和过程,而是依靠灵感、直觉或顿悟等非逻辑思维形式。

直觉思维,是指不受某种固定的逻辑规则约束而直接领悟事物本质的一种思维形式。其特点表现为认识发生的突发性、认识过程的突变性和认识成果的突破性。

直觉对于新出现的现象或事物,能未经严密的逻辑程序,而直接地认识其内在本质或规律,是一种认识过程的突变、升华。当然,直觉必须以丰富的知识和经验为基础。

训练直觉思维,就是要在应对网络舆情突变的过程中,运用反常思维或思维形式的反常性,对网络舆情作出迅速而果断的研判,以便积极应对,做到既能在突变发生前力争防微杜渐,更能在突变发生后不失时机转危为安。

2. 应用极限方法

极限法,本是利用物理的某些临界条件来处理物理问题的一种方法,也叫临界(或边界)条件法。在一些物理的运动状态变化过程中,往往达到某个特定的状态(临界状态)时,有关的物理量将要发生突变,这种状态叫临界状态。如果问题中出现"最大、最小、至少、恰好、满足什么条件"等一类词语时,一般都有临界状态,可以利用临界条件值作为解决问题思路的起点,设法找出临界值,再作分析讨论,以便得出结果。极限法是一种很有用的思考途径,其关键在于抓住临界条件,准确地分析网络舆情过程。

这就需要在应对网络舆情的过程中,分析具体的临界状态,确定相关的临界值,并尽可能找到解决相关问题的条件，将网络舆情危机转化为推动具体问题解决、促进经济社会进步、实现稳定和谐的良好机遇。

3. 疏解社会情绪

社会应提供相应的释放机制，使人们的不满情绪能够在不产生副作用或副作用相对较小的前提下及时得到宣泄。舆论尤其是网络舆论，就是这样一种维护社会安全运行的“消气孔”和“安全阀”。

借助舆论特别是网络舆论，人们揭发各种社会矛盾，表达对不公正现象的不满情绪，敦促有关方面作出积极回应。社会中集聚起来的不满情绪，可以因此找到一个合法的宣泄渠道，民众的不满和怨怒情绪得以及时排解、释放，可以有效避免社会系统因遭遇强力冲击而失衡、突变甚至垮塌，从而维护整个社会的稳定。

4. 避免陷入误区

从根本上说，应对网络舆情突变，应在建构社会主义核心价值体系的认同上下工夫。有学者指出，社会主义核心价值体系认同的建构，在内容上要讲究层次性、差异性；在形式上要注意不稳定性、突变性；在方式上要与人民群众的实际利益相结合，避免空谈；在环境上要优化认同环境，坚持一元引领多元，最大限度形成共识。[64]针对社会主义核心价值体系认同建构在形式上的不稳定性、突变性，要注意避免陷入相关的误区。

首先，警惕“内卷化”现象。“内卷化”，是社会科学领域的一个重要概念，指一个社会或组织既没有突变式的发展，也没有渐进式的增长，而是处于一种不断内卷、自我复制与精细化的状态。包括应对网络舆情突变在内的社会管理“内卷化”的危害性相当大，应当引起关注。[65]正确的态度，就是要坚持科学发展观，转变社会管理方式，从源头上杜绝社会管理的失范行为。只有用实际行动赢得人民群众的信任与支持，才能不辜负人民群众对党和政府加强与创新社会管理的期待。

其次，慎提“突变”与“拐点”。一个社会的发展，既需要动力机制，又需要平衡机制。缺乏动力机制，社会就会停滞不前；没有平衡机制，社会就会倾覆。[66]因此，应对网络舆情突变，既要应用动力机制，又要启动平衡机制。社会的发展，有其不可逾越的规律性、过程性。因此，非理性地追求和鼓吹没有逻辑根据的“裂变”“突变”“戏剧性拐点”或“跨越式发展”，往往会受到规律的惩罚，事与愿违，欲速不达，加大发展的社会成本。因此，应对网络舆情突变要讲究辩证法，讲究哲学思维，要使应对具有哲学的品格。在应对网络舆情突变的过程中，既要高扬理想，又不能超越现实；既要充满激情，又要不失理性。

本章小结

本章主要分析网络文化传播的互动性规律、权威性规律、非线性规律、超时空规律、对立效应规律和突变规律。第一，互动性规律。在不同于现实互动的虚拟空间环境下，网络交往方式与行为会对互动双方及他人产生影响和作用，这一新的网络互动视角进一步丰富了网络互动的研究内容。第二，权威性规律。网络文化传播呈现“超权威性”。

在这个"大众麦克风"时代,平等交流的含义得到了新的诠释,网络传播的公信力和权威性也在不断提高。第三,非线性规律。当前,网络信息也向着多方向发展,呈现出非线性、多方向的发展趋向。而信息传播的脉络并非一般意义上的规律性。第四,超时空规律。网络文化的传播弥合时间长度,消除空间距离,具有两大特性:信息传播的时空跨越、文化形态的高速运动和更替。遵循超时空传播规律尤为重要。第五,对立效应规律。网络信息传播的空前自由与社会控制相冲撞,形成了较为鲜明的对立性,也折射出现实社会矛盾冲突。破解与转化对立效应,是发挥媒介的社会弥合功能的大课题。第六,突变规律。网络传播从小事件到大事件可发生突变。应对网络舆情需要分析重大突发事件的特征,以掌握网络舆情的触发机制,及时作出正确的应对举措。

思考与练习

1. 如何提高网络文化传播的权威性?
2. 非线性传播在网络文化传播中有哪些具体体现?
3. 遵循超时空传播规律,谈一谈如何发展健康向上的网络文化。
4. 应对网络舆情突变时,应该做出哪些应对举措?

参考文献

[1] 曲青山.进一步加强网络文化建设和管理[J].理论前沿,2009(9).
[2] 高波.政府传播论——社会核心信息体系与改革开放新路径[M].北京:中国传媒大学出版社,2008:255.
[3] 林英泽,王烨.从传播过程中的基本要素看网络新闻宣传规律[J].新闻出版交流,2001(6).
[4] 孟威.网络文化走势与和谐社会人文精神的传播[J].科学新闻,2007(24).
[5] 詹新惠.网络论坛的价值及其发展趋向[J/OL].[2011-1-30].http://media.people.com.cn/GB/22100/213308/213309/13851783.html
[6] 张晗.浅析微博时代网络舆论的特点及传播规律[J].新闻世界,2011(4).
[7] 刘建新.网络群体性事件内涵、特性及其防治[J].浙江传媒学院学报,2011(1).
[8] 聂辰席.新媒体条件下提高执政能力的对策思考[R/OL].中国改革论坛网(2011-5-27).http://www.chinareform.org.cn/gov/service/Practice/201105/t20110528_111574.htm
[9] 林凌.以社会主义核心价值体系引领网络文化发展[N].人民日报,2010-7-28.
[10] "媒体QQ"为传统媒体提供沟通互动新方式[N].网络导报,2009-11-9.
[11] 邹智贤.论信息网络化环境下的文化传播[J].求索,2002(1).
[12] 双传学.《网络文化与高校德育工作》[J],扬州大学学报,2000(2).
[13] 吴克明.网络文化视角下党的执政能力建设[J].当代世界与社会主义,2009(1).
[14] 郭奔胜,季明,代群,黄豁.网络群体性新闻事件点击率达百万干部不适应[J].瞭望新闻周刊 2009(2).
[15] 郭海燕.突发性危机事件中网络媒体对外传播研究——以大陆主要英文新闻网站的"7·5"事件专题报道为例[D/OL].[2009-12-16].http://media.people.com.cn/GB/22114/150608/150621/10595629.html
[16] 周华.传媒界人士谈媒体社会责任[N].光明日报,2010-5-18.

[17] 高钢.提高网络新闻传播影响力的策略探讨[EB/OL].[2004-4-22]. http://www.people.com.cn/GB/14677/21963/22062/2462085.html
[18] 戴和根,何开长,宋欣,李刚.创新社会管理 健全网上舆论引导机制[N].学习时报,2011-5-9.
[19] 林敏,严勤.网络媒体在灾害性事件报道中的作用[J].网络传播,2008(1).
[20] 顾明毅,周忍伟.网络舆情及社会性网络信息传播模式[J].新闻与传播研究,2009(5).
[21] 崔耀中.论互联网与"舆论引导新格局"[N].北京日报,2008-11-16.
[22] 范正青.互联网与舆情管理[EB/OL].[2011-10-14]. http://blog.sina.com.cn/s/blog_76d88bf90100v41b.html
[23] 郭庆光.传播学教程[M].北京.中国人民大学出版社,1999:209.
[24] 高胜宁.网络意见领袖沟通法则[J].国际公关,2010(1).
[25] 马克·利维.信息传播与交流的未来发展[J].新闻与传播研究,1997(1).
[26] 田野.《规定》出台与网络视频监管[N].中国新闻出版报,2008-1-17.
[27] 阚道远.微博兴起视野下的思想政治工作[J].思想政治工作研究,2011(5).
[28] 谭扬芳.高度关注网络媒体在群体性事件中的影响[J].红旗文稿,2011(4).
[29] 张东辉.政府网络新闻发言人的角色定位[J].青年记者,2010.
[30] 贾举.对网络舆情有序化控制和引导的思考[EB/OL].人民网,(2008-12-1). http://media.people.com.cn/GB/22114/44110/113772/8439120.html
[31] 罗雪."去中心化"传播与舆论形成机制[J].北京电力高等专科学校学报,2010(10).
[32] 赵志立.网络文本的互文特征及意义[J].成都大学学报(社科版),2006(5).
[33] 梅琼林,袁光锋."用时间消灭空间":电子媒介时代的速度文化[J].现代传播,2007(3).
[34] 钟志凌.网络思潮的传播规律与合理性调控研究[J].学术论坛,2010(4).
[35] 中共青岛市委宣传部.积极提升新兴媒体的舆论引导能力[J].理论学习,2011(2).
[36] 以理论指导推动网络文化与网络民主健康有序发展——惠州市网络文化与网络民主理论研讨会综述,惠州政协网站.
[37] 王晨.大力建设中国特色网络文化[N].光明日报,2010-6-17.
[38] 赵涛.解读十七届六中全会:文化产业将成新增长点[N].瞭望,2011-10-22.
[39] 王晨.大力建设中国特色网络文化[N].光明日报,2010-6-17.
[40] 刘大椿,段伟文.科技时代伦理问题的新向度[J].新视野,2000(1).
[41] 杨鹏.网络文化与青年[M].北京:清华大学出版社,2006:178.
[42] 邱璇.地方新闻网站的本地化传播[J].网络传播,2011(8).
[43] 谢金林.网络舆论危机,政府如何走出困境?[J].紫光阁,2011(9).
[44] 张广颖.从认知的角度理解反讽语言的语用效力——对立效应对语用功能的影响[D].山东:山东大学硕士论文,2007.
[45] 陶伏平,雷珊.从受众逆反心理看新闻炒作[J].湖南大众传媒职业技术学院学报,2008(2).
[46] 罗素.西方哲学史(上卷)[M].北京:商务印书馆,1981:23.
[47] 赵振宇,焦俊波.社会转型中的新闻评论——"新世纪第四届新闻评论高层论坛"综述[J].新闻记者,2011(9).
[48] 陈力丹.谈谈网络管理的几个基本理念[J].现代传播,2010(4).
[49] 黄志申.对"网络质疑"的理性探析[J].新闻爱好者,2010(9)(下半月).
[50] 流行语记录社会的发展变化[N].社会科学报,2009-12-30.

[51] 易炼红. 积极对待网络舆情，加强党的执政能力——关于网络舆情的调查与思考[EB'OL]. 红网，(2010-12-1)[2012-8-7]. http://hn. rednet. cn/c/2010/12/01/2124990_1. htm
[52] 吴晓明. 群体性事件中的自媒体作用考察[J]. 江海学刊，2009(6).
[53] 裴钰. 应宽容面对文化理念之争[N]. 新京报，2009-3-5.
[54] 李幼平. 无尺度现象引发的思考——文化传播对网络的反作用[J]. 中国传媒科技，2005(2).
[55] 司马云杰，陆学艺. 文化社会学[M]. 北京：中国社会科学出版社，2001：88.
[56] 陈力丹，陈雷."媒治"理念不成立[J]. 新闻记者，2011(2).
[57] 覃进，向芳. 新媒体时代的舆论特征与产业前景[J]. 中国报业，2011(9).
[58] 贾举. 对网络舆情有序化控制和引导的思考[EB/OL]. 人民网，(2008-12-1)[2010-6-28]. http://media. people. com. cn/GB/137684/8439549. html
[59] 荣华. 网络舆论：深化认知和正确引导[J]. 中国党政干部论坛，2011(5).
[60] 信息化时代遭遇"传言危机"[N]. 闽南日报，2008-10-29.
[61] 谢志强. 政府公信力"亚健康"与辟谣难题[J]. 人民论坛，2011(4).
[62] 赵强. 中国国家舆论安全研究[EB/OL]. 人民网，(2009-5-31)[2013-5-2]. http://theory. people. com. cn/GB/49154/49156/9382180. html
[63] 社会主义核心价值体系认同研究述评[J]. 鞍山师范学院学报，2011(3).
[64] 蔡辉明. 警惕社会管理中的"内卷化"现象[N]. 学习时报，2011-8-22.
[65] 张振华. 新闻评论在打造思想媒体中的作用[J]. 新闻前哨，2011(1).

第七章　网络文化批判

学习目标

1. 了解网络文化的后现代意蕴。
2. 了解现代网络文化对人和社会的影响。
3. 了解网络文化的媒介文化学批判。

网络空间是一种技术—文化现象。从建构理论的角度来看，则是一个社会文化建构技术与技术型塑社会文化的并行互动过程。[1]简言之，网络空间如何发展、虚拟生活如何进行，取决于相关利益群体的选择。网际存在由电子书写建构，网际交流完全依赖于语言的沟通，但由语言和符号的交流到建构具有批判和反思性向度的文化，还是有很长距离的。建构批判和反思性文化，关键是要有批判和反思的态度，而大多数人宁愿选择没有深度的无反思的生活。因此，迫切需要有人思考"如何选择一种更好的虚拟生活"，以引发普遍的关注和讨论。

在网络时代，建构批判和反思性文化的核心任务，就是对网络文化本身进行批判和反思。显然，这种批判和反思，应以大众为本位。故其主要任务不是去代替大众思考，而是让人们自己去批判和反思虚拟生活。因此，在此过程中，不应以立法者的立场去为大众规定何为积极的虚拟生活，而只能以阐释者的态度，说明自己的诠释及前提。这样的诠释，本身并不重要，重要的是它的"去蔽"功能，也就是使人们看到，原本只是不假思索地接受的诸多生活安排，确有值得思考的地方。

批判和反思性文化的功能是减少网络知识权力结构对微观生活的压制。这种压制，往往通过调动自我欲望，使自我不能自拔，系一种尤为隐蔽的控制方式，而最终的受益者，则是知识权力结构中的优势群体。因此笔者坚持认为，需要一种使人们能对此有所领悟的"去蔽"，即揭示其背后的价值取向、利益分配和权力格局。倘若文化建构能获得这样的功效，就足够了。

批判和反思性的文化建构，有时候也需要某种程度上的集体行动。一般来讲，作为文化运动的集体行动，是象征性的，以意愿的表达为主要诉求。这种集体行动，一般是自愿的和有限目标的。其形式，自然也大多是非暴力的。在集体行动中，如何明晰地表达立场，无疑尤为重要。只有明晰地表达意愿，才可能使知识权力结构作出象征性的妥协；同时，也才能够使人们清醒地认识到，知识权力结构所能作出的妥协，是有限的。

进一步而言，批判和反思性的文化建构，为微观生活政治的展开，铺平了道路。当人们通过反思和批判，理解网络知识权力结构的真相时，就形成了一种无形的力量。它会促使网络知识权力结构改进其宰制方式，人们则进入新一轮的批判和反思活动中。简言之，公众与网络知识权力结构是一种“生态”关系下展开的进化序列，两者间存在一种文化共生关系。

第一节 网络文化的现象学批判

现象学(phenomenology)，是20世纪在西方流行的一种哲学思潮。狭义的现象学，指20世纪西方哲学中，德国哲学家E.胡塞尔(E. Husserl)所创立的哲学流派或重要学派。其学说，主要由胡塞尔本人及其早期追随者的哲学理论所构成。广义的现象学，首先指这种哲学思潮，其内容除胡塞尔哲学外，还包括直接和间接受其影响而产生的种种哲学理论，以及20世纪西方人文学科中所运用的现象学原则和方法的体系。

现象学不是一套内容固定的学说，而是一种通过“直接的认识”描述现象的研究方法。它所说的现象，既不是客观事物的表象，亦非客观存在的经验事实或马赫主义的“感觉材料”，而是一种不同于任何心理经验的“纯粹意识内的存有”。

如何探求文化的本质呢？复旦大学教授孟建认为，可以借鉴现象学大师胡塞尔“本质还原”的方法。[2]在胡塞尔看来，所谓本质(eidos)，是事物一般的、共相的东西，但它不是像现象主义者所认为的那样是在现象背后的东西，更不是柏拉图式的超越个别事物的理念，而是直接地呈现在人的意识中，也就是人所认识的现象中，“本质是现象中的稳定的、一般的、变中之不变的东西，也就是所谓诸变体间不变的常项”，这正是现象学方法研究文化的意义所在。

文化即是人化。任何文化的内涵，都体现着人的力量，是人主观能动性的产物，是人思维意识的结果。从这个角度来看，对意识的反思恰恰有可能达到对文化本质的认知。

对意识的反思，也就是胡塞尔所说的“本质的还原”，即通过反思自己的主观意识获得事物本质的方法，具体落到实处，就是“自由想象的变换”，亦即在反省自己的主观意识的过程中，可以通过自由想象，用增减法变换各种例子，在这些例子中找出现象背后的“常项”，也就是本质。

按照这种现象学研究方法的逻辑，对网络本质的探索，来自对一些网络实例(现象)的探索，进而寻找这些实例背后的常项，也就是本质。

网络文化的本质特征，就表现在客观对应物的后面，反映在“对应”这样一种行为和状态中，即其对真实世界的克隆、仿拟，乃至于按照人在现实生活中的需求另造一个虚拟的世界，简而言之，就是虚拟性。无论是网民还是虚拟社区，无论是聊天还是购物，任何网络行为和网络产物，都无法摆脱这一本质特征的约束。虚拟性，正是网络文化诸现象背后的“常项”。

一、网络文化的后现代意蕴

科学家说，农业社会的基础是农民；工业社会的基础是市民；信息社会的基础是网民。

2006年年底，美国《时代》周刊将2006年度人物评给了那些上网的“你”。《时代》说，正是千千万万个网民浏览网站，创建博客、视频共享网站和交友网站，才使网络信息呈现爆炸性增长，推动传媒进入大众时代。

在虚拟的网络世界中，网民日益成为网络的主人。但这虚拟的世界，并非与现实世界毫不搭界。网民们的喜好、关注点，不但影响着娱乐圈、提供着巨大的商机，而且影响着政府部门的执政方式甚或决策。不但一个个营利模式因网络而生，博客、微博、社交网站、论坛、社区这些地方聚集着众多的网民，而且民意调查、“政府上网工程”、学生报考、信息查询等这些关系国计民生的事项，都能通过网络得以实施。网络以其巨大的互动性和影响力，演变成现实生活的一部分。

网络正以其莫大的影响力，改变着人们的生活，成为许多人生活中不可分割的一部分。这里既是巨大的信息库，也是休闲的乐园；既有一般公民的空间，也有政府、单位的平台；无论是查找新闻的人、搜索资料的人，还是打发时间的人、寻找刺激的人，在网络平台上，都可以得到满足。在许多人看来，网络已成为万能的化身。

(一) 网络文化的后现代性表征之一——狂欢

我们可以发现，网络文化的主要特征，与20世纪60年代米哈伊尔·巴赫金(M. Baxtnh)所提出的“狂欢文化”，有许多奇妙的契合之处。“对话”“众声喧哗”“狂欢”“未完成性”等巴赫金的理论术语，极具后现代特色。而这些特色，也正是网络文化的突出表征。[3]

1. 狂欢文化的全民性、参与性。

狂欢节是民间性的活动，巴赫金认为“人们不是袖手旁观，而是生活在其中，而且是所有的人都生活在其中，因为从其观念上说，它是全民”。这一特色，也同样适合于互联网。网络文化是平等参与的平民文化，只要具备上网的硬件设施，用户就可以参与其中。任何一个网络行者，都可以通过在论坛中发帖和回帖，实现交流、沟通、表达和宣泄之目的。

2. 狂欢文化中的个体是平等的，权威性被消解。

在狂欢节中，那些曾经决定和支配着日常生活的秩序、法令和限制，统统失去了作用。在整个过程中，没有平民与贵族之分。在网络中，每个主体之间也是平等的。处于边缘和弱势群体的人，同样有说话的权利。正如《虚拟认识论》一书所写：“因特网的出现和发展，尤其是它的无中心化趋势的日益加强，削弱了传统社会的文化和信息垄断的局面，行政官员、精英人物都将与平民百姓在信息传播和接受加工的过程中处于平等的地位。”

3. 狂欢文化的表现形态是多元的、自由的。

巴赫金认为，狂欢文化的基本表现形态是诙谐和笑，“它是狂欢的，狂喜的，同时也是冷嘲热讽的，它既肯定，又否定，既埋葬，又再生”。狂欢文化这种诙谐和笑，与网络文化的潜意识是一致的。没有禁忌、没有限制、随心所欲，这正是网络行者们想要达到的境界。而这种追求，也必然决定了网络文化形态多元化、表达方式自由化的后现代特性。网络上流行的《第一次亲密接触》《悟空传》等文学作品，都很明显地表现出这一特色。

从网络文化与狂欢文化的比较中，可以看出，网络是滋生后现代理念的绝佳场所，它使人们可以自由地徜徉其间。多元、反传统、开放和自由的后现代特性，在网络文化中表现得淋漓尽致。

（二）网络文化的后现代性表征之二——仿像

20世纪80年代，后现代的理论大师让·波德里亚（Jean Baudrillard）针对当时社会影像技术的广泛应用，进行了一系列有关当代文化中影像文化的开创性研究，提出了“仿像”理论。尽管这些理论产生于20世纪七八十年代，当时互联网还处于萌芽状态，但似乎是在预言互联网文化的后现代景观。波德里亚认为，仿像和传统意义上的模仿，是截然不同的两个概念。任何模仿，都是有现实基础的，而仿像则是没有现实基础的。这是利用符号生造出来的一个现实，而且是比现实还要真实的基础，也就是所谓的“超现实”。波德里亚这样写道：“与任何现实无关，无论是什么现实，它不过是自己纯粹的仿像。”理论家弗雷德里克·詹姆逊（Fredric Jaineson）也写道：“摹本就是对原作的模仿……仿像是那些没有原本的东西的摹本。”[4]

与波德里亚的“仿像”理论相比，网络文化则大大地拓展了仿像理论的内涵，不仅具有了仿像的逻辑，而且还突破了“像”的限制。说网络文化具有仿像的逻辑，是因为在网络中，它同仿像一样，也营造了一个与真实社会无关，但比真实社会感觉还要真实的“超现实”。例如，在《魔兽》《征途》《星际家园》等网络游戏中，开发者把游戏的世界设计得似乎比现实世界还要丰富得多。游走于游戏世界中，使人获得一种自我认同和满足感。在这一点上，网络的超现实，似乎可能取代现实世界。

网络文化虽然具有仿像的逻辑，但在传播方式上，比起“仿像”又有所突破。它并非单纯依靠图像，而是使用了包括图像、文字和语言等多媒体的符号传播方式。在QQ聊天中，我们经常会看到这样一些网络用语和符号：MM（妹妹）、==（等等）、汗（表示尴尬），还有用^O^表示笑脸、＜@—@＞表示醉了等。这些特定的用语和符号，就像穿行于互联网的特殊交通工具，使用的人都能够心领神会。此外，还有图像的扫描和传递技术、音频技术的应用，使得人们在网上的交流变得更加流畅。透过这些网络特有的传播方式，我们可以看到后现代的文化特征：“颠倒文化的原有定义，反对传统标准文化的各种创作原则，扬弃传统的语音、意义系统和道德原则，走向零散化、边缘化、平面化、无深度，通过种种炫目的符号、色彩和光的组合去构建使人唤不起原物的幻象和影像，满足感觉的直接需要。”[5]

可以说，互联网正将我们带入一个“后仿像的时代”。在这个时代，符号世界和现实世界进一步分离。依靠符号，而不依靠现实而且超越现实，这正是网络文化后现代内涵的主体体现。

二、从"艳照门"事件看私人领域公共化

案例 7-1　艳照门风波

2008 年 2 月，最惹火的事件莫过于香港艺人的"艳照门"。当事双方反复较量，加上一些好事者的热捧，"艳照门"事件得以连续 14 天居于香港媒体头条，并吸引了大陆无数网友的关注。在全球华人最大社区天涯论坛上，艳照帖子的点击率最终被推到了三千多万。当这些不雅照片在网络上每日更新、不断传播的时候，警方却难以查出发布者是谁，人在哪里。在事件愈演愈烈之后，警方确实抓了一些人，但这对于查处整个"艳照门"的网络传播参与者来说，作用微乎其微，绝大多数人还在监管之外。

2008 年，"艳照门"事件曾经轰动一时。如今，该事件虽然早已冷却平静，可它带来的问题，却远未解决，而且这些问题，全都触及了当前中国社会的脉搏，十分值得大家深思。从私人信息的公开化、网络世界对既存私人隐私的挑战，到媒体塑造公共议题的能力等，都是值得探讨的重要课题。

具有排他性、独占性、竞争性的私人领域，维持着广泛的社会关系，其秩序要求出于个体的安排。但是，由于媒网(mediatrix)的覆盖，把私人领域演化为公共注目下的社会产品。荣格的"面具"理论，造成"虚拟"世界的角色演绎：不同性格、不同爱好、不同企图的主体，在无法判别对话人具体身份时，交流变得幻想与真实交融。行为角色人身份的"多重认定"，任何情境下的"再适"和"遮蔽"，都是正常的网络行为：深爱的情人可能是公开的死敌，至交的好友可能是智能的机器，秘密的联系瞬间成为新闻热点，私下的交易顷刻作为市井话题。"私人领域公共化，造成单个人的惶恐和群体的混乱，增加了社会管理的成本。"[6]

(一)"非确定性风险社会"

加强党对网络意识形态的领导权是党领导一切的内在要求，同时因为网民表达的多向度、分散化和不可控性，形成了一个"非确定性风险社会"。[7]

哈贝马斯所说的传统公共领域，不过是欧洲沙龙和书刊报纸之类的舆论空间。现在很多人幻想网络文化造就的就是最理想的"媒体公共领域"。其实，网络文化已经打破了传统公共领域的原旨——公共领域由汇集成公众的私人所构成，本身就是私人领域的一部分。当网络公共领域和私人领域发生重叠时，哈贝马斯那种公私严格分离的公共领域模式就不再适用了。

从操作技术看，遍布全球的互联网络靠统一的协议，为用户提供普遍、可靠、方便的进入途径，体现了自由开放的理念和打不烂、堵不住的设计原则。一个个信息包各自独立，可以经由不同的传输路径，从甲地传送到乙地。这种分散式体系结构，几乎令互联网三头六臂。低成本的大范围信息传递和自动复制，对此，无论是通过法律限制还是技术炸弹，都不可能完全控制。无论是"黑客"还是"红客"，真正的网络高手可以无孔不入。

在人类历史上第一次形成了无疆界的数字化空间。“到虚拟世界去圈地”，成了网络玩家的一句意味深长的口号。

从思想内容看内容建设基本价值倾向就是互动共享，但互动共享并不一定意味着“公共性”。人们时常把互联网论坛、社区，想象为沙龙和报刊传媒之类的公共领域，其实不然。因为新媒体提供了传统传媒做不到的即时或非即时、在场或非在场的互动共享条件和匿名条件。论坛网友在频繁的互动中，往往形成对内凝聚、对外排斥的团体感和“团体动力”——虽然并不必然受权力控制，却会依循一定的组织社会学法则，仰赖渐渐自发形成的权威认同(如所谓“舆论领袖”就是“权威认同”的一种人格化表现)。理论上的异质性和政治多元化，在相互影响与权威认同的过程中，慢慢形成小圈子主流。个体认识到他属于特定的社会群体，同时也认识到作为群体成员带给他的情感和价值意义，从而获得小圈子归属感和共同排异反应。其中一些网民难免粗俗、尖刻和极端。他们不赞成某种论点或行为，就会宣称“鄙视”该论者或行为者，不但粗话随之而来，甚至还会发出网上“追杀通缉令”，从精神上迫使对方无地自容。因为网上不知谁是谁，匿名的条件保障了“说真话”的自由自在，可能使人把最隐私的心理和思想流露出来，甚至可能变态成情绪发泄或情感玩弄。更何况通过博客、微博等，可以毫无顾忌地把自己想说的话传上网，把自己喜爱的歌曲或视频随意播出，觉得博客就是自己的空间，与自己家没多大区别——这就是互联网这个所谓“公共领域”的非公共性表现。

但说它“私”也不确定。因为任何一个博客，都可以从其他博客、网站以及报纸杂志转帖、转发图文音像，享用里面的图文音像，就与享受林中景色和鸟鸣一样自然并且免费。似乎任何信息上了网就是公众的了，自由公开，何以言“私”?

内容建设传统的“公共领域”，演化成了一个非公非私的“非确定性风险社会”。因为任何风险都源于不确定性，人们也许并未真正意识到，它对执政党的意识形态领导权的潜在威胁。

（二）个人信息的自我保护

据有关专家分析，目前，网站获得网民的信息，主要有四种方式：一是从网站早期建设的同学录、校友录中搜集；二是从网络调查中网民填写的信息中收集；三是对经营业务中的客户信息进行整理；四是网站方通过其他途径让个人信息上网，比如把现实中收集到的个人信息整理放到网上。

目前，要保护自己的个人信息不被用于商业途径，必须更多地依靠网民自己的自我保护。

专家提出了几大注意事项：

第一，在网上谨慎填写个人信息。尽管多数网站声称绝对为网民保密，不将个人信息提供给任何“第三者”，但网站“保护用户隐私”方面的条款，更多时候是推卸责任的免责声明，真正保护网民隐私的部分却含糊其词。

第二，在马路上接受市场调查，或者在公开场合填写资料时，不要过多透露个人信息。

第三，商务信息与个人生活信息分开。但目前国内民众这块还很淡薄，比如在个人名片上公开所有个人信息，这为不法分子提供了便利。

第四，一旦发现个人隐私被披露，可及时联系相关机构，要求对方及时删除个人信息。

由于互联网所具有的本质特征——容易获得匿名身份（换言之，互联网目前仍然缺乏有效的身份验证机制），也使得网络犯罪相对来说更容易。而对于个人隐私的保护与身份认证之间的矛盾，则给网络犯罪证据的收集带来了更大的困难。

三、从博客看公共领域私人化

（一）博客——个人性和公共性的结合体

博客不等于个人日记，也不等于个人网站。但博客可以是个人媒体、个人网络导航和个人搜索引擎。因为，Blog 一词来源于“网络日志”（Web Log），而不是“网络日记”（Web Diary）。两者的侧重点完全不同：日记（Diary），指个人把每日发生的事、经历和观察的东西写下来的记录，个人性、私密性强，主要为自己而写；日志（Log），原指航海记录，对船速、船程以及船上发生的所有对航海有意义的事件的记载，呈现出非个人与公开性，主要为别人而写。

因此，博客是个人性和公共性的结合体。其精髓，主要不是表达个人思想、记录个人日常经历，而是以个人的视角，以整个互联网为视野，精选和记录自己在互联网上看到的精彩内容，以及所思所想的感悟，为他人提供帮助，使其具有更高的共享价值。

博客精神的核心，并不是自娱自乐，甚至不是个人观点的自由表达；相反，是体现一种利他的共享精神，为他人提供帮助。个人日记和个人网站，主要表现的还是“小我”，而博客表现的，则主要是“大我”。二者之间，形式上很接近，但却有着本质的差异。正因为如此，所有优秀博客网站中，真正表达作者个人思想的内容非常有限，最多只是点缀，而不像个人网站那样是核心。

戴维·温伯格（David Weinberger）说：互联网教给我们这样一个道理：我们既能够成为一个庞大公共群体的一部分，还能够保持我们的个性面孔。但是这又需要我们花更多时间在公共场所生活。在互联网上，日记的概念已经被外化了：会有公共的日记出现。今后可能的情况是，在真实世界中曾经有的公众和私人自我之间的那条本来明显的界限会逐步被腐蚀掉。他认为，未来每一个人，都会拥有至少 15 个崇拜者。而博客，无疑是构建个人影响力的重要手段。

当然，博客是一种快速演变中的形式，而且是一种真正的草根力量。因此，理解博客，不必太拘泥于形式。

博客的开放性，为社会营造了一种宽松的舆论氛围。但正是这种开放性，也带来了问题。例如，一些博客网站要求博主提供基本的个人信息，以便访问者搜索。由于博主常常会在博客文章中透露自己的生活、工作和思想状况，可能会由此产生泄漏个人信息和隐私的隐患。

另外，博客在很大程度上可以看作是“个人媒体”，具有与报纸、广播和电视等媒体类似的信息传播功能。个人通过博客散布新闻和信息，有可能出现失实、侵害公众权益或危害他人利益等问题。

（二）走出“公共电子牧场的悲哀”

网络是一种公共资源，而人们对待公共资源的态度，往往不甚明智。人类生物学家盖瑞·哈定（Garret Hardin），将这种现象形象地称为“公共牧场的悲哀”。

“公共牧场的悲哀”这个典故，可以追溯到19世纪的英国。那时，大多数村庄的边缘，都有一片“公共牧场”，附近的村民，可以在上面放牧。如果他们能够明智地使用这些共有地，就可以逐渐增加自己的财富。但是，人口增加以后，出现了过度放牧的现象。虽然这种行为对大家都不利，但因为公共牧场没有人进行管理，人们仅从自己的立场进行盘算，只知道谁增加牛只，谁就多得一份利益，而只分担公共利益的一部分损害。结果，每个人都在追求自己短期性最大利益的同时，毁掉了自己的长远利益。最终，群体在公共牧场的行动自由，使群体利益遭到毁灭性破坏。

事实上，在人与自然和人与人的关系上，每天都在演绎着这样的悲剧。在网络空间中，类似“公共牧场的悲哀”，也是一种常见现象。

谈到网络版的公共牧场，我们也许会立即联想到网络带宽有限：如果每个人无限制地接入网络中，下载或发送大量的资料，对个人来说是高回报性的选择；对集体来说，则是灾难性的。但这种现象，可以由下载速度进行调节。除了个别的信息滥发行为外，没有太多规范的必要。实际上，真正值得关注的，是网络空间中的文化氛围，或者说所谓虚拟生活的“民风”。

首先，是信任问题。由于虚拟生活可以匿名进行，这对人们的信任关系，是一个前所未有的挑战。在全球电子链接WELL上，一度有人要求以匿名（仍然保留某种与身份相联系的签名）的方式召开网上会议。结果如同玩游戏一样，参与者以一种邪恶的方式，开始讲述关于对方的故事，彼此相互攻击。虽然人们最初接受了这种攻击，但当有人建议以不签名或仿冒签名的方式进行时，遭到了大家的拒绝，而且会议进行了两周之后，人们纷纷要求管理部门中止会议，因为会议上人们的破坏性太强了。WELL的创建者斯图尔德·布兰德（S. Brand）说：“人们之间的信任被破坏了。毁掉容易，重建难。”从心理学上讲，网络上的信任缺失，会给许多人造成伤害。显然，尽管人们在网上都是在使用虚拟的假面具与他人打交道，但是，鉴于人们的人格气质和自我控制能力各不相同，蓄意的欺骗，往往更容易击中轻信者，给他们造成极大的伤害。毋庸置疑，如何在虚拟生活中适当引入信任机制，对于提高虚拟生活的质量，是有一定意义的。

其次，涉及信息内容和交往方式。由于网络的匿名性和虚拟性，使得许多人将网络视为猎奇与宣泄情绪的场所和寻求隐秘嗜好同道的途径。商业化运作的网络公司，抓住人们的这种文化消费心态，在网络内容上追求流行化、花边化甚至庸俗化，以便留住网民。网络和传媒对网络交往的宣传，也有很多言过其实之处。其中许多内容，很难说是积极的文化消费。这就是网络的传媒运作模式。在这种模式下，网络信息内容被视为网站的馈赠。既然是馈赠，内容的质量，就被放在第二甚至第三位考虑了。这种情况，在个人网页中也同样存在。至于网络中的交往方式，一种容易被接受的立场是，不管何种关系，只要两相情愿就可以进行。但这些关系，并不仅仅影响到相关人。一些不良的关系模式，容易在网际间广为传播。根据这些分析，我们可以看到，使网络信息内容和交往方式变得更加健康和积极，是一个十分重要的文化战略，也是一件非常困难的工作。作为一个发展中国家，如果在网络文化上没有自主意识，没有建构健康网络文化的勇气，难免会遭遇新的文化认同危机。简言之，现在流行的消费性的网络文化，是具有一定的腐蚀性的。对于中国来讲，在娱乐性的消费之外，还应该寻求一些有益于提高国民素质的发展路向。应当说，这项工作的职责，主要不在国家，而在于网络信息企业和广大的知识阶层。

四、从李希光事件看网络实名制

案例 7-2 李希光事件

2003 年 5 月 26 日，网上披露李希光在南方谈及新闻改革时，提出这样的建议："人大应该立法禁止任何人匿名在网上发表东西。"以下为帖子内容："网络本身应该和传统媒体一样，都应该受到严格的版权的保护、知识产权的保护。同时网上任何人写东西要负法律责任。你不能因为是网上，你可以发匿名的东西，你就随便对别人进行人身攻击，这同样要承担名誉损害权责任的。至于网上传播甚至可能比印刷媒体传播还要快，还要广，而且它造成的伤害，有时候是不可弥补的。因为大家上一个网页，可能这个网页一辈子就上一次，即使你在这个网页进行更正了，但是读者不可能再回来了。所以我就建议，我们国家的人大立法机构对网上的名誉侵害应该给予严惩。同时我建议人大应该立法禁止任何人匿名在网上发表东西，包括传统媒体，应该提倡用真名，不用笔名发表文章。这是全球化时代、身份认同时代。利用假名发表东西是对公众的不负责。"

网络实名制，是指将上网者的身份和其真实姓名、身份证号等相对应联系及统一的制度。网络实名制的基础是 VIEID，即俗称的网络身份证，VIEID 的普及是互联网实名制的根本前提。

网络实名制其实是一种"后台实名前台匿名"。就拿博客实名来说，当一个用户要到博客网站或 BBS 网站注册账号时，需提交身份证、必要的证件和真实姓名等。而在前台，用户可以使用自己喜欢的名称，而不是真实姓名。网民如果没有做危害公众利益、违反国家法律的事，真实姓名属于隐私。而一旦触犯了法律，隐私将不能再成为隐私，会受到监管。

我国网络实名制的源头，应该追溯到 2002 年清华大学新闻学教授李希光在南方谈及新闻改革时提出建议"中国人大应该禁止任何人网上匿名"。他认为网络也应该严格受到版权和知识产权的保护，"同时网上写东西要负法律责任"，"包括传统媒体，应该提倡用真名，不用笔名发表文章……利用假名发表东西是对公众的不负责”。

他的这番言论在网上引起轩然大波，被称为“李希光事件”。此事件虽然经过了一段时间言辞激烈的争论，但是随后并没有相应的措施出台，事情也就不了了之了。

从2003年开始，中国各地的网吧管理部门要求所有在网吧上网的客户必须向网吧提供身份证，实名登记，以及办理一卡通、IC卡等，理由是防止未成年人进入网吧。

2005年2月，信息产业部会同有关部门要求境内所有网站主办者必须通过为网站提供接入、托管、内容服务的IDC、ISP来备案登记，或者登录信息产业部备案网站自行备案。无论是企、事业单位网站，或是个人网站，都必须在备案时提供有效证件号码。

然而，这些规定涉及的范围虽然非常广泛，但在民间没有引起很大反响。

网络实名制真正引起人们关注并成为人们的争论焦点是在2008年“两会”召开之后。2008年1月，“两会”召开，网络实名制立法进程启动，再度引起关注。先是1月底，宁夏、甘肃两省推行版主实名制。之后，吉林省也宣布要搞版主实名制，并明确跟帖一律先审后发。同年2月15日，公安部机关报《人民公安报》刊发长文，首次确认要在全国推广版主实名制。同年2月18日，重庆市成为第四个公开宣布推广版主实名制的省市。2月19日，北京市宣布年底前实现全市网吧上网电子实名登记。这些地方的实名制先行之举，表明大范围的网络实名制渐行渐近。

自从“两会”把网络实名制提上日程以来，关于是否实行网络实名制的争议就不曾间断。赞成派主要是从维护整个社会秩序方面考虑，而反对派则对个人隐私的泄露有所顾忌。

其实，我们应该看到，网络实名制具有某些不可否认的优势。它可以有效防止匿名者在网上散布谣言、制造恐慌以及恶意侵害他人名誉等行为。同时，还有利于建立社会主义信用体系，提高个人信息的准确度，使人与人之间的联系更方便安全。

五、“网络综合征”的文化反思

在赛伯空间里，无论主体还是客体的虚拟性，都出现了视像仿真趋势，亦即波德里亚所说的“类像”。[8]它们可以无限复制，但与原有的模仿对象疏离，失去了真实摹本，创造出的是“第二自然”。从纯化自然到人化自然、从人化自然到符号化自然，人们所面对的，已经不是全息的真实物体，而是由1与0构筑的二进位制的数字系统，尽管五光十色、气象万千，但只是瞬息万变的电子信号。人们沉浸于这样的类像世界中，把梦境当作了第一自然，体验误解是常态，体验正解反而成了异态。网上以假乱真，网迷便弄假成真，身回现实，心滞网境，依然昏昏然于虚幻思维，虚实转换困难，将幻象与实像颠倒，将虚拟社会的“真实感”，混淆于物质社会的“真实性”，出现体验倒错。严重的，则会走向体验对立，对于物质社会反应迟钝，甚至拒绝承认现实的真实性，迷醉于“真实的幻觉”，从现实体验自闭，发展成“网络综合征”。

现在不少网民，尤其是青少年网民，都出现了这种“网络综合征”，也叫“网络成瘾综合征”。该病症表现为：人际交往和适应能力下降、情绪低落，孤独感、焦虑感增强，食欲缺乏、植物性神经紊乱，最后导致机体功能下降、抑郁症产生等。

专家们发现，中国青少年在网络使用上有三个不同于国外的特点：一是问题人群比国外更年轻；二是问题主要集中在游戏上，而不像国外那样分散在多个领域；三是与网络使用有关的恶性案件不断出现，极端倾向明显。

实际上，网络只是一种传播手段，而传播只不过是精神实践，最后的目的，还是为了人们的物质生产实践和社会实践。网民一味通过互联网逃避现实，其后果是严重的。由于人际传播中的"人—人"关系被"人—机"关系代替，在网络传播中，传播不是跟他人亲近，而是同媒介(机械物)亲近，是与他人的疏离。长时间上网，趴在电脑上，除了可能造成颈椎和腰肌劳损以及失眠、消化道疾病等身体不适之外，还会导致抑郁、焦虑等精神疾病。这些现象，被统称为网络综合征。[9]

哪些表现说明青少年可能已经上网成瘾？中国已有青少年网络成瘾分类诊断标准，主要指标包括：自我评价非常不好、社会功能受到严重影响、他人评价等。

2007年1月16日，在北京市青少年网络依赖戒除"虹"计划项目科研成果新闻发布会上，该项目技术负责人、中科院心理所高文斌博士说，该项目于2005年1月启动，是中国批准的第一个网络依赖研究课题。[10]通过前期研究与临床实践，该项目组深入分析了中国青少年网络使用问题与特点，提出"中国青少年网络问题谱系"新视角，为制定针对中国具体情况的分类标准与评估方法奠定了科学基础。

该项目成果指出，网络成瘾，是青少年心身发育过程中心理缺失补偿的突出表现。它背后反映的是社会问题、家庭问题、教育问题等深层次问题。

青少年网络成瘾的相关表现主要有：上网是最主要的度过休闲时间的方式，在网上认识新朋友并常常通过网络联系，上网已花费大量的金钱，长时间上网导致生理方面的反应：睡眠不足、背痛、眼睛干涩、腕管综合征等。

高文斌强调，这些表现不作为判断标准，但可作为附加参考评估标准。

《2009年中国青少年网瘾报告》发布的数据显示，目前，我国城市青少年中，网瘾青少年约占青少年网民的14.1%，人数约为2404.2万人。[11]这一比例，与2005年基本持平，较高于2007年。但由于网民人数的增长，网瘾青少年人数是2005年、2007年的近两倍。值得注意的是，网瘾青少年在年龄分布上呈现上升趋势，年龄在18～23岁的青少年网瘾比例最高，其次是24～29岁。与2005年相比，13～17岁年龄段的网瘾青少年比例有所下降，但18～23岁年龄段的网瘾青少年比例有所上升。

从某种意义上讲，网络时代是一个"电子沙漠"时代。通信空间的便利，使人们的日常情感交流大打折扣。当前"网络爱情"一词已进入我们的日常生活。

经常上网的网民，在性格上有一些共同的地方，主要表现为疑心和懒散，对周围生活环境变得麻木，生活节奏很乱。但也有人认为，网上人格的扭曲，是现实中由于激烈的竞争或生活的压力而造成的被压抑的个性、人格，在网络上以扭曲的方式来表现。

我们不能笼统地讲，网络导致人文精神的"失落"，网络造成一些人尤其是青少年焦虑、压抑、麻木、懒散以及人格的扭曲，但关键正如心理学家所说的：上网的利弊，取决于一个人在网上"虚拟生存"的动机。因此,我们要引导人们正确认识网络,正确对待上网,在网上倡导科学的人文精神。[12]

第二节　网络文化的媒介文化学批判

媒介文化概念的出现,是文化和传播技术发展到一定阶段的产物。[13]在以文字为主的印刷媒介时代,由于符号的静态稳定性,媒介传播过程中,外在意识的主观介入大大降低,媒介信息只有进行再次解码,才能产生一定意义上的互动语境。这使得文字符号,必然具有某种权力操纵功能,而承载文字的印刷媒介,似乎只是天然的表意工具,是思想的直接载体,物质媒介对文本内容与形式的影响并不为人注意。电子媒体的出现,则彻底改变了媒介的生存意义。它不仅使人们意识到了媒介的信息中介作用,而且也感知到技术手段本身对信息文本呈现方式的巨大影响。电子媒体特别是电视普及之后,它所展示的声像世界,强化了我们耳听为虚、眼见为实的日常经验。它融入了人们的生活并成为生活中的重要内容,而且还参与了日常生活的塑造、诠释和再生产。人们第一次清晰地意识到,传播媒介不单是传播信息的工具,媒介特性对信息构成具有本体论意义,媒介不但传播文化,而且也在创造新的文化文本形态。

由此可见,媒介文化有两个基本内涵:[14]

第一,该类媒介在社会中大规模地普及,对这种媒介信息的接受,成为人们日常生活的一部分,而不是刻意的行为,更不是仪式。

第二,该类媒介具有丰富的文化内涵,以此会影响到人们的心态、行为和意识,进而影响到他们的社会行为。

当代社会,出现了一种新的社会环境,它包括物理场景,如房间和建筑物,也包括由媒介创造出的"信息场景"。[15]所谓网络文化的媒介文化学批判,就是依据媒介文化学的基本原理,对网络所创造出来的"信息场景",进行必要的反思。

一、虚拟世界与真实世界

网络是真实的吗?别人都说这是一个虚幻的世界,然而我们却能在这里看到真实。[16]

网络的特点是虚拟的,信息是海量的。然而,每台电脑后面坐着的,却是一个个活生生的人。所以,网络的虚拟本质背后,还是人。信息虽然海量,但还是人挑选出来的。比如在门户网站和论坛上,首页推荐置顶标色的内容更容易被关注,而这些都是网络编辑推荐的,人为的因素很重。同样的,当我们在论坛灌水或者和别人聊天时,我们所看到的,都是一个个真实的人。在网络中,许多人都是带着感情走进来的。因为他们觉得,这里可以感受到热情,可以有信任。

可见,网络是由电脑背后真实的人组成的一个群体。他们很容易被热点牵着走,也很容易自己创造热点。比如在网络上要炒作一个事件,有时候非常容易。网站只要将帖子置顶，再雇用一些“马甲”做正面和负面相结合的点击，然后再吸引消磨时间的网民去点击，那么，一个网络红人或者网络事件就可能炮制成功了，比如芙蓉姐姐、凤姐、马诺之流。只是这些在网民手中火起来的凤姐、马诺等，是网民的精神追求吗？肯定不是。那么，广大网民就被无辜利用了。再比如，许多引起网民愤怒乃至发动人肉搜索的网络事件，其实大多是网民自己创造的，像周久耕事件、躲猫猫事件等。

所谓虚拟现实，指的是网络通过数字化的处理方式，建构起现实的图景，为我们提供置身于真实空间中的幻觉。在这里，网络的语境空间既是虚拟的，又是现实的：一方面，它是现实的虚拟，是实际生活中各种欲望的真实表达；另一方面，它又是虚拟的现实，一切欲望的满足和意义的交换，又都是虚幻的、虚拟的，因而又是对现实的超越和夸张，成为对生活的想象性表达。

（一）虚拟的“第二社会”

“文化”本身，是一个名词化的动词概念。它反映人类能动改造世界的创造性本质，以及改造与被改造、创造与被创造之主客体关系：在主体方面，“文化”是其创造性能力；在客体方面，“文化”是物化其中的主体所创造的本质或“本质力量”。因此，对于主体来说，文化表现为一种个体素质而独立存在；对客体来说，文化则表现为一种结构质而客观存在。传统的文化形式中，没有现实与非现实之分。网络出现之后，创造了一个网络空间（Cyberspace），使这种划分成为可能。

网络文化最基本的特征，是克服主、客观的分离，让现实文化与虚拟文化相兼容。网络文化的特殊性，决定了它是现实社会的延伸，并由此衍生出一种虚拟的文化形式，一种有别于现实文化形式的新文化形式。[17]

跨媒体反应，推动了网络讨论的社会化。对于迅速崛起的网络议题，SNS、RSS、IM，博客、微博，甚至门户网站新闻，都添加链接并主动转载，使得网上链式反应不断放大并加强，无形中形成跨媒体整合传播的态势。SMS、手机视频、电视媒体的跟进，更将这种声音，传播到全部社会媒体渠道。最后，报纸、杂志，也会对舆情事件进行后续回顾和深度报道。这种社会化过程及力量，已经强大到足以影响现实权利格局和利益结构，形成虚拟世界，向“第二社会”转化。

所谓“第二社会”，是在新经济浪潮的影响之下，以互联网为核心，以虚拟应用为基础而形成的一个完整社会形态，具备了多样化的经济、文化和政治贡献，有着分工明确的管理者、制造者和消费者，具备一切现实社会所具备的组成元素。[18]

四川大学教授蒋晓丽认为，网络文化是仿真文化，网络创造了一个全新的、虚幻的“公共领域”，将人的一切社会属性，如年龄、性别、身份、单位等与现实剥离，允许个人匿名、随意地“生产”信息，并利用网络传递给其他人。它消解了现代社会一直以来的话语霸权，让普通公众享受到了前所未有的自由。

不过，还是有一些人对“一旦脱离互联网，就像来到沙漠中仰望太阳的罗非鱼一样绝望”的网络生存状态无法理解。尤其是面对“超级网游狂”王坤等一类人的极端状态，蒋晓丽教授就表示了深深的担忧。她认为，网络造成了感官的“支离破碎”，“网络构建的真实已进入了网络人的内心，使他们主动或被动地放弃了与人与自然的亲密接触”。蒋晓丽担心，人在网络所构建的“超真实的异度空间”里，享受着虚拟自由，就有可能丧失对网络应有的批判意识和警惕心理。最终，或许就像那只被放在不断加热的水里的青蛙，对环境逐渐丧失了反应能力，最终葬身沸水，上演“青蛙之死”的悲剧。

（二）虚拟与真实的融合

互联网发展初期，大家把网络和现实世界做了参照，认为网络是虚拟的，不是那么实在。初级阶段，这个认识也未尝不可。然而，互联网不光是虚拟的。如果只从虚拟角度认识互联网，则只有害处。

从哲学上讲，世界分为存在和意识、物质和精神。网络到底是不是物质的？肯定是物质而不是意识。意识是人类头脑中的产物。网络所涉及的东西，包括虚拟物品在内，都是现实的。比如，我们现在发工资都是卡，不能说这个数字是不存在的，它实际上是现实物品数字化的表示。网络游戏创造物具有客观性、真实性，只是并非有形物品。但作为一个无形物品，网络游戏创造物却是客观存在的。从心理世界来讲，人类创造的文化艺术中的世界，都是人类想象出来的。小说可以创造出一个世界，读了小说就会有一个想象的世界。所以，虚拟性不是互联网产生后才有的，而是人类精神创造的特点，不是互联网的本质特点。随着互联网的发展，网络和现实世界的渗透、融合越来越深，虚拟性越来越不鲜明，而同现实世界的交融，则逐渐成为主要特点。过去那种认为网络世界存在虚拟性，网络世界可以无拘无束不受道德规范，可以为所欲为的认识，给人们一个错误导向。如果在网络世界违反法律法规，也必然会对现实世界造成影响。“所以从世界各国的管理思路来看，也要用现实世界的法规管理这个网络世界，网络也必然是一个法制的世界，而不是无法无天的世界。”[19]

网络文化是虚拟的，这是大多数人对网络文化界定时具有的共识。但我们认为，网络文化具有虚拟性，也具有真实性。虚拟是指与现实不一致、不符合。网络的虚拟性，来源于人在网络中身体的不出现，即所谓“不在场”。最早的表现，是网络身份的不确定以及与现实生活不一致的“社区”的存在。“在网上没有人知道你是一条狗”，形象而生动地揭示了人的身份在网上的虚拟性。但网络的出现，也导致了很多真实的结果；网络上的展示，亦并非没有真实物质的载体。这说明，网络文化也不是完全非真实的。

网络文化作为一个新的沟通系统，彻底转变了人类生活的基本向度：空间与时间。地域性解体，脱离了文化、历史、地理的意义，并重新整合进功能性的网络或意象拼贴之中，导致流动空间取代了地方空间。当过去、现在与未来，都可以在同一则信息里被预先设定而彼此互动时，时间也在这个新沟通系统里被消除了。流动空间（space of flows）与无时间之时间（timeless time），乃新文化的物质基础，超越并包纳了历史传递之再现系统的多种状态。

概括起来说，网络文化的最基本特征，便是克服主、客观的分离，让现实文化与虚拟文化相兼容。现实文化，是指人类一切习惯、知识和技能的积淀。虚拟文化，则是一种数字化的构成，即通过数字对世界——现实与想象的世界，进行的多种排列组合。虚拟文化与现实文化的最大不同点便是：现实文化由具象构成，是具象的概念化、符号化；而虚拟文化则是由数字构成，是数字的具象化。可以说，虚拟文化是现实文化的反向生成。[20]

（三）虚实之间的张力

虚拟生活中的失范现象，使一些人认为，应该完全以真实世界的伦理规范来制约虚拟生活。但是，这实际上既不可能，也没有必要。具有更大的不确定性的虚拟生活，自有其价值和意义。重要的是，如何建构一种网络文化氛围，使人们在虚拟与真实之间，保持必要而适度的张力。在具体做法上，则应消除虚拟生活的神秘性，鼓励网际探索。

信息浏览和对虚拟生活的了解，已经成为人们理解当代世界的一个重要方面。应该允许人们依据个人的兴趣，浏览网际信息和选择各种形式的虚拟生活。随着网络的发展，我们必须接受的一个事实是：虚拟生活，将成为人类生活必不可少的组成部分。很多人，特别是青少年，将会以网络作为他们学习和扩大交往的工具。同时，网络交往，会随着人们的网际经验的增加，而自然形成一些基本的规范。因此，对于虚拟生活，应该持一种审慎的开放态度。必须看到，在虚拟生活的各种形式的夸大性宣传中，有一种乌托邦式的网络文化自我中心主义。例如，许多人声称：十年后，虚拟实在将成为性抚慰的主要手段，令人兴奋却又安全可靠。但实际上，网络空间独具一种固有的双重性，即尽管虚拟身体为各种新的虚拟活动提供了机会，但虚拟身体无论多么完美，依然不能替代真实身体的体验。而且，这种虚拟身体与真实身体的冲突，还会带来一些新的压抑形式。其中，最主要的压抑是，网络空间的匿名状态，不断地诱使人们进行一些"不为人知"的反社会行为，如非法入侵他人电脑，偷看他人邮件等。而这些行为的最大危害，是使人们陷于犯罪的快感和悔恨交加的泥潭而不能自拔。简言之，网络空间是不得不打开的潘多拉魔盒，如何对待真实和虚拟，始终面临两难抉择。

如果说，现在的网络是张网的话，那么，几十年后的网络，就是一块布，一块没有缝隙的布。人类将通过网络或者与网络相联系而生存，谁也不能例外。网络文化的形成，将审美趣味、生活方式、时尚内容、文化观念等，通过潜移默化的方式，渗透到传播对象的头脑之中。

二、网络文化与非网络文化

（一）网络文化与传统文化的联系与区别

网络文化与传统文化之间，既有联系，也有区别。

一方面，网络文化活动在许多方面需要传统文化资源支持，同时，任何文化最终都会以网络面貌出现，以适应社会需要。只要具体的传统文化内容数字化，并通过网络语言在互联网上存储、传播、交流，就会转化为网络文化或成为网络文化的重要组成部分。网络文化既是传统文化的继承与发展，又是传统文化的特殊表现形式。

另一方面，二者之间又有区别，即依靠数字技术、网络技术而形成的互联网络本身，就是一种新兴的物质文化，网络活动则是网络文化的基本组成部分。

互联网是知识的民主、交往的自由、信息的共享、观念的开放、信仰的多元,以及市场机会的扩展。网络文化的基本精神,源于互联网在技术上的一个基本特性,就是平等、自由、参与、共享和兼容。由于有这样的理念,就使得精英文化和大众文化、民族文化和外来文化、传统文化和新型文化并存,并且形成了网络文化这种新的文化模式。

时任 Google 中国区总裁的李开复,曾在自己的博客里,跟学生们探讨"怎样看待网络对文化的影响"。有个署名 Q 的学生说,网上的内容很肤浅而且似是而非兼偏激、短视……网上阅读真是浪费生命,不如去图书馆;但他承认,网络给他最大的好处一是搜索,二是社区互动,三是进入了开复网这个非常有理想的团队。李开复的回答挺有意思,他说:"网络既不是文化的升华也不是文化的毁灭,网络是一面镜子。你在网络里面看到的就是今天的中国,今天的社会。"[21]

(二)另类网络文化对传统文化的挑战

传统文化,是由文明演化而汇集成的反映民族特质和风貌的民族文化。其特征主要体现在文字的流传、思想的继承和观念的发扬三个方面。目前借助于网络广泛传播的所谓"另类网络文化",就是相对于传统文化而言的。这一类文化,出现时间短,但是流传极其广泛,影响面也大,尤其是在青少年之间广为传播。网络小说里,内容间有符号语言的书籍非常多。这些网络"符号文化",是对传统语言文学的一种挑战;传统文化是先秦诸子百家、法墨儒释道各个流派思想的积淀,主要传播方式是纸质文字,在价值观方面崇尚谦虚勤恳,追求人与自然、社会的和谐统一;另类网络文化注重作"秀",宣扬如何突出自我,鼓吹标新立异,与众不同。改革开放以来,中国网民呈现指数级增长,其中绝大部分属于 10~30 岁之间的年轻人。在这个人群中,另类网络文化,极大地冲击着他们从小接触的传统文化。由于网络的发达与网络文化的颠覆作用,传统文化举步维艰,中国面临年轻一代道德缺失、文化断层等突出问题。

哲人说:存在即合理。另类文化的存在,肯定有其可取之处,便捷的获得渠道、新颖的价值观念,都是传统文化所无可比拟的。因此,试图完全封杀另类网络文化,既不可取,也是行不通的。只有仿效大禹治水,弃堵为疏,从根本上疏导网络文化走向正轨,才是问题的解决之道。

(三)网络文化与传统文化的交融

网络文化是依附于现代科学技术,特别是多媒体技术的一种现代层面的文化。无论就其内容还是就其形式来说,它都是不同于传统文化的。

就其所依附的载体来说,网络文化是一种彻底理性化的数字文化。对于电脑来说,任何信息只有以数字的形式出现,才能予以识别、理解和处理。这就决定了,任何文化,若想加盟网络文化,就必须改变自己的既有形态,即变革传统的非数字化文化形态。对于正处于现代化进程式中的传统文化来说,问题的关键,不在于要不要转变,而是如何转变。

真正属于我们自己的网络文化,应是扬弃传统文化的产物。只有这样的网络文化,才是活生生的、有无穷创造力的新时代的全新文化。事实上,所谓的网络文化,也不是全球绝对同一化的文化。网络文化是一个具体的、有特殊内涵的文化概念，超民族的网络文化是不存在的。可以断言，任何有价值的传统文化，都将在网络时代找到适合自己发挥作用的栖身之地。

网络时代以数字化、网络化、信息化为标志的生存状态，以交互性、虚拟性、学习性为标志的运作模式，以多边性、同时性、共享性为标志的机制特质，使人性、人的自由而全面发展，呈现出新的特点；智能化、虚拟化、直接化的实践手段，促进了人的开放性、平等性、交往性，并为人的主体性的发展、科学人文精神的弘扬，提供了史无前例的广阔舞台。

在文化系统方面，网络社会正在孕育着与以往社会不同的文化。这从网上使用的语言同日常生活使用的语言之间的差异，就可以看出来。这就使得人们不禁怀疑：网络文化对传统文化是否有消解作用？“文化反哺”在网络社会中的作用机制如何？在网络社会与日常社会生活交互作用下，人的社会化与人格的形成是否会出现断裂？人们活动在网络社会与日常社会的同时，能否顺利地进行角色转换和行为调适？[22]

三、主流文化与非主流文化

（一）主流文化：网络文化的初始标靶

网络文化常常被人称之为“草根文化”，这说明了网络文化与精英文化的某种对照。当然，“精英文化”是一个内涵并不确切的概念，应该说，网络文化的初始标靶，更多的是主流文化而不是精英文化。[23]主流文化是在文化竞争中形成的，具有高度的融合力、强大的传播力和广泛认同的文化形式，在社会文化中具有主导话语权的优势。

作为标靶的主流文化，对于网络文化的意义是，一开始，挑战主流文化是网络文化的出发点，但是，到一定阶段后，追求主流文化的地位或者说跻身主流文化，也许将成为网络文化的一个追求。

网络文化之所以一开始要作出挑战主流文化的姿态，首先是因为它自身还没有成型，必须在挑战、改造甚至解构某些主流文化形态或产品的基础上，完成自身的基本建造过程，甚至可以说，是借助主流文化的外壳，来进行自身的“原始积累”。而以主流文化为标靶，可以用较小的代价，尽快获得成功。因为，鉴于主流文化已有的影响力，挑战主流文化很容易在瞬间吸引人们的注意力。

挑战主流文化，也顺应了许多人对于一些缺乏创新的主流文化的不满或厌倦情绪，顺应了人们对求新、求异、求变精神的追求。例如，对一些主流电影作品的倦怠，使人们对胡戈式的“恶搞”，会产生某种程度的共鸣。这种共鸣，并不是以艺术价值判断为基础的，而是对某种文化精神追求的认同。

但是，“挑战”“恶搞”“解构”，并不总是合理的，即使在一定程度上顺应了网民意愿，也只是网络文化的阶段性特征。只有破坏而没有建设的文化，是注定没有长久的生命力的。当破坏达到一定程度后，就要开始举起建设的旗帜。

目前，网络文化还处于边缘化的地位。但是，随着它自身的日益丰富与强大，随着网络在社会文化系统中的地位不断上升，网络文化会开始追求在主流文化圈中角逐一席之地。它会更多地从主流文化中汲取经验,甚至与一些主流文化形成合作关系。而那时,网络文化也许会找到新的进攻标靶。

（二）网络文化的主流与主流化

网络文化的主流,应该是包罗万象的,广泛涉及政治经济、科学技术、文化教育、金融商贸、交通运输、气象旅游等方面的信息与交流。网络娱乐只是网络文化的一个分支,它包括网络影视、网络音乐、网络游戏等。网络游戏又分为健康的和不健康的。[24]

网络文化与传统媒介文化的形态差异相当大。因此,网络文化的建设,与传统的媒介文化建设也必然有较大的区别。大众传播时代对媒介提出的"社会责任理论""媒介道德规范",还有各种公共传播政策法规等,都面临合法性和有效性的质疑。

网络发展带给新的世纪以新的希望,又使人类陷入无休止的困惑之中。人类为继广播、电视之后的新媒介又一次开创文化纪元而额手称庆之时,又难免陷入托夫勒所说的"文化休克"状态(culture shock)。经历"休克"的,主要是社会主流文化。这是因为,成人的"文化—心理"结构经过了相对完整的社会化过程,已经相当稳定。这个社会主流文化系统,也已形成相对稳固的格局,常规的文化变迁、社会变动等,都可以通过主流文化系统的"减震""缓冲"功能,得到一定程度的消化。而网络文化的形态、特质,与社会主流文化有相当大的间隔。它以迅猛的速度攻城略地,开疆拓土,使得主流文化系统的调适功能无法充分发挥效力。因此,网络文化建设必须加强,才能有助于网络文化与社会主流文化的良性互动,使得社会主流文化的平衡机制作用于网络文化,引导其朝着健康有序的方向发展,同时促使网络文化的超越形态,刺激社会主流文化的创新。[25]

大兴先进网络文化,构建网络和谐社会,是从网络信息内容的角度而言的。信息内容存在先进性、合法性问题,而载体不存在这一问题。网络文化是网络信息内容的共同特征,是网络信息内容的精神积淀,不管网络信息内容以文字、图像、声音等形式存在,还是表现为信息载体、通信、商务、视听娱乐活动,都承载着文化的内涵。先进的网络文化,要求网络信息内容符合民主、法治、自由和道德的要求,紧跟时代步伐,唱响网络文明的主旋律。先进的网络文化,不可能自发形成。不良网络文化内容会冲击文明的防线。网络文明的实现,需要政府适度的管制。所谓适度管制,就是要达到网络自由和网络秩序的和谐。

四、精英文化与草根文化

网络文化,具有多元并存的文化结构。这是指网络文化存在着不同的亚文化,以及相应的意识形态和价值观。比如,主流文化、大众文化和精英文化在网络中就完全共存。

更值得关注的是,网络文化中多元亚文化之间的关系,是彼此渗透而非界限分明的。而且,由于网络开放性的特色,使得网络主体有时可以自由游走在不同文化之间。在网络世界中,文化的多重界限正在消失,由此带来各种亚文化自身特性的模糊。主流文化可能会消解自身的严肃性、指导性,而精英文化也可能借鉴大众文化的特色。

虽然文化变化的过程从未停止,但并不代表这种变化是匀速的。自古以来,显性的往往是精英文化。网络的出现，使“草根阶层”得以充分表达自己的观念，“草根文化”得以传播。这种变化，无疑是革命性的。这种“草根赋权”的现象，使得普通人参与到文化创建与传播的过程中，形成亚文化群体，使得文化更加多元化，主流文化的空白，也得到填补。[27]

（一）精英文化的嬗变

我们不难发现，尽管很多人不是科班出身的计算机专家，但他们是科学精英。也就是说，是这些精英，或者更确切地说，是科学精英和技术精英在推动网络的发展。没有这些科技精英，就不可能有我们今天的网络。毫无疑问，科技精英在建立和发展网络的时候，不可能只贡献自身的科学知识和技术才能，他们也需要阐释和张扬自我，表达自己的目标、愿望、情感、价值观等文化观念。这些文化观念，通常是伴随科学技术的发展而产生、变化和进步的，即便有时这些文化观念会给网络的发展带来不利的影响。从这一意义上讲，网络文化首先体现的是科技精英们的文化观念，或者说，网络文化首先是一种精英文化（elite culture），因为它具备作为精英文化的一些基本特征：知识高深、远离大众、范围狭小、参与者少。网络的发展史证明，正是这些熟悉计算机和网络基本原理、经验丰富、才能非凡的科技专家，通过个人努力和通力合作，建立和发展了网络，同时也缔造了最初的网络文化。如果从更本质的层次上来讲，技术本身亦是一种文化。现代文化的一大特征，便是文化本身就是某种物化的结果。正如李克特所认为的，技术也应该是一种文化过程。因此，事实上，在网络的发展过程中，技术已经成了网络精英们的一种精神文化活动，已经成了他们文化生活中的切切实实的一部分。这也意味着，以技术为支撑的网络文化，在网络发展的早期是一种精英文化，大众一直游离于这种精英文化之外。

美国现代著名科学哲学家和科学史家托马斯·库恩（Thomas Kuhn）在1962年出版的《科学革命的结构》一书中，提出了“范式转换”这一概念。借用这一概念，可以揭示出网络文化的范式正在转变，即由精英网络文化转变为大众网络文化。这一转变，是由于精英网络文化中出现了“反常”——涌现了其转变成为大众网络文化的一些特性。“交流”，作为网络发展的内在要求，打开了网络文化从精英文化到大众文化之门；网络和资本的联姻，则提供了网络文化成为大众文化的重要的标志和特性。除了以网络时代的到来为标志和赤裸裸的商品性之外，网络文化作为一种大众文化，还具备了另外一些重要的使其能够称之为大众文化的特性。[28]

第一，反精英主义和文化殖民主义的立场。作为大众文化的网络文化，使原有的特定的强有力的文化主体（科技精英）的地位逐渐下降，与之相反的是大众的地位及其主体性在不断提高。以原来的科技精英为主体所创造的网络文化空间，由于网络技术发展和商业资本的影响，已逐渐转化成各类主体参与的作为主体间性（intersubjectivity）的大众网络文化空间。在这样一个公共文化空间中，话语霸权要想生存，变得日益艰难，因为作为以主体间性存在的大众网络文化推崇的是平等交流，话语霸权在这里很难找到生存的合法性基础。

第二，先天具有的寄生性。大众网络文化先天具有一种无法克服的寄生性，这也是网络文化作为大众文化的特性之一。这种寄生性一直伴随着网络文化的发展，其根源在于网络毕竟是一群科技精英所创造的，大众能够参与到网络中来，最重要的原因之一，便是这些科技精英（尤其是技术精英）推动了网络技术的突飞猛进，最终使得网络实现了大众化。

第三，超越自身寄生性的颠覆性。大众文化本身所具有的颠覆性，超过了它自身的寄生性。对于网络文化空间所创造的文化产品，作为文化消费者的大众，并非只是被动地接受。大众对文化产品的能动的解码和再创造，正体现了自身的颠覆性。由信息技术产业所创造的电脑网络空间中，充斥着各种各样的文化产品。这些文化产品，携带着形形色色的文化价值观念，强烈地冲击着大众固有的文化价值观。作为文化消费者的大众，只有通过对文化产品进行能动解码和再创造，才能为自身所用，才不会迷失自我。事实上，绝大部分大众，有意无意地行使着自己颠覆的权利，用自己学到的网络技术、编程技术、图像处理技术，甚至是一般的建立个人网页、浏览、接发 E-mail 等技术，不断对网络中现存的文化产品进行分化、解构、重组。正因为如此，弱势文化才能与文化霸权和文化殖民主义相抗衡；也正因为如此，一开始由技术精英所创造的精英网络文化，才逐渐被大众网络文化所取代。

第四，普遍的开放性和广泛的参与性。在当代，网络已经成为一种强大的媒体。音乐、电影、电视、视频游戏和万维网，在表现形态上正趋向一个单一的整体。与传统媒体相比，网络作为数字化媒体，以其开放性、丰富性和参与性，吸引了更多人的注意；而传统媒体为了自身的生存，也积极寻求与网络联姻。

（二）草根文化的发展

草根（grass－root），按字典的解释来看，是基层民众的意思。稍微引申一点，草根文化是一种民间的、大众的，与精英文化相对的原生态文化。[29] 当前，网络充斥着人们工作、学习和日常生活的方方面面。20 年以前，人们接触最多的也许是电视，也许是广播，也许是其他东西，但绝不是网络。可现在呢？网络已经达到了无孔不入的地步。网络是草根文化吗？恐怕很难说。网络作为时代的进步，跟电视、广播、报纸、杂志等媒体一样，只是一种传播工具。网络的大众化，给草根文化的发展带来巨大的机遇。草根文化，带来了比精英文化更能让大众接受和理解的东西。

一种文化的存在，离不开对这种文化的需求。网络文化传播有助于草根文化，推动文化更加全面丰富地发展。网络使得草根文化的传播渠道得以建成，用户可以浏览、发表观点和作品、评论，使得以前单一的接受变成双向的传播。草根原生态的，未经加工、磨炼、修饰的真实的个性、发自内心的想法，在网络平台上不断展现。草根文化的广泛传播，使得精英文化一统天下的局面被撼动。

网络平台的低门槛，让大众有了更多的言论表达权，使越来越多的人能够欣赏到草根文化。很多草根，通过网络表达自我、发掘自我，通过网络走红。每个草根，都有自己独特的经历、想法、文化层次、修养，每个人的个性不同、每个人想在网络上表达的东西也不同。网络让草根拥有更多的民主权。

但是,网络的这种特点,也使得草根文化变得肤浅、低俗甚至不堪入目,让不少人诟病。一些人为了取悦大众,恶搞、山寨、选秀,不惜降低自己的道德底线。有些草根文化不被精英文化赞同、认可,也是出于这方面的原因。

草根文化之所以受到大众的追捧,主要是它比精英文化更有亲和力。精英文化一开始定位就比较高端,避免因取悦大众而陷入平庸、肤浅。精英文化似乎没理由降低身份提升在低层次受众中的地位;草根文化,也似乎没有理由过分高端,但我们最终要回到提高全民素质上来。这样,整个社会的精神价值观才能改善,才能使得草根文化脱离庸俗。

网络媒体在给草根文化带来机遇的同时,也给了主流媒体一个平台。精英文化有时也可以适当放下身段,不要让人感觉太遥远,毕竟有时不需要标榜自己高高在上。草根文化也要在以后适当发展,逐渐脱离肤浅、庸俗。因为随着草根的日益改变,属于它们的文化也在一同改变。没有人一开始就注定是草根,也没有人一开始就注定是精英。每个人都在循序渐进地学习、工作、成长,一步步开始自己的人生。现在,人们也许还举得出哪些是草根文化、哪些是精英文化。但多少年后的某天,也许只要几年,人们可能什么都举不出来。未来,谁又说得准呢?精英文化就全部都好吗?草根文化也有好多很深刻的观点、想法,有的甚至比精英文化有过之而无不及。草根文化在网络迅速发展的情况下,一定会经历从无序到规范、从肤浅到深刻的过程。

网络能够支撑精英和大众两种文化。缺乏好的技术,网络文化内容的呈现和使用会受到影响;而不注重网络文化内容,则会使技术的呈现失去目的、价值和意义。由于信息文化工业的迅猛发展,网络文化在更大程度上表现为大众文化。

近期,"草根作家"张一一和独孤意表示,将牵头成立"中国草根协会",积极为草根文学青年、草根艺人、草根学者等广大草根群体谋福祉。据称,其目标是:用大众文化来影响精英文化,力争以"陋室草堂"名世的中国草根协会把号称"神圣文学殿堂"的中国作家协会"比下去"。[30]

美国学者约翰·格里尔和拉尔夫·温格斯坦,曾提出著名的EPS循环论,认为人类的文化发展如果以传播方式来划分,大致可以分为"精英文化——大众文化——专业文化"三个阶段。现今世界上大多数国家,都处于具有强烈反精英色彩的大众文化阶段。但随着教育的进一步发展、社会分工更加细密、人们余暇的增多,人类将会进入专业文化时期。[31]

五、网络文化传播的效果与公信力

有关研究显示,在中国特定的新闻传播环境中,中国网民对互联网的依赖程度比美国等其他国家高。

"网络新闻传播通过形成强有力的网络舆论力量,对新闻真实性起着越来越显著的'双面放大'效应。一方面,网民通过网络舆论对新闻信息进行有效的'打假',使网络舆论成为维护新闻真实性的重要新兴力量；另一方面，网民滥用网络舆论的传播力量，也致使假新闻、失实报道、谣言频繁出现，混淆视听。”[32]现实生活中，人们尚且戴着“面具”，网络更为掩饰自己提供了最有效的巨大的“面具”，信任危机由此产生。

从目前来看，网络媒体公信力不高的原因，主要有以下几个方面。[33]

第一，有关互联网以及网络新闻的法规、制度还不完善。互联网是新兴事物，而网络传播环境与传统媒介传播环境大不相同。传统的传播法规，已不适应网络时代的要求。主要表现为：一些网络立法还比较滞后；相关政策法规无法在短期内得到完善；现实中的很多问题也得不到法律保护。

第二，在利益驱动下，网站片面追求点击率和及时轰动效应。市场经济条件下，不少网络媒体为了吸引受众眼球、制造轰动效应、追求高点击率，对新闻的把关显然不会严格；并且，商业网站总是在追求及时性上下功夫，不少网站忘记了“速度往往是准确的天敌”，一味求新求快，往往在没有详细调查的情况下，就把一些刚刚发生、未经证实的新闻发布出去；另外，某些网站把新闻的平民化，曲解成庸俗化，把通俗扭曲成媚俗，把受众当成猎奇煽情的对象。如此一来，在追求点击率和及时的同时，不可避免地就要忽视质量。

第三，网络新闻从业人员素质不高。初期，商业网站新闻从业人员大多不是科班出身，他们在新闻方面的素质，远远不如传统媒体记者。再加上现在许多网站新闻编辑多是集编辑、发稿于一体，缺少把关。由此产生的后果，就是某些编辑不再去花心思获取第一手资料，而是根据第二手，甚至第三手资料编发稿件。

第四，传统媒体报道存在虚假、滞后等问题。由于我国的网络媒体只有新闻刊播权，而没有采访权，传统媒体就成为其最主要的信息源。因为缺少传统媒体的把关机制和自身传播功能极强的特点，使虚假新闻在网络媒体上传播更方便，危害程度也更大。另外，传统媒体在大众急于知道的新闻事实报道上滞后、主动性不强，也给网络上产生虚假新闻并得以传播创造了机会。

由此看来，加强网络媒体的公信力，强化网络媒体的传播效果刻不容缓。国家和政府有关部门，应加大立法和管理力度。网络媒体，则必须加强自身行业规范和行业管理。现在一个很大的问题是，网站编辑往往以个人的判断和选择来发布新闻，把关人的责任由一个人来承担，这是一种很不科学、很不安全的把关模式，可能直接成为虚假新闻产生的诱因。网络媒体应该借鉴传统媒体的采编机制，建立科学严密的“把关”制度和操作流程规范，确定网络新闻价值的判断原则及实现方法，尽可能地减少虚假新闻的产生概率。

另外，受众是媒体公信力的评价主体，受众对传媒作出认可、信任、赞美等评价的美誉程度，是传媒公信力最本质的体现。从这个意义上说，加强对受众的研究，更好地贴近实际、贴近生活、贴近群众，尽力满足受众需求，是提升媒介公信力的实现途径之一。

公众的网络认知和网络观念也因势而变。公众对待网络的心态将经历三个转变：抵制或管制阶段、被利用的工具或平台阶段、人网合一（网络不再只是单纯的工具）阶段。今后，人们针对网络的心态，将在更深层面上得到改变。比如，曾经在“公信度”问题上贬低网络而抬高传统媒体的传播学专家、教授们，会在更大范围内扭转看法。他们将能够看到，网络媒体公信度，在更多领域内攀升。当然，网络可能依然会存在缺乏公信度的现象，但这可能不是主要地基于网络媒体不同于传统媒体的特殊性，而是基于各类媒体都存在的因素，即人自身的特性，并且，不管在任何领域，都会导致人与人之间的诚信度问题，而不是说只在网络领域内导致特殊的缺乏诚信度。[34]

知识小卡片

媒体公信力遭严重质疑英媒呼吁建立"负责任"文化

窃听事件并没有因为《世界新闻报》的关张而偃旗息鼓，相反，随着一个个黑幕被揭开，窃听事件不断发酵，被捕人数不断增加。从这一事件可以看出，一些西方媒体为了追逐利润，不惜侵犯人权、违反法律，而政府慑于媒体威力，与其暗中勾结，共同侵犯了公众的利益。

此次英国"窃听门"事件除暴露出警方的诸多问题之外，也曝光了卡梅伦政府与新闻集团及其英国子公司国际新闻公司高管不同寻常的密切关系。

例如，卡梅伦组阁后在首相官邸接待的第一位媒体大佬正是默多克，他甚至一度让《世界新闻报》前主编库尔森担任自己的媒体主管。

人权成为利润牺牲品

西方媒体习惯于把自己标榜为"人权卫士"，但事实上，其中一些媒体，尤其是小报往往不择手段，采取窃听等侵犯公民隐私的方法，以获取"独家新闻"，吸引眼球，从而实现利润最大化。

近年来，英国媒体领域的竞争日趋激烈。这个国家只有7000万人口，但面向一般读者的全国性小报却有好几家，其中包括已经倒闭的发行量最大的周报《世界新闻报》，同属新闻集团、英语世界发行量第一的《太阳报》，以及《每日镜报》《每日星报》等。《旗帜晚报》和免费报纸《地铁报》也在不断蚕食这些小报的市场。

此外，随着手机、网络等新媒体的异军突起，英国报纸，特别是小报面临的压力进一步增强。为了遏制发行量不断下滑的趋势，小报从业人员使出浑身解数寻找新闻线索，例如翻垃圾桶、非法侵入他人电子邮件账户等。

美国媒体也不例外。2003年5月，《纽约时报》记者布莱尔编造多条虚假新闻的事件曝光，在美国新闻界引起强烈震动，致使该报执行主编豪雷恩斯被迫辞职。此后，《波士顿环球报》《今日美国报》等主流媒体也纷纷曝出造假丑闻。

标榜独立其实不独立

虽然西方媒体号称是"独立于政府的力量"，但实际上它们与西方国家政府有着千丝万缕的联系，往往成为政府"隐性宣传"的工具。

以美国为例，其媒体就远未做到对外声称的“客观、公正”，还往往因为与政府的密切联系而成为政府影响和塑造民意的工具。

例如，2005年美国媒体曾被曝出在伊拉克战争期间以及在众多领域内“预制新闻”，为美国的政策包装、开道。从表面上看，美国政府对媒体并没有政治上或组织上的直接管理，但政府将自身拥有的强大新闻资源作为与媒体进行协调的重要筹码，吸引媒体进行发布，从而引导媒体，让其心甘情愿地宣传各项政策。

此外，在信息化时代，西方选举政治深受媒体舆论导向的左右，政客为了捞到更多选票或者巩固其政治地位，往往拉拢媒体站到自己一边，而媒体为了捕捉新闻资源，也主动靠拢政府。

媒体公信力遭严重质疑

丑闻迭出导致公众对西方媒体的信任危机愈演愈烈。根据盖洛普公司6月公布的民调结果，目前只有不到三成的美国人表示对媒体“非常有信心”，而在20世纪90年代末这一比例曾高达54%。

此次“窃听门”事件在较大程度上降低了英国公众对整个传媒业的信任。《泰晤士报》发表评论说，“窃听门”事件将媒体和警察这两个民主自由的关键机构都卷了进来，它们重新获得公众信任的唯一途径是建立一种负责任的文化。

英国副首相克莱格就表示，一旦公众开始丧失对警方的信任，情况就太严重了。

信任的流失源自监管的缺位。从英国的情况看，该国没有专门的报刊监管机构，主要靠行业自律，由行业发起并出资的新闻投诉委员会进行松散管理。然而，《世界新闻报》的一系列窃听丑闻让人们对英国自我约束性的媒体管理体制提出强烈质疑。

目前，改进和加强媒体监管在英国已成基本共识。

本章小结

网络发展到现在，发生了巨大的变化。人们开始离不开网络，将私人领域越来越多地网络化，于是私人空间变成了公共领域，因而现在人们开始意识到网络文化对私人空间的威胁。而另一方面，我们可以看到，网络文化不再被垄断，它被不同的群体所分割，越来越多的社会中等阶级的群体融入其中，他们可能是白领、学生，也可能是技术工人，是社会的基层大众，他们在网络中表达自己的生活和意见，渐渐延伸出了自己的文化和言语方式。

在网络时代，建构批判和反思性文化的核心任务，就是对网络文化本身进行批判和反思。网络文化应以大众为本位。故其主要任务不是去代替大众思考，而是让人们自己去批判和反思虚拟生活。批判和反思性文化的功能是减少网络知识权力结构对微观生活的压制。这种压制，往往通过调动自我欲望，使自我不能自拔，进一步而言，批判和反思性的文化建构，为微观生活政治的展开，铺平了道路。当人们通过反思和批判，理解网络知识权力结构的真相时，就形成了一种无形的力量。它会促使网络知识权力结构改进其宰制方式，人们则进入新一轮的批判和反思活动中。

思考与练习

1. 结合实际说明网络文化后现代性有哪些特征。
2. 你如何看待现代网络文化中的非主流文化和草根文化？
3. 如何树立网络文化传播的公信力？

参考文献

[1] 佚名. 基于伦理反思的网络文化战略[OL]. 论文网，(2007—11—23). http://www.lunwentianxia.com/product.free.982409.1/

[2] 孟建，祁林. 网络文化论纲[M]. 北京：新华出版社，2002:246.

[3] 高忠丽. 浅谈网络文化的后现代意蕴[J]. 边疆经济与文化，2008(11).

[4] 詹姆逊. 后现代主义与文化理论[M]. 北京：北京大学出版社，1997:65.

[5] 百度知道. http://zhidao.baidu.com/link? url=JIkR6hsxFvovIrpv3Oq9xVlV227l81rA3kJqFtAI4ld—QZwK8SU

[6] 鲍宗豪. 网络文化概论[M]. 上海：人民出版社，2003:253—254.

[7] 徐宏力. 网络文化与审美退化[J]. 文艺研究，2006(8).

[8] 孟建，祁林. 网络文化论纲[M]. 北京：新华出版社，2002:82.

[9] 李江涛. 中国有了青少年网络成瘾分类诊断标准[EB/OL]. 新华网，(2007—1—16). http://news.xinhuanet.com/society/2007—01/16/content_5614332.htm

[10] 2009年中国青少年网瘾报告发布[EB/OL]. 人民网，(2010—2—2). http://tech.qq.com/a/20100202/000368.htm

[11] 鲍宗豪. 网络文化概论[M]. 上海：人民出版社，2003:231—232.

[12] 王爱玲. 媒介文化："技术理性"主导的大众文化范式[J]. 文化学刊，2009(2).

[13] 孟建，祁林. 网络文化论纲[M]. 北京：新华出版社，2002:16.

[14] 殷晓蓉. 网络传播文化：历史与未来[M]. 北京：清华大学出版社，2005:33.

[15] 杨木喜. 互联网使人们得到和失去的要点分析[N]. 信息通信导报，2010—6—27.

[16] 孙红强. 网络文化漫谈[EB/OL]. 中华文化信息网，http://ghzs.ccnt.com.cn/

[17] 顾明毅，周忍伟. 网络舆情及社会性网络信息传播模式[J]. 新闻与传播研究，2009(5).

[18] 庹祖海. 网络文化综论[J/OL]. 文化发展网，http://www.ccmedu.com/default.htm

[19] 王天德，吴吟. 网络文化探究[M]. 北京：五洲传播出版社，2005:28.

[20] 水矢吾. 别把上网看成入虎口喜欢上网会使人变坏吗？[N]. 中国青年报，2007—6—17.

[21] 鲍宗豪. 网络文化概论[M]. 上海：人民出版社，2003:246.

[22] 彭兰. 网络文化发展的动力要素[J]. 新闻与写作，2007(4).

[23] 亚军. 农村网络文化现状调查[EB/OL]. 华龙网，(2009—6—15). http://bbs.cqnews.net/thread—550633—1—1.html

[24] 杨鹏. 网络文化与青年[M]. 北京：清华大学出版社，2006:172.

[25] 严文君. 法治是建设和谐网络文化的关键[N]. 文汇报，2007—4—25.

[26] 黄橙. 网络文化正影响着我们的表达[N]. 科技日报,2008-6-20.

[27] 黄华新,顾坚勇. 网络文化的范式转换——从精英文化到大众文化[J]. 自然辩证法研究,2001(12).

[28] 佚名. 互联网发展的必然——草根文化[R/OL]. 中国戏网,(2010-1-15). http://www.poluoluo.com/jzxy/201001/77129.html

[29] 谢湘佑. 草根作家要办"草根协会"另类方式叫板中国作协[N]. 潇湘晨报,2010-8-30.

[30] 谢莹. 从"机器评委"看电视娱乐节目的创新[J]. 中国广播电视学刊,2009(10).

[31] 屠荣根. 论网络舆论对新闻真实性的"双面放大"效应[J]. 中国广播电视学刊,2009(11).

[32] 李卿. 浅析网络媒体公信力[R/OL]. 千龙网,(2007-4-16). http://www.scio.gov.cn/wlcb/llyj/Document/307118/307118.htm

[33] 雷礼锡. 2007,刺激网络建设与研究进入全新舞台[R/OL]. 文化发展论坛,http://www.ccmedu.com/default.htm

第八章　网络文化建设

学习目标

1. 了解网络文化建设的意义。
2. 了解互联网技术建设对网络文化建设的意义。
3. 了解微博文化对网络文化建设的意义。

2010年以来，各种网络文化热点现象层出不穷：[1]两会前夕，时任总书记胡锦涛率先在人民网开通微博，使“围脖”成为“两会”热词，不少代表、委员也纷纷开通自己的微博，吸引了大批“粉丝”；2014年，文章“出轨门”事件在网上传播开来，马伊琍在微博上发表的“原谅信”中“且行且珍惜”迅速成为流行语，甚至出现在一些会议或寄语中；网页游戏《英雄联盟》受玩家热捧，虚拟与现实交织出“超现实”的网络文化新景观……这些现象，能否代表网络文化？如何建设网络文化？

来自中国政坛的一系列有关网络文化的最新信息告诉我们：有中国特色的网络文化建设、利用和管理，已经成为加强党的执政能力建设的重要组成部分。“从某种程度上可以这样讲，网络文化建设的成败决定了主流文化建设的成败。”[2]未来的文化建设，很大程度上就是网络文化建设，因为不同形式和内容的文化要存在和发展，都必将实现网络化和数字化。

第一节　网络文化重在建设

互联网具有信息海量、即时互动、高度开放的特点。它不仅促进传播方式深刻变革，而且影响和改变了人们的学习、生活、交往与思维方式。然而，网络是一把“双刃剑”，既可能成为促进人们健康向上的“天使”，也可能成为诱使人们堕落沉沦、走向反面的“魔鬼”。因此，必须坚持积极利用、大力发展、科学管理的原则，确保网络文化健康成长，力争在网络文化建设和管理上取得实质性重大突破。

结合我国实际，当前，网络文化建设的当务之急，是在全社会确立社会主义核心价值观，使网民在文化观上达成必要的共识，以确保网络社会中人作为道德主体，在面对诸多冲击和挑战时，能够实现自我重构和优化，保障网络世界的文明与和谐。

从操作层面而言，可以依托三大主体，拓展两个方向，具体内容如下。[3]

一、依托三大主体

网络文化的传播，离不开三大主体——政府、网站和网民。缺少任何一方面，网络文化建设都有可能失之偏颇。

这三大主体，因各自的角色定位不同，发挥的作用也有很大差异。

首先，政府作为网络建设者、监管者与引导者，一要为网络文化建设提供必需的软、硬件环境的基础支持；二要有效地肩负起网络监管的职责；三要注重对网络文化建设的引导。目前，我国政府在网络监管方面仍不足。这就要求政府应加强对网络建设的管理和引导，一方面通过宣传和教育，使各级管理人员成为社会公平与正义的楷模；另一方面通过采取多种措施，对网络文化进行引导。

其次，网站作为网络经营者与内容提供者、信息整合者，不管是政府类网站，还是各种专门的商业网站或民间网站，在权衡各种价值取向上，要有比较一致的立场。政府门户网站不能因为过于简单、程式化甚至是硬 性宣传为主导致网民疏远，商业网站也不能因为过分追求经济利益而忘掉社会责任，其他民间的专业网站或学术网站，在文化大众化方面，也应该担负相应的社会责任。

最后，网民作为信息接受者与文化传播者，应该有自觉的社会意识。尤其是年长一些的和具有道德自觉的网民，不能面对网络失范现象沉默和失语。每个人都有净化网络环境和社会环境的责任和义务，单靠某一个部门的努力，是难以取得广泛成效的。

二、拓展两个方向

以社会主义核心价值观引领网络文化建设，政府相关部门和网站运营者要注意向内和向外两个方向的拓展。

向内拓展，是指努力把主导的文化观念传达给大众，守住网络这块宝贵的文化阵地，做大做强自己的网站。

向外拓展，是指要使中国的先进文化走出去，努力在国际论坛上发出中国的声音，树立中国的形象。

这两方面，有相互促进的作用：国内网络秩序的规范化和核心价值观的主流化，能够树立中国的良好国际形象；将我国的优秀文化通过网络向世界传播，可树立国人尤其是我国网民对国家的信心，增强网民对国家的认同感，增强中国文化的号召力和凝聚力。

从目前的情况来看，两个方向的网络传播都有很多不足。国外的文化和价值观通过互联网这条信息高速公路，已经非常强势地输入国内，抢夺着文化阵地。而我们自己在国外的文化传播，却还非常微弱。2008 年春季发生的“藏独”事件，尤其是奥运圣火在世界传递被“藏独”分子企图破坏事件，充分说明了这个问题。所幸的是，一批年轻的中国留学生，自觉地担当起了传播中国文化的责任，才部分地扭转了我国在这一方面过于被动的局面。值得注意的是，在许多领域，对于通过网络将我国的文化传播给世界这一需求,人们还没有树立起主动出击的意识。在网络文化竞争格外激烈的今天,这对于我国文化价值观的传播,是非常不利的。

有鉴于此,必须从技术到内容各方面,切实重视和大力加强网络文化建设。

第二节　网络文化的技术建设

虚拟现实的建立,是人试图克隆一个完整的真实的世界的欲望的表征。[4]所以,网络文化绝不仅仅是媒介文化的一种,它还是一种虚拟社区文化乃至虚拟的社会亚文化。用心理学的术语来讲,理想自我和现实自我的差距,在网上可以化为零。有鉴于此,加强虚拟生活与真实生活的联系,是网络文化建设的一个重要突破口。电子商务、真实社区的互助服务和公共参与,都需要真实与虚拟的连接。从交往的角度来讲,网络可以使人们在真实社区中的联系更为紧密,而这不失为消解现代科层制度和都市生活隔膜的一个重要途径,也是避免过度沉溺网络的一种方法。

有学者认为,要使网络文化为构建和谐社会贡献力量,最主要是抓住两个重点:一是如何支持产业的健康发展;二是围绕当前网络文化市场发展的突出问题加以管理。最好的办法就是采用先进的技术手段,有效地扼制网上传播的有害内容。包括:信息获取、信息内容识别、信息内容控制、信息内容分级、信息图像过滤、信息内容审计等,以便促进网络文化健康发展,使其更好地为人类服务。

一、互联网新技术建设

目前,我国的网络技术正处于发展阶段,理应借助各种社会力量使之迅速发展,使汉语网络文化能够给人们提供更多、更好的信息资源,使有益的文化资源占据主要地位,使之成为大众文化生活的主要渠道之一。[5]

(一) Web 2.0

美国 OREILLY MEDIA 奥莱利传媒创始人兼 CEO 蒂姆·奥莱利(Tim OReylly)因为最先提出 Web 2.0 的概念,被外界尊称为“Web 2.0 之父”。

关于 Web 2.0 的价值和意义,现在比较普遍的说法是:它使用户实现了真正的个性化、去中心化和信息自主权。互联网作为一种自媒体,有利于人的表达权的实现。

网络热词越来越多地从网络社区群体产生,在网络上,中心话语反而被边缘化。“躲猫猫”“打酱油”“叉腰肌”“70 码”“楼脆脆”“楼垮垮”……这一系列流行语言,已经脱离原有的含义,通过对事件的概括,批判不合理现象,表达着网民多元化的文化观。这种批判,在 Web 1.0 时代,由传统媒体和门户网站发起。现在,则越来越多地由个人发起,先理进入某个 RSS 或 SNS 社区讨论,然后被另外的 RSS 或 SNS 转帖,在社会上产生影响并形成热词,形成足以影响社会现实舆论的力量。

网民通过创建“我”的网站,上传“我”的内容,表达“我”的观点,分享“我”的思想。丹尼斯·麦奎尔(Denis McQuail)指出:由于各种传播手段及其功能的不断融合,公共传播与私人传播之间的差异，也不再受到技术的“支持”。所谓被动的收听者、消费者、接收者或目标对象，这些典型的受众角色将会终止，取而代之的将是下列各种角色中的任何一个：搜寻者、咨询者、浏览者、反馈者、对话者、交谈者等，Web 2.0 给予网民获得更多权利的可能性。

（二）下一代互联网

互联网的更新换代，是一个渐进的过程。虽然目前学术界对于下一代互联网还没有统一定义，但对其主要特征已达成如下共识：

(1) 更大：采用 Ipv6 协议，使下一代互联网具有非常巨大的地址空间，网络规模将更大，接入网络的终端种类和数量更多，网络应用更广泛。

(2) 更快：可以实现 100M 字节/秒以上的端到端高性能通信。

(3) 更安全：可进行网络对象识别、身份认证和访问授权，具有数据加密和完整性，使网络更加值得信任。

(4) 更及时：提供组播服务，进行服务质量控制，可开发大规模实时交互应用。

(5) 更方便：无处不在的移动和无线通信应用。

(6) 更可管理：有序的管理、有效的运营、及时的维护。

(7) 更有效：有赢利模式，可创造重大社会效益和经济效益。

（三）“三网融合”

国际电信联盟(ITU)于 20 世纪 90 年代中期提出“三网融合”的概念，即将电信网、有线电视网和计算机网三大基础信息网络融合，建设为统一的全球信息基础设施，通过互联、互操作的电信网、有线电视网和计算机网等网络资源的无缝衔接，构成具有统一接入和应用界面的高效网络，使人们能在任何时间和地点，以可接受的费用和质量，安全地享受多种方式的信息应用及服务。[6]在我国，所谓“三网融合”，主要是指电信网、广播电视网和互联网之间的融合。[7]它并不是指三种网络在物理层面的合一(integration)，而是指这三种网络在业务和服务层面相互进入、相互渗透融合(convergence)，从而最大限度地发挥现有信息基础设施的价值，进一步拓展新的信息传播市场空间，不断优化我国信息传播产业的结构，提升其在经济社会发展中的战略地位，从而为广大消费者提供更为便利、快捷、优质的信息传播服务。

二、以手机为代表的移动多媒体建设

（一）3G 网络传输技术

3G，即第三代移动通信系统，是将无线通信与国际互联网等多媒体通信结合的新一代移动通信系统，能够在全球范围内更好地实现无线漫游，并为图像、音乐、视频流等多种媒体形式提供技术支撑，提供包括网页浏览、电话会议、电子商务等多种信息服务。

移动互联网业务成为新媒体发展的一个焦点。2008 年年底，全球 3G 用户总数达到 76 亿户。2009 年，被称为中国的 3G 元年。在未来，3G 覆盖会更加广泛，也会着重加速手机上网用户的发展。“3G的发展不仅仅扩展了移动通信业务功能，满足消费者低成本、高网速的需求，而且由于相对于2G更明显的‘移动互联网’色彩，其更强的移动性、即时性、整合性、交互性、视频化、一体化等特点将显著改变人与人之间的社会关系。”[8]

（二）移动通信与互联网趋向融合

移动通信与互联网的融合，已经成为一种趋势，二者在多方面都在逐步融合。[9]移动通信与互联网的真正融合，将创造一个前景广阔的移动互联网市场，同时产生一种全新的移动网络文化。这种融合可以分成以下三个层面。

1. 终端融合。手机跟互联网之间，越来越趋向于融合。早些年，互联网的发展，与移动通信的发展，是两条截然不同的道路。互联网上的主机与个人终端固定，且运行速度远高于手机终端。然而，随着科技的高速发展，如今的手机终端，在功能上已经逐渐与电脑看齐，甚至已经超过了普通电脑。美国苹果公司的iPhone就是一个典型的例证。iPhone手机，与其说是一部手机，不如说是一部功能超强的集通话、娱乐为一身的微型电脑。

2. 网络融合。由于整个移动通信网络逐步向着IP方向迈进，跟现有的互联网结构越来越呈现出一种融合的趋势。如近年来出现的VOIP技术，更是将语音通话搬到了IP互联网上。可以预见，这些技术的发展，将进一步填平通信网络与互联网之间的鸿沟。

3. 文化融合。手机从当初象征富贵的大哥大，到如今几乎已经是人手一机，不可遏制地朝娱乐化方向发展。尤其是随着移动互联网的迅速普及，互联网与移动通信领域的各种文化现象，已经开始互相渗透。

（三）微博客逐渐进入日常生活

维基百科对微博客的定义是，一种允许用户及时更新简短文本（通常少于200字）并可以公开发布的博客形式。它允许任何人阅读或者只能由用户选择的群组阅读。这些信息可以通过很多方式传送，包括手机、即时通信软件、电子邮件等。

微博客最大的特点，就是集成化和开放性，让用户随时随地通过网络或手机短信更新和发布最新动态信息，真正实现随时随地想说就说。微博客与传统博客的最大区别，在于“微”，例如Twitter这样的微博客平台，每次只能发送140个字符。

2006年，美国人埃文·威廉姆斯（Evan Williams）创建Twitter网站。在短短的4年时间内，Twitter的访问量以惊人的速度增长。根据AC尼尔森2009年3月的报告，该网站每月的独立访问者，已经超过600万，并且每月有近5500万的点击率，Twitter正以13.82%的增长率稳步发展。2009年，国内借着这股Twitter风，相继建立起了叽歪网、9911、饭否网、新浪微博客等十余家微博客网站，“微博客”逐渐进入人们的生活。

微博客，虽然只是在原有的“博客”前加上一个“微”字，但是其意义，却不只是博客的微缩版。它与博客的区别，不仅表现在信息发布的及时、方便，更重要的是微博客借助种种便捷优势，使网民的文化身份在信息高速发展的今天，又迈向了崭新的阶段。[10]

2010年3月的“两会”期间，微博客大放异彩。不仅成为各大网站首页推选的内容，还在许多“两会”代表提案的选定、消息的最新发布方面发挥出独特的作用。很多代表通过微博客，发出征求民意的微博文，教育、住房、就业等问题，均有所涉及，并以此获得“两会”提案的建议、意见。通过与网友形成全程互动，获得了不少建设性意见。从而增强了中华民族的身份认同感，体现了中国人民与祖国的兴衰荣辱息息相关。微客，还在一定程度上增强了民族凝聚力。对于通过媒介建构起的这种身份的认同感，威廉·甘姆森曾经指出：“社会成员的身份认同感可以增强社会群体的凝聚力。”

据不完全统计，国内的微博客网站已有数十家。其独特的传播方式也引起了很多投资人的关注。业内人士指出，目前，国外的微博客如 Twitter，已经开始在厂商客户服务跟踪，产品、品牌信息传播，与顾客对话，危机公关，话题营销等方面进行尝试，而国内的微博客还处于市场探索和人气积累的阶段。国内的微博客网站未来将如何发展，又将如何赢利，目前都还没有明确的方向。

第三节　网络文化的内容建设

加强网络文化的自我管理和自我约束，是实现有序发展的内在要求。网络文化建设，不能只停留在政府部门的引导上。网络文化的发展，需要社会各界，包括与网络发展有关的企业、团体、个人以及大众共同努力，提供网络文化发展所需的“水分”和“养料”，并将这些条件有机结合，只有这样，才能保证网络文化健康、有序地发展。

当今，推动网络文化内容进步，其重要性丝毫不亚于网络设施和技术的开发与建设。没有内容，就没有用户；没有用户，就没有内容提供商来提供内容；没有人提供内容，也就没有建设基础设施的积极性。从内容来说，网络文化包括两个方面：一是现有文化的网络化和数字化，即文化上网；二是在网络基础上的文化创造和创新。网络社会建设的根本，在于完善网络中活动着的主体——“人”。正因为如此，红网所遵循的“靠新闻吸引人，靠资讯服务人，靠论坛留住人”的内容建设思路，取得了良好的传播效果。

一、网络文学异军突起

网络的出现，改变了中国文学创作的格局。文学的门槛降低了，走向文学的道路变得更加宽广和多样。作家葛红兵便很看好网络文学的未来，并称：网络文学的未来，就是文学的未来。传统纯文学，或说主流文学，其实有很多的限制和束缚。而网络文学中出现的许多玄幻、仙侠和穿越、重生等类作品，为丰富文学题材和文体，提供了多种可能性。“创作主体的个性化、创作客体的多元化、创作文本的动态化、创作过程的模糊化，构筑了网络文学外延扩大并走向通俗的民间文学的特征，因此，我所理解的网络文学，是一种新民间文学，是一场广泛的群众文化运动。”[11]

诞生于北美华人之手的汉语网络文学，经过十几年的发展，走过了无人问津的草创期，也度过了备受指责的落魄期，如今已经发展成为一支不可小觑的文学新军。[12]网络文学作品数量激增，众多文学网站访问量屡创新高，一大批网络作品和写手受到追捧，一部部点击率高的作品被遴选出版，登上了畅销书排行榜……网络文学，这种一度连

“正名”都困难的“野路子”文学，已经实实在在地走进了公众的文化视野，步入了时代文学的殿堂。

（一）重整文学格局

中国互联网的发展，为网络文学的普及奠定了基础，网民的低龄化也使得汉语网络文学更多地走向青春文学和娱乐文学。

走进网络文学，我们会惊异地发现，昔日被视为“另类”和“边缘”的网络文学，正在向着文学主阵地挺进。数字技术和传媒市场的双重力量，已经把网络文学从山野草根推向文学前沿。文学的格局，遭遇数字技术的重组。

第一，互联网开放的文学生产机制所形成的庞大的文学生产群体和作品数量，让网络文学足以确认自身的文学在场性和文化新锐性。据不完全统计，全世界范围内的中文文学网站，已超过4000家，而国内的汉语原创文学网站，也已超过500家。一个文学网站一天收录的各类原创作品，可达数百乃至数千篇。如目前最大的中文网络原创文学网站“起点中文网”，就存有原创作品22万部，总字数超过120亿，日新增3000余万字。它的网页日浏览量（PV），已高达22亿次。这样庞大的作品数量和读者群体，对当代文坛乃至整个社会文化的影响，已超出文学本身的意义，应该放到“国家文化发展”和“一代人的成长”的大命题下来看待其深远的价值和意义。

第二，网络文学的市场化崛起，打破了传统文学的原有平衡，改变了当代汉语文学的总体格局。当今文学，已经初步形成了“三分天下”的新格局：其一是以文学期刊为主阵地的传统文学；其二是以出版营销为依托的图书市场文学；其三是以互联网为平台的网络文学或新媒体文学。新媒体文学一面与传统的精英书写分庭抗礼，一面向出版商暗送秋波，其强劲的生产体制、传播机制和文化延伸力，使它在当今文学的整体格局中，获得了三分天下有其一的份额，并且还在以加速度的方式，让这个“蛋糕”越做越大。

第三，网络文学在挑战传统与更新观念的历程中，悄然改写文学惯例。一大批业余写手在互联网上的快意创作，将在线空间拉回到大众立场，民间记忆重新从潜意识深处浮起，创造了网络文学生产的新机制。从存在方式到表意体制，从知识谱系到观念形态，对传统的文学实施全方位“在线手术”，让正统的文学范式遭遇拆解和置换，致使文学不得不面对“数字化生存”的严峻现实。

（二）加速文学转型

网络文学既有“新媒体文学”的独有特征，又有“新世纪文学”的崭新姿态。它在文学存在方式、创作模式、价值理念和研究方法上的变化，已经引发了文学成规改写、文学体制变化和文学观念更新，加速了当下中国文学的转型。

（1）文学创作从专业化向“新民间写作”转型。以计算机网络为代表的“E媒体”，先验地预设了兼容和平权的机制，技术化的虚拟自由，强化了在线写作的民间立场，激发了社会公众的文学梦想和创作热情，让文学在消解中心话语和权级模式中，实现话语权向民间回归。网络写作常常以平民姿态、平常心态叙写平凡事态，用大众化、凡俗化的叙事方式，展示普通人本真的生活感受，显示出平凡的真切感。

(2) 文学媒介由语言文字向数字化符号转型。网络媒介改变了传统文学的存在方式，突破了“语言艺术”的阈限，减少了对语言单媒介的依赖，实现了符号载体的“脱胎换骨”。它把基于“文房四宝”的执笔书写和机械印刷，变成键盘与鼠标的“比特”叙事，把基于原子物理的二维存储，挪移到了数字虚拟的“赛伯空间”，在一个另类时空中，打造数字化的文学乾坤。

(3) 文学传播方式转型。网络文学在完成创作和发送后，凭借互联网的全球覆盖和触角延伸，把没有重量的比特传递到世界的各个角落，同时也把软载体的文学文本“撒播”到无数用户手中，实现了由“推”传播向“拉”传播、单向传播向多向传播、延迟性传播向迅捷性传播的转化，用电子技术破除物理传播时代几乎所有的信息壁垒，从物质、时间、空间三位一体上，突破原有的藩篱，实现了艺术信息的无障碍传播。

(4) 作品内容与艺术形式转型。传统文学创作内容，源于社会现实生活，具有客观实在性。网络文学的创作内容，既涵盖客观的社会现实生活，又包容网络虚拟空间的生活感受，还包括现实生活世界与网络虚拟世界之间的对立、渗透与转换。

网络文学创作内容对电子虚拟世界主体的生存状态、情感状态的关注，是网络文学发展的必然结果。网络媒介中的文学充满叛逆性和另类性，使传统的文学文体类型划分悄然发生着变化，不仅纪实文学与虚构文学、文学创作与生活实录、文学与非文学的界限被逐步抹平，而且传统文学类型中的文体分类如诗歌、小说、散文、剧本等，都已变得模糊或被淡化，而超文本与多媒体技术在创作中的广泛运用，更是让原有的文本形态发生了“格式化”般的裂变。

(5) 思维观念转型。机器化的符号规则代替汉字结构规范的结果，便是数字操作颠覆铅字权威，“输入”代替“书写”。其所形成的“词思维”对“字思维”的替代，以及“词思维”与“图思维”的相互渗透，已经悄然置换了传统的艺术思维方式。“词思维”的快捷与“图思维”的直观，在使表达提速的同时，却挤占了“字思维”的理性过滤和思想沉淀，把文学创作的意义生成，全部交给了感觉的撒播，从而消弭了文字书写时的深思冥想和因表达“延迟”而凝练的语言诗性，让平面化、碎片化的文本消解文学深沉的意义维度和历史的纵深感。

二、网络“恶搞”亟待疏导

(一) “恶搞”的来龙去脉

“恶搞”是一个网络术语，同互联网的诞生有关。互联网的出现，使大众传播格局发生了革命性的变化。由于互联网巨大的互动功能及信息发布的高度自由，接受者同时也成为传播者，普通的信息发布者，也容易湮灭于这个信息之海中，变得无足轻重。于是，有些互联网受众个体，不断探索使自己的信息发布不至于悄无声息的途径，使用形形色色的叙事手段与传播技巧，以获得超常的点击率，从而获得某种利益与成就感，甚至满足潜藏于心底的某种私欲。“恶搞”，就是其中的手段之一。

其实，互联网上的“恶搞”由来已久。由最早的文字“恶搞”，发展到图片“恶搞”。在早期的图片“恶搞”中，一个著名的例子，是有网民将某电视台著名女主持人的头像，嫁接在一个黄色图片上，造成空前的点击率。后来，由于互联网视频传播技术的发展，视频“恶搞”自然而然成为某些“恶搞”者点石成金的如意手指。由于视频恶搞的可视性，有评论者认为，此前的文字与图片“恶搞”仿佛当年的黑白电视，而视频“恶搞”则是彩色电视。自胡戈的《一个馒头引发的血案》出现之后，网络视频“恶搞”一时名动天下，在引发种种争议的同时，大赚天下人的眼球。

（二）恶搞的种种表现

“恶搞”现象现在极为流行，以至于形成一种文化，称之为“恶搞文化”。“恶搞”一词来源于日语“Kuso”，原本是“粪”的意思。开始是教游戏玩家如何把“烂游戏认真玩”的意思，后来经中国台湾传入大陆，渐渐演化成“恶搞”之意。此处的“恶”，并没有恶意的意思。

恶搞，可以是图片。以网络小胖的图片为代表，他独特的斜视表情，被软件修改成各种各样的图片，戏谑搞笑。也可以是名画，以《蒙娜丽莎的微笑》为代表，被网友们添加了“各类表情符号”来代替表达。恶搞，可以是方言。例如，经典动画片《猫和老鼠》被各种方言配音，一时间，“四川老鼠”“东北猫”，令人忍俊不禁。恶搞，可以是语言。例如对电影《大话西游》的经典台词的恶搞，就有彩票版、IT 版、考研版、啰唆版、方言版等。

先请看原文台词：

> 曾经有一份真诚的爱情摆在我面前，我没有珍惜，等我失去的时候我才后悔莫及，人世间最大的痛苦莫过于此。

再看啰唆东北方言版恶搞台词：

> 咳！就是以前吧，有个贼拉纯的爱摆在我的面前，可惜啊，俺愣是没看出来！哎！等失去了才知道，我那个后悔啊！肠子都悔青了，人世间最难过的事就是那个时候了。

恶搞，可以是影视。以琼瑶的《还珠格格》为代表，剧中众多片段被网友配上各种搞笑配音，甚至一度颠覆了《还珠格格》中“尔康”的深情形象。恶搞，可以是流行歌曲的歌词改编。例如《吉祥三宝》走红后，这首歌曲也成为众人关注的对象。有人用这首歌曲的曲调重新填词，比较著名的有“馒头无极版”“养猪版”，甚至还出了一个“小偷版”。

在网络虚拟世界里，人与人之间的交往，往往是匿名的，所以约束比较少，可以充分自由地表达自己的观点，展示自己个性化的一面。它激发了恶搞者的创造力、想象力和幽默感。于是，网络成了“恶搞文化”发展和传播的最好平台。“恶搞作品反映了网民叛逆、自我、追求享受、反抗沉重的时代特点。”[13]

（三）辩证看待恶搞

对于恶搞，专家学者们的意见，也不尽一致。

例如，中国社科院研究员辛向阳认为，“恶搞”在网络上正泛滥为一种流行的“文化时尚”，从视频到文本，从网络到电视，从流行歌曲、热门节目到古典名著等，都难逃被“恶搞”的命运。“恶搞”之风危害严重，造成是非不明、荣辱颠倒，主流意识形态和价值观念受到侵害。这些不良的网络文化现象，被国外媒体称为中国崛起需着力解决的“五大问题”之一。[14]

然而，实际上，“恶搞”现象，如今已经从一种小众行为，升格为大众集体娱乐行为，并成为当下网络文化的一大特色。中国人民大学法学院副教授沈致和认为，恶搞的“恶”不是恶意的意思，而是“夸张、超出常规”的意思，是种“滑稽模仿”。由于升华了原作的意义，浓缩了创作精华，依然属于创作范畴，对这种创作的原动力应该宽容甚至鼓励。

面对网络上形式多样的恶搞作品，我们应该辩证地看待。[15]

首先，它来源于大众对于现实生活的某种意义上的批判，体现着草根们对庙堂文化的对抗，如果合理使用，可为观众带来新的审美娱乐享受。但网络恶搞仅作为一种个人行为的宣泄，是需要适度引导的。网络恶搞对原创作品的刻板复制、挪用，决定了它的深度有限，艺术价值也不会太高。因此，它仅是文化大家族中的一个丑角而已。其未来的发展，还有待于创作水平和精神内涵的提高。

其次，某些题材粗俗浅鄙的恶搞作品的出现，要求我们的文艺批评家需要更科学地对网络恶搞行为，对其进行有效的理论引导。

最后，创作者要有节制地使用恶搞，更多地进行经典文化和原创作品的创造。网络是个缺乏严谨过滤机制的文化场，需要文化工作者率先自律，坚守职责。

（四）合理疏导恶搞

中国古代统治者有一个说法，那就是防民之口甚于防川。历代对防民之口采取的措施有许多，但归纳起来不外乎两种：一是堵塞，二是疏导。

事实上，在这场影像恶搞之风中，社会管理者也宜采用疏导的方法。

一是完全的塞堵难以奏效。鉴于互联网之开放，恶搞者之众，如果完全采取塞堵的方法，那么需要巨额的社会成本。其实，即便堵塞了影像传播的路径，但是其作为一种叙述方式或策略并不因此而销声匿迹，而是会寻找新的突破口。

二是完全堵塞一切恶搞，包括一些有积极意义的反讽作品，无疑不利于某些社会情绪的宣泄，从而陷入塞川决堤的古老渊薮。

三是影像恶搞更多源于民间的智慧、民间的欲望、民间的叙述方式，有人担心中国民众好不容易萌发的某种幽默感，会被完全的塞堵所窒息。

基于以上一些考虑，我们认为，对于恶搞行为：一方面要加强管理，另一方面要采取有效疏导的方法，比方加强对于版权侵权、名誉侵权等法规的宣传，支持对恶搞者恶意侵权的法律追究。同时，对于并无恶意或社会负效应很低的恶搞行为持相对宽容的态度。有人认为，我们不能“恶搞”，但可以“善搞”。这其实不失为一个好的建议与策略。

(五) 发展网络视频

网络视频,是指内容格式是以 WMV、RM、RMVB、FLV 以及 MOV 等流媒体类型为主,可以在线播放、观看的文件内容。这里的在线,包括两种形式:直接通过浏览器在线播放或者通过终端软件在线播放。前者主要是模仿 YouTube 模式的视频分享类网站,以优酷、土豆、酷 6、六间房、我乐网等为代表。该类视频网站鼓励用户自行上传网络视频进行分享。因此,视频内容长短不一,题材广泛,视频形态多样,可以通过 PC、手机、摄像头、DV、DC、MP4 等多种视频终端摄录或播放。优酷 CEO 古永锵提出了“微视频”的概念,指短则 30 秒、长则不超过 20 分钟的网络视频,具有“短、快、精”、大众参与性、随时随地随意性的特点。后者主要是以 P2P 技术为核心的视频观看平台,如 PPlive、PPStream、UUSee 等。它们通过打造稳定流畅、内容丰富的视频平台来吸引用户。此类平台,相当于电子商务 B2C 业务中的 B 方。尽管其播放模式有点播,也有直播,但是视频内容来源相对单一和集中,易于管控。英国知名杂志《经济学人》网络版分析指出:“YouTube 证明了用户会上网观看视频,而 HuLu 则证明了广告主会为视频买单。”

2008 年被称作“视频网站元年”,视频网站风起云涌,版权纠纷也此起彼伏。国内虽然有 300 多家视频网站,但节目同质化现象严重。评价视频网站一个重要的标准,就是内容的丰富度。优质、独特的内容,是增强受众黏度吸引广告商和客户的制胜法宝。因此,“对网络视频不能片面地采取全面封杀或全面禁止的极端管理手段,应该采取加强管控和扶持产业发展相结合的辩证思路,唤醒自律意识,依法有序地进行疏导”。[16]

第四节 网络文化建设的调查与思考

一、网络文化建设调查结果分析

中国调查网,曾于 2010 年 5 月,就“网络文化建设”,进行过一次专业调查。以下是调查问卷及其统计结果。

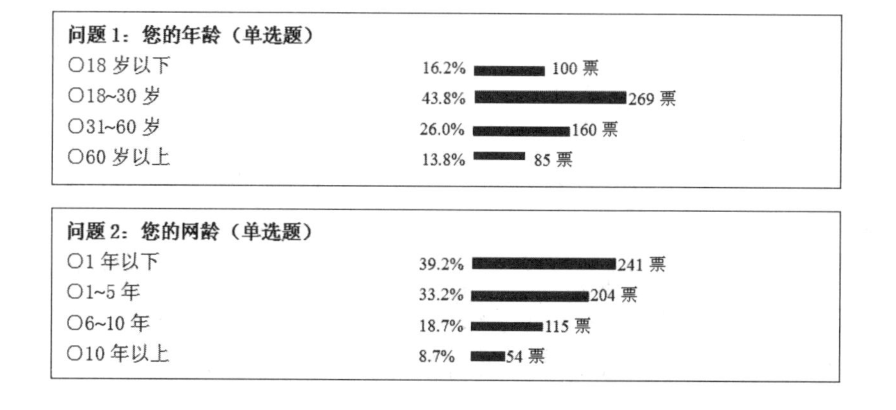

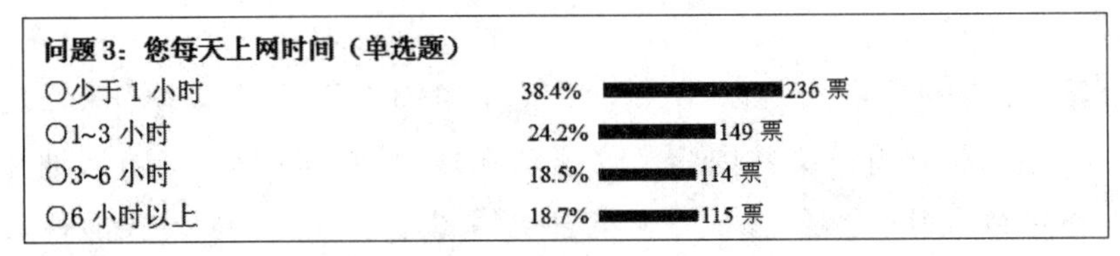

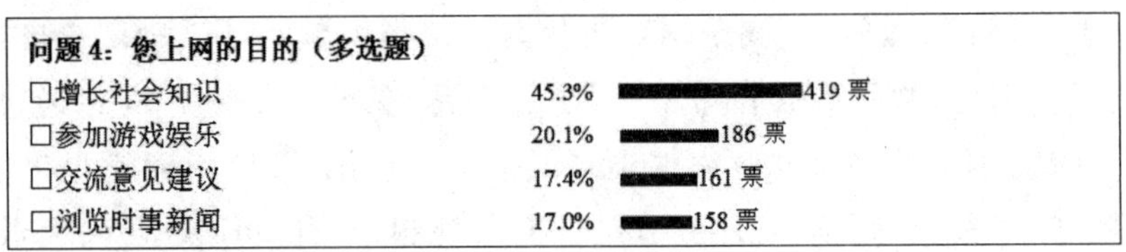

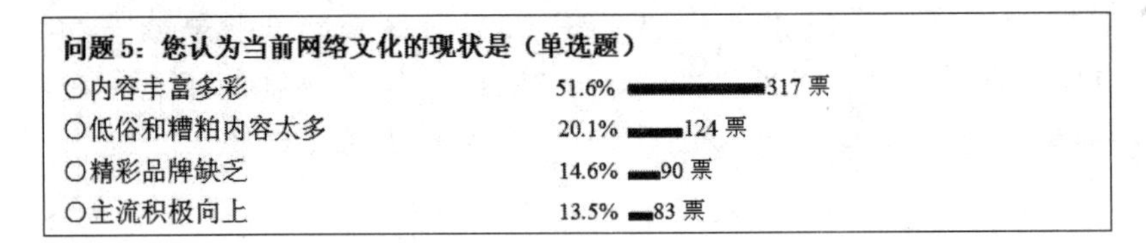

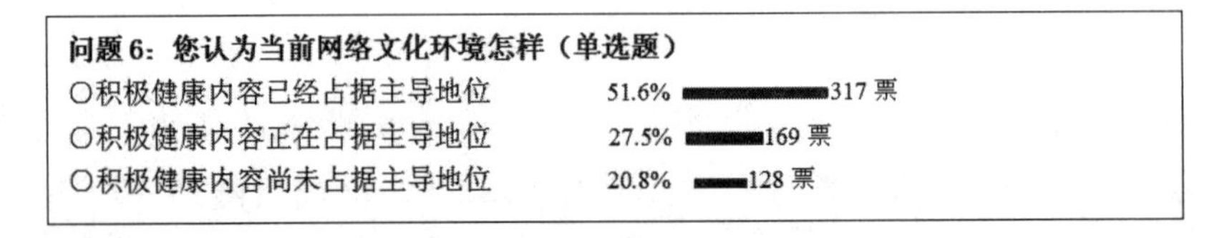

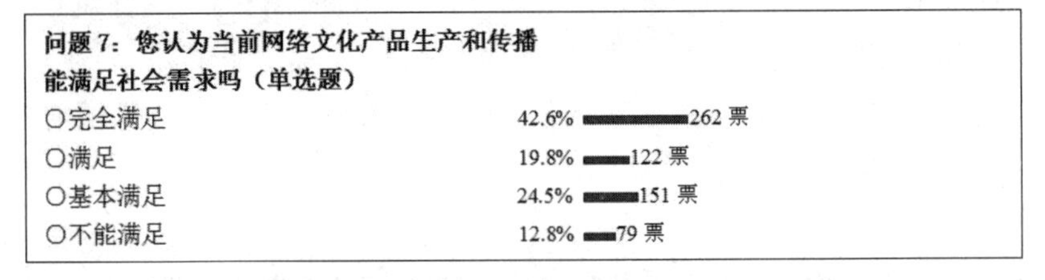

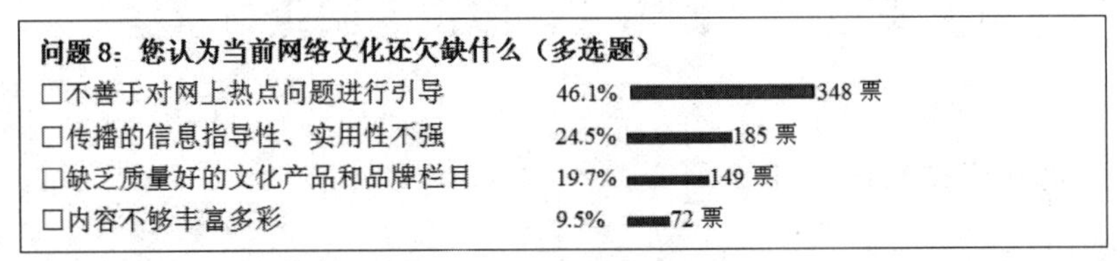

图 8-1 网络文化建设调查

本项调查，共有 614 人次参与。根据调查结果，参与调查者的年龄，近半数(43.8%)集中于 18～30 岁，其次为 31～60 岁(26%)，18 岁以下、60 岁以上分别为 16.2%、13.8%。这与中国网民的年龄分布大致一致，表明目前网络文化建设的服务对象，主要为 30 岁左右的网民群体。

就网龄而言，1 年以下者居多，达 39.2%，反映了新增网民的比例较大。1～5 年网龄的群体为 33.2%，这同近年来网民规模的逐步扩大相吻合。18.7%的人选择的是 6～10 年网龄，反映了 2000 年以来特别是 2006 年以来中国网民规模的递增趋势。10 年以上网龄者并不多，仅为 8.7%。平均而言，多数网民的网龄，集中在 6 年左右。

在每天上网时间方面，少于 1 小时者占据首位，达 38.4%，这恐怕与学生群体每天学习时间紧张和上网条件受限相关。每天上网1～3小时者紧随其后，为24.2%，这大概反映了网民每天上网时间的平均值。每天上网3～6小时者与6小时以上者大致相当(18.5%∶18.7%)，这些网民的职业，应当同电脑应用相关，特别是后者，理应属于职业网民了。

将“增长社会知识”作为上网目的的网民最多，高达45.3%，说明传播知识应当是网络文化的首要功能。以“参加游戏娱乐”为上网目的者为20.1%，反映了网络文化同包括电视文化在内的传统媒介文化之间的明显区别。

“交流意见建议”与“浏览时事新闻”的比例旗鼓相当(17.4%∶17%)。不难看出，网络文化建设，应当突出知识性，兼顾娱乐性，也不能忽视新闻性。

令人鼓舞的是，超过一半的人对当前网络文化的现状是比较满意的，认为“内容丰富多彩”的比例达到51.6%，另有13.5%的人肯定“主流积极向上”。当然，也应当看到，20.1%的人认为“低俗和糟粕内容太多”，还有14.6%的人认为“精彩品牌缺乏”。正所谓“三七开”——“七分成绩，三分问题”。因此，如何兴利除弊、扬优去劣，是网络文化建设面临的重大问题和首要任务。

对于“当前网络文化环境怎样”这一问题，51.6%的人选择的答案是：“积极健康内容已经占据主导地位”。选择“积极健康内容正在占据主导地位”的比例为27.5%，选择“积极健康内容尚未占据主导地位”的比例为20.8%。这表明，多数人对网络文化环境持乐观态度。网络文化建设的下一步，不仅需要让积极健康的内容进一步占据主导地位，取得数量上的绝对优势，更需要让积极健康的内容真正为网民所喜闻乐见，确保质量的上乘。其中，自然包括形式方面的优化。

对于“当前网络文化产品生产和传播能满足社会需求吗”的问题感觉“完全满足”者多达42.6%，这恐怕同参与调查的“菜鸟”居多不无关系。感觉“基本满足”者为24.5%；感觉“满足”者的比例稍高于“不能满足”者，分别为19.8%和12.8%。大致而言，可以认为，当前网络文化产品的生产和传播，基本上能满足社会需求。问题是，网民对于网络文化产品生产和传播的需求，是动态的而不是静态的。也就是说，需求是不断增长的。网络文化建设的目的，不正是在于满足广大网民日益增长的网络文化需求吗？

“不善于对网上热点问题进行引导”，是网民认为当前网络文化最欠缺的地方，选择此项者的比例高达46.1%。处于第二位的是“传播的信息指导性、实用性不强”(24.5%)，“缺乏质量好的文化产品和品牌栏目”(19.7%)排在第三。另有9.5%的人选择的是“内容不够丰富精彩”。提高对网上热点问题的引导艺术，不仅敢于引导，更要善于引导，应当成为衡量网络文化建设是否合格的首要指标。与此同时，也要加强信息的指导性、实用性，不断生产出高质量的文化产品、打造网络文化的品牌栏目，使网络文化的内容更加丰富精彩。

总之，对于网络文化建设来说，内容为王、形式是金。因为有了好的渠道，接下来需要的就是源源不断的活水。

二、增强网络文化建设的文化自觉

全球勃兴的网络文化，正在推动全球范围内的产业革命、文化观念与活动的创新、社会变革。积极应对新时期网络文化建设的机遇与挑战，不仅仅是国家层面的总体要求和战略推进，更应成为区域层面的细化操作与创新实践。[17]

（一）网络文化与地方文化

网络技术的广泛应用，对文化发展产生了革命性的影响。它使文化的创造、传播和消费，突破了时空的局限，成为提升地方文化软实力的新引擎。

依托互联网产生的网络媒体、网络出版、网络动漫游戏等新的文化形态，为经济发展拓展了新的空间。但网络文化产业的高技术密集性、高知识密集性、高资本密集性的特点，却在无形中对文化企业构筑起产业准入的壁垒。大力繁荣发展网络文化，任务十分繁重而紧迫。

（二）网络文化建设管理创新

这是构建区域和谐文化，增强地方社会和谐力的内在要求。当前，我国正处在改革发展的关键时期，社会矛盾和社会问题日趋多元。互联网以其强大的群际传播和社会动员功能，正成为不同文化冲突碰撞、不同民意表达会聚最明显、最集中的领域。一地的局部问题，很容易通过网络的催化和放大，演变成为全局性问题，直接影响社会的和谐稳定。因此，地方政府也应坚持用先进文化占领网络舆论阵地，积极畅通民意表达渠道，努力构建和谐网络文化。

（三）拓宽外宣渠道，增强地方形象影响力

互联网突破传统的地理界限，可以实现信息的裂变式高速传播。同时，作为“第四媒体”，它具有整合所有传统媒体的潜力，是展示地方形象最便捷的渠道。但受内、外部因素制约，部分地方政府网站存在“重新建轻应用”、新闻网站存在“重转载轻采编”等现象，网络外宣的规模和影响不大。又或者因为特色不鲜明、品牌不突出无法获得应有的关注。因此，各地应充分发挥网络文化的传播优势，努力提升地方的对外宣传传播能力。

第五节　网络文化视阈中的微博景观

传播学家麦克卢汉说过：“媒介是社会发展的基本动力，也是区分不同社会形态的标志，每一种新媒介的产生与运用，都宣告我们进入了一个新时代。”微博的迅猛发展，实际上是在宣告一个新的媒介时代——微博时代的到来。这是一个信息生产的全民时代。这个时代的显著特征是：信息的当事人、观察者、传播者、消费者之间的界限不仅被完全打破，而且相互变换，“分享”与“发现”，不再是少数人或者少数机构的特权，而是成为人人可能拥有的能力。[18]更重要的是，这种能力可能在很短的时间内演变成为一种几乎是几何级数倍增的力量，并且必然要在公共领域产生影响——不论它是作为一种建设性力量的积极影响，还是作为一种破坏性力量的消极影响。微博正是这样一种新媒介，它满足了民众对信息的需求，提供了民众对社会事件的参与渠道，同时也加强了整个社会——包括人与人之间、公民与政府之间、消费者与企业之间、明星与粉丝之间——的联系，从这个意义上说，微博的出现，正是社会发展的一种新的推动力[19]。

微博，即微博客(micro blog)的简称，是一个基于用户关系的信息传播、获取、分享平台，属于多种媒介功能融合的产物。用户可以随时随地通过手机短信、即时通信软件、电子邮件、网页等方式，向自己的微博主页发布简短的文字信息(字数通常限定在140字以内)和多媒体内容，如图片、影像、声音等，并与其“粉丝”群体实现即时分享。

新浪微博官方统计的数据显示，2012年3月，新浪微博用户规模为3.24亿；2013年3月，用户规模增长到5.365亿，同比增长65.5%左右。2012年3月，新浪微博活跃用户规模为3016万；2013年9月，该数值增长到6020万，一年半时间里接近翻番。

当前，网络文化发展日新月异，网络文化研究应及时跟进。对近年社会影响力不断增强的“微博文化”，有必要深入研究。本书基于网络文化视阈，透视“微博文化”的大致景观。

一、“微博文化”高速渗入社会生活

微博文化，是以微博客为载体的一种“微文化”。

上海交通大学公共关系研究中心、舆情研究实验室发布的《2011上半年度中国微博报告》指出，微博显现出对社会更深层次的影响与价值，改变着人们的信息收集与获取和社会交往方式。

作为微媒体，微博具备4A元素，即anytime(任何时间)、anywhere(任何地点)、anyone(任何人)、anything(任何事)，充分体现了微博的开放性。有专家指出，微博具有五大传播特征，即自发传播、平民化、圈群化、个性化、随性化。[20]自发传播，指微博主要系朋友间互相推荐、转发；平民化，则是指它以普通用户为主；圈群化，指用户的好友都是自己交际圈内的人和拥有共同的兴趣爱好者，所以相互间有共同语言；个性化，主要是指以个人表达为主；随性化，则指不受时间、空间、形式等限制。

这里依据近期“问卷星”网上调查问卷《微博文化与生活》[21]所获得的数据略加分析，以见微博文化高速渗入社会生活之一斑。

该问卷调查的开始时间为2011年5月6日，结束时间为2011年8月12日，持续达14周，样本总数共计321份。

表8-1　您是否有开通微博？[单选题]

选项	小计	比例
A 是	289	90%
B 否	32	10%

调查结果显示，“是”的比例高达90%，反映了网民与微博主的高度交集。

表 8-2　您的微博开通时间是?［单选题］

选项	小计	比例
A 2009	24	7.5%
B 2010	139	43.3%
C 2011	124	38.6%
D 其他	16	5%
(空)	18	5.6%

问卷结果显示,2010 年开通微博者高居榜首(43.3%)。其次是 2011 年的 38.6%,显示了微博用户高速增长的趋势。2009 年开通微博者 7.5%,则是中国微博用户的“老人”了。

表 8-3　您开通了几个微博?［多选题］

选项	小计	比例
A 一个	189	58.9%
B 两个	86	26.8%
C 三个	15	4.7%
D 四个	2	0.6%
E 四个以上	6	1.9%
(空)	26	8.1%

超过半数(58.9%)的接受调查者只开通了一个微博。目前,国内市场主要的微博产品达 10 款以上,调查显示多数人往往坚持自己最初的选择,体现了微博服务的黏性。也有人喜欢尝试新推出的产品与服务,开通了两个(26.8%),甚至两个以上的微博。可见,差异化的产品与服务,仍然是受人欢迎的。

表 8-4　您开通微博的原因是什么?［多选题］

选项	小计	比例
A 关注时事、明星等	113	35.2%
B 朋友都开了,跟随大众	115	35.8%
C 简明扼要地表达自己的想法,书写生活点滴	126	39.3%
D 认识更多的人,扩大交际圈	88	27.4%
E 其他	83	25.9%
(空)	24	7.5%

关于开微博的原因是典型的“一果多因”,答案相当分散。不过,“表达想法、书写生活”占据首位(39.3%)。这是微博使用者的首要类型,被称为“自我表达型”:“这些

人表现欲非常强，不管有没有人听，总想说点什么，又不能抓一个身边的人来整天唠叨叨叨，微博就很好地解决了这个矛盾，它可以通过微博做到很好的自我表达。”[22]其次为“社交活跃型”（35.8%），突出特点为“从众”。紧随其后的是“关注时事、明星等”的“潜水型”（35.2%）。

表 8-5　您的微博一般会关注什么？[多选题]

选项	小计	比例
A 偶像明星	96	29.9%
B 朋友家人	145	45.2%
C 知名度较高的微博	78	24.3%
D 自己感兴趣话题的相关微博	226	70.4%
E 其他	43	13.4%
（空）	22	6.9%

大多数人（70.4%）选择关注“自己感兴趣的话题的相关微博”，表明微博客一般均为所谓“性情中人”，主要关注自己感兴趣的话题。由此可见，“话题”选择，是微博影响力的关键因素，需要遵循“议程设置”和“把关人”理论等传播学原理精心操作。

值得注意的是，近半数（45.2%）选择的关注对象为“朋友家人”，只有近30%选择的是“偶像明星”。这与不少研究者夸大“追星”效应的结论有明显区别。可能的解释是，随着手机网民使用微博的比例快速上升，手机微博大有将传统的 QQ 聊天等即时通信工具逐渐取而代之的发展趋势。当然，私密性的内容不在此列。否则，就有可能闹出“微博开房”之类的笑话。

表 8-6　您在微博上一般会做什么？[单选题]

选项	小计	比例
A 只围观，基本上不转发别人的微博，自己也很少写	109	34%
B 大部分还是转发别人的微博，很少自己写	53	16.5%
C 大部分是自己制微博，很少转发	56	17.4%
D 大量自制和转发	42	13.1%
E 其他	37	11.5%
（空）	24	7.5%

关于在微博上做什么，“作壁上观”，是一般网民的首选，也就是所谓“潜水型”：“这些人就注册一个账号潜伏在那儿，老是在听别人说什么。实际上，虽然他并不参与到讨论中，但他也会受到其他人的影响，左右自己的观点。”[23]用网络语言来说，这叫“围观”。不过，这正是小微博大力量的根源所在，正所谓“围观改变中国”。实际上，还可以说“围观改变世界”。

不言而喻，自制与转发并存，也是微博上的独特景观。

表 8-7　您登录微博的频率是？[单选题]

选项	小计	比例
A 一天几次	122	38%
B 几天一次	73	22.7%
C 一周以上	24	7.5%
D 较少登陆及更新	78	24.3%
(空)	24	7.5%

关于登录微博的频率，“一天几次”，成为首选(38%)，所谓“微博控”，应当产生于这些人之中。“较少登录及更新”者(24.3%)，略多于“几天一次”者(22.7%)，二者合计为47%。这说明，至少在目前，接近半数的用户，尚不怎么热衷此道。

表 8-8　您每次花在微博上的时间是多久？[单选题]

选项	小计	比例
A 10 分钟左右	163	50.8%
B 半个小时	69	21.5%
C 一个小时	32	10%
D 一个小时以上	32	10%
(空)	25	7.8%

约半数用户(50.8%)每次花在微博上的时间为 10 分钟左右，说明在生活节奏不断加快的当下，人们不得不缩短处理碎片化信息的时间。同时也表明，不少人是利用零碎时间甚至所谓“垃圾时间”来处理碎片化信息的。当然，也有部分人(21.5%)每次用时为半小时。

用时 1 小时与 1 小时以上者的合计数，刚好 20%。不妨说，这些人，往往不是“微博控”，就是媒体人。

表 8-9　您觉得微博对您的正面影响是什么？[多选题]

选项	小计	比例
A 加强自己和朋友家人之间的交流，增加了沟通渠道，彼此更加密切	122	38%
B 得到更多的有用信息，对自己的工作生活带来好处	167	52%
C 及时掌握自己关注的人的最新动态	181	56.4%
D 认识了更多的人，扩大了自己的交流面	96	29.9%
E 没有	35	10.9%
F 其他	42	13.1%
(空)	23	7.2%

任何新生事物，只有其正面影响大，才能蓬勃发展。微博的成长也印证了这一点。至于具体的影响，就各有不同了。不过，也有共识存在。例如，“及时掌握自己关注的人的最新动态”(56.4%)、“得到更多的有用信息”(52%)两个选项，答案均超过50%。

表 8-10 您认为微博对您的负面影响是?［多选题］

选项	小计	比例
A 花费很多时间在微博上，影响学习生活	83	25.9%
B 微博上的垃圾信息和广告，造成不良影响	88	27.4%
C 朋友之间在现实生活中交流减少	43	13.4%
D 担心关注量，相互之间攀比	58	18.1%
E 没有	101	31.5%
F 其他	35	10.9%
(空)	22	6.9%

对于微博的负面影响，则见仁见智了，以至于选择“没有”的占据首位(31.5%)。与对待其他媒体相同的态度是，人们均讨厌“垃圾信息和广告”(27.4%)。此外，人们还担心“花费很多时间在微博上，影响学习生活”(25.9%)。正所谓过犹不及。

表 8-11 您认为微博是否已成为生活中不可或缺的一部分?［单选题］

选项	小计	比例
A 是	59	18.4%
B 否	150	46.7%
C 中立	92	28.7%
(空)	20	6.2%

至少到目前为止，近半数的人(46.7%)并不认为微博已成为生活中不可或缺的一部分。这一点，可以同另一项相关的网上调查结果相互印证。

在一项名为“QQ、百度、微博哪个断网更影响你生活”的单选投票中，共有340人参与投票。结果，微博以8.53%的得票率(29票)居第三位。名列榜首的是即时通信工具QQ(226票，66.47%)，搜索引擎百度则获得85票(25%)。[24]

不过，在“微博文化与生活”的调查中，若28.7%持“中立”态度的人发生分化，局面就会明显改观。对于微博运营商来说，就是要凭借良好的产品与优质的服务，争取将“中间分子”转化为拥趸。

表 8-12　您认为微博是利大于弊还是弊大于利？[单选题]

选项	小计	比例
A 利大于弊	134	41.7%
B 弊大于利	9	2.8%
C 利弊参半	114	35.5%
D 其他	48	15%
(空)	16	5%

事物皆有利有弊，微博自然也不例外。令人欣喜的是，超过 40%(41.7%)的接受调查者明确认为微博利大于弊。与此同时，也有相当一部分人(35.5%)清醒地意识到利弊参半。看来，如何兴利除弊，是下阶段微博发展进程中必须妥善解决的一大课题。

二、裂变式传播碎片化信息

网络文化是以互联网为载体、以互动交流为特质的文化形态，通常指网络中以文字、声音、图像等为样态的精神性文化成果，主要包括网络新闻、网络文学、网络视音频和网络论坛、网络游戏、网络音乐、网络动漫以及网络教育、网络培训、网上文艺鉴赏、网上学术交流、网上购物等具体样式。微博作为一种集纳恶搞、网络流行语等现有网络亚文化特色的新型网络亚文化样本，具有其独特的品格。[25]

专业研究机构发布的《2011 上半年中国网络舆情指数年度报告》显示，微博已经超越网络论坛，成为中国第二大舆情源头，仅次于新闻媒体报道。在分析微博受到网民热捧的原因时，有专家指出，微博的出现，可以说是互联网时代更深入人心的一种表现——每个人都有表达、沟通的欲望，而 140 字的限制，给予了作家和农民不分高下的发言权，从而推进了草根文化的发展。

(一) 裂变式传播

微博的传播方式，既不是传统媒体的线性传播(one to one)，也不是网络媒体的网络传播(one to N)，而是一种裂变式传播(one to N to N)。信息能够在微博上获得迅速而广泛传播，正是源于微博的裂变式传播模式。微博有两种路径：关注路径与转发路径。其中，信息接收的力量，来源于粉丝的“关注”；信息传播的推动力，则来源于“转发”。[26]

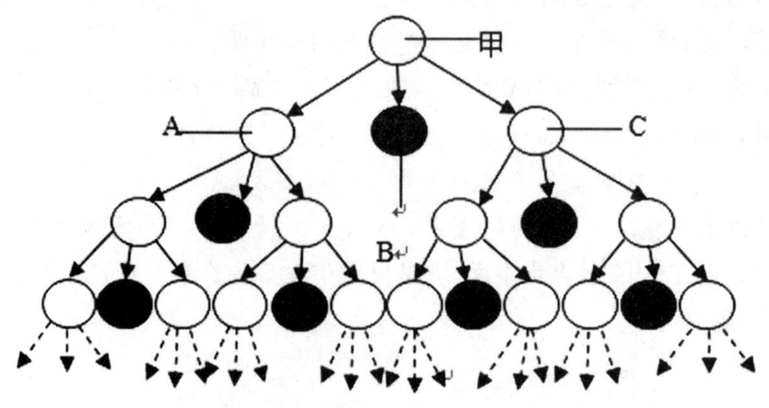

图 8-2　微博的裂变式传播模式

如图8-2所示，甲发布一条信息，关注他的粉丝A、B、C便同时接收到这条信息，这样就形成了一个one to N的传播过程。如果B觉得这条信息对他来说没有意义，则B不会转发此条微博，一个信息传播过程到此终止。但如果A、C觉得这条信息对自己有意义，他们则会转发此条信息，那么A和C的粉丝又会获得这条信息。这样，一个one to N的传播过程又开始了。如此反复下去，成几何数裂变的传播网络便形成了。正是这种裂变式的信息传播模式，使微博呈现出去中心化和自我组织的人际传播特征，也使微博呈现出丰富多彩的话语内容。

裂变式的传播模式，使微博具有强大的社会影响力。这种传播形态的传播速度是几何级的。微博让每一个人都可以无障碍地把自己的观点、意见、情绪在全社会面前释放，具有爆炸性的、核裂变式的传播能量。另外，微博在信息传递方面将是其他媒体的有益补充，一定程度上促进了知晓权和接近权的发展，为每一个有表达意愿的个体提供了传播信息和表达意见的渠道，开辟了言论自由的新局面。

（二）碎片化信息

作为一种网络亚文化，微博还具备了一些其他社交媒体所不具备的特质。最突出的一点，便是信息碎片化。

碎片化(fragmentation)，原意为完整的东西破成诸多零块。该词散见于后现代主义的研究文献，系诸多后现代理论家拒斥所谓世界观、元叙事、宏大叙事和整体性等现代性社会现实的一个关键概念。在传播学领域，碎片化是描述当前社会传播语境的一个形象性说法。“新技术使传播平台和媒介形式多样化，由此带来信息的多元化和文本的碎片化，同时传播实践也塑造了撒播的、碎片化的主体。”[27]

微博既是信息日益碎片化的必然结果；微博的出现，又加剧了信息碎片化传播。微博的“简洁”和“简便”，决定了微博是碎片化信息的聚集地，即微博上的信息带有巨大的随意性和无连贯性，甚至是无逻辑的。任何人，随时随地，都可以发评论，转发微博，信息的扩散速度和规模也是无法预判的。所以，微博的信息传播过程，往往无法控制。

可以说，信息碎片化，是一个不可逆转的趋势。控制信息的供应量，不在于采用控制机制，因为新的控制机制本身就是技术，它们反而会带来新的信息。因此，信息碎片化的矛盾，不是在技术范畴内可以解决的。

由微博信息的碎片化，可得到如下启示：“信息时代不是缺少技术，也不是技术不够发达，问题在于如何处理好技术和文化之间的关系。”[28]要处理好技术与文化的关系问题，应注重科学文化和人文文化的和谐发展。当务之急，是提高公民的媒介素养尤其是新媒介素养，即新媒体媒介资源和媒体传播的综合运用能力与技巧。[29]

美国新媒介联合会将新媒介素养定义为：“由听觉、视觉以及数字素养相互重叠共同构成的一整套能力与技巧，包括对视觉、听觉力量的理解能力，对这种力量的识别与使用能力，对数字媒介的控制与转换能力，对数字内容的普遍性传播能力，以及轻易对数字内容进行再加工的能力。”[30]有人认为，这一定义，意味着媒介素养的转向，即从“媒介批判意识”到“新媒介交往能力”的转变[31]。美国马萨诸塞州韦勒斯里拜伯森学院的瑞尼·赫伯斯(Renee Hobbs)教授指出,作为动态的过程,信息时代的媒介素养涉及信息的获取能力、分析能力、评估能力和传播能力四大方面。[32]据介绍,日本媒介素养体系的特征在于侧重“传播能力”,其媒介素养教育的出发点是强调视听能力和制作能力,媒介素养实践的着力点是“社会行动者网络”的构建。这几个方面,与欧美国家重视培育“批判性思考能力”的思路有一定的区别。笔者认同这样的观点:中国的媒介素养教育应当借鉴日本的思路,构建符合国情的媒介素养课程体系和评价体系。[33]

1998年,美国学者约书亚·梅罗维茨(Joshua Meyrowitz)就把媒介素养划分为三种类型:内容素养(content literacy)、语法素养(grammar literacy)、媒之素养(medium literacy)。“内容素养”主要指媒介所呈现的信息。“语法素养”针对的是每种媒介所使用的独特的“语言”以及生产要素。“媒之素养”针对的则是每种媒介相对固定的特点,主要涉及单个媒体作为一种存在物或环境对传播的影响。[34]

目前,中国社会民主化进程需要积极的、负责任的、具有批判精神和社会参与意识的公民。新媒介素养着眼于公众的媒介使用能力、批判能力和参与能力,意味着公众在“受众—媒介”关系中具有积极性、主动性和创造力。受众同媒介相互建构对等的一方,对于推进中国的政治民主,无疑具有积极的意义。微博文化的勃兴,则提供了一个新的范例。

三、自媒体时代的“微文化”

清华大学新闻与传播学院教授金兼斌认为,“微博客在中国以及其他国家都会发挥更大的影响,特别是人们的信息沟通、情感交流方面。而且其短小精悍、信息量密集的特点,也契合今日人们快节奏、快餐化的生活特点”。人们已经越来越开始关注所谓的“微观世界”,一种“微文化”现象正开始显现。

(一)自媒体

微博以其书写形式简单、“病毒式”快速而广泛的传播速度、方便的实时参与等特点,被社会大众所掌握,成了草根文化的助推器。而这无疑可被看作是“自媒体(we media)”时代的进一步深化。[35]

2003年7月,美国新闻学会媒体中心出版的自媒体研究报告,对“自媒体”下了一个十分严谨的定义:“自媒体是普通大众经由数字科技强化、与全球知识体系相连之后,一种开始理解普通大众如何提供与分享他们本身的事实、他们本身的新闻的途径。”自媒体的特点,突出表现为私人化、平民化、普泛化、自主化与现代化。

(二)微文化

所谓“微文化”,是一种积聚的力量,通过一些看似微不足道的行为,不经意间却改变了民众的生活。网络时代的快节奏和即时性,催生出微文化。同时,正是由于网络聚集的微力量数量惊人,这种日益渗透的微文化,正一步步地改变着人们的生活,从而为当下的媒体尤其是新媒体的发展,提供了一个新的视角和方向。[36]

从国外的Twitter到中国的微博,这一网络产品尽管出现的时间很短,但是已经证明了其所具有的影响力和扩张力。[37]这种媒介工具在自身特有的语言规则和特点下,创造出独特的微文化，已经成为人们沟通、互动的重要媒介工具。微博，自从被创造出来，就出现了“微内容”“微传播”“微价值”“微生活”“微革命”等一些新的富含文化和学术意义的词语。微博的产生，缓慢但坚实地推进着国家新语境、国民新思维和社会生态新变革。

“微内容”(microcontent)，最早由雅各布·尼尔森(Jakob·Nielsen)提出。微内容将信息传播对象分解成很小的单位，类似于信息管理领域的数据元、信息元、知识元。微内容可以是用户所生产的任何数据：一则 blog、一条评论、一幅图片、收藏的书签、喜好的音乐列表等。学者 Cmswiki 对微内容的最新定义是这样的：“最小的独立的内容数据，如一个简单的链接，一篇网志，一张图片，音频，视频，一个关于作者、标题的元数据，E-mail 的主题，RSS 的内容列表，等等。”也就是说，互联网用户所生产的任何数据，都可以称作微内容。[38]微博，正是微内容的典型代表。它所进行的“微传播”，虽然只具有“微价值”，但却如实反映了人们当下的“微生活”，注定会引发社会各领域的“微革命”。

其实，除了网络出现的微博，许多新媒体已经开始了在微文化传播方面的尝试。比如 2005 年，中国首部用胶片制作的只能在手机上播放的电视剧《约定》，已首开新媒体尝试微文化传播的先河。近年来，3G 技术的兴起和 4G 技术的试商用，也为微文化的传播提供了一个技术支撑的平台。“尤其在当前的媒介环境下，中国的传媒业到了一个面临深刻变化转型的时期，传统媒体陷入发展死角，而新媒体总体尚未成熟。这些深刻的问题要求我们有创新的认识模式和资源整合方式。”[39]

当前互联网技术、移动通信技术和社会生活方式和观念的不断更新也成为各种新媒体调整发展方向、扩展产业链条、增强生存能力的难得机遇。

四、“微博文化”与企业文化及消费文化

微博可分为两大市场，一类是定位于个人用户的微型博客，另外一类是定位于企业客户的微型博客。

（一）微博对企业文化的塑造

沟通是人与人之间、人与群体之间思想与情感交流的过程。沟通对企业内部乃至外部交流，都具有重要作用。良好的沟通效果，对企业文化的塑造，有着重要影响。[48]作为一种适应当今社会发展变化需要的快速、创新性的沟通方式，微博对企业文化的塑造，也产生了明显的影响。

微博营销，指基于微博平台，在特定网络社区中进行信息发布、品牌展示、用户交流、客户关系管理等一系列营销行为，从而实现营销目标的网络营销方式。微博营销被认为是“140 字的淘金时代”。在中国成长时间不足 3 年的微博，已经迅速成长为商业世界中最年轻的“销售经理”。此外，微博可作为中小企业与客户进行低成本深度沟通的良好渠道。可以说，在营销的公关策略中，微博时代即将到来。

（二）微博消费文化的特质

据缔元信（万端数据）对微博上的行为及发布内容的分析，微博消费文化的特质如下。[49]

1. 碎片化消费。在微博上发表自己观点或发泄情绪的行为占74.3%。这一数据，显示了用户使用微博的根本动因是表达个人情绪，通过微博这一"自媒体"平台，发表观点，塑造自我。微博消费文化的碎片化消费，也可称为感性消费。

2. 互动性消费。对社会事件的评论和与他人交流沟通讨论所占比重较大，这不仅是由微博多层次网状的传播机制所决定的，而且也源于人的社会化这一根本属性。微博用户将自己置身于社会这一大家庭中，塑造自我，影响他人，以社会文化完善个体，适应社会生活，然后个体积极地作用于社会，创造新的社会文化。

因为符号是人们交流的基本单位，所以互动消费也可以理解为符号化消费。

3. 奇观消费。奇观消费是人们对媒介制造的一系列奇观现象的消费，以满足猎奇心理。数据显示，明星偶像和社会名人在微博用户中居高不下。传统门户老大新浪在微博运营上主打明星牌，它的口号是"看看在秀的明星，瞧瞧正在发生的热闹事"，提供一个各界精英的话语输送平台，依靠直播明星的生活，最大限度地满足公众的窥私欲和好奇心。

因为名人效应和"粉丝"文化从而推动了微博的发展，奇观消费也是一种娱乐化消费。

4. 融合化消费。目前，微博用户可以通过电脑、手机、即时通信工具等发布和浏览信息。在未来，通过与LBS、社区、电子商务等服务的结合，微博将不仅更充分地向PC里的Web渗透，而且将充分向各类移动终端渗透，在平分地向PC里的Web渗透，而且将充分向各类移动终端渗透，在"平台＋Apps"和"OS＋浏览器"两大格局之中，微博都将通过融合、嵌入而占有重要的地位，形成融合化消费的新局面。

五、存量文化的数字化推广

微博是一种全新的媒介，但微博的传播也必将遵循信息传播的基本准则。微博最具人际传播特点，但也同时具有大众传播、组织传播、群体传播、社区传播和自我传播的特点。同时，微博也是一种传播现象，一种新媒体。[50]

微博作为品牌营销的新锐手段，具有传统手段难以企及的低廉成本和病毒般的传播效果，堪称典型的"注意力经济"。有句话说得好："粉丝超过100个，你只是内刊；超过1000个，你是个布告栏；超过1万个，你是公开杂志；超过10万个，你就是都市报；超过100万个，你就是全国性报纸；超过1000万，你就是电视台。"有研究者称，微博用户最关注的5类产品是科技数码、家电产品、食品、服装、汽车，基本在衣食住行的范围内。不过，这并不意味着其他行业如文化艺术就不能借用微博之力来提升品牌知名度。[51]

如果说微博作为一种网络亚文化，乃增量文化的组成部分，那么，它势必肩负数字化推广存量文化的职责。微博在图书馆业务中的应用，就是一个典型的实例。

案例8-2　微博在图书馆业务中的应用

众所周知，图书馆是信息世界的中心。重视最新技术在图书馆工作中的应用，将给图书馆带来诸多的潜在价值。2009年6月，在伯明翰举行的“图书馆信息展”上，Twitter成为众人关注的焦点。该展会负责人特别强调Twitter在帮助图书馆管理人员更有效地对外沟通和推广他们的服务方面的作用。英国图书馆也正在利用微博作为一种联络用户和同事及推广图书业的一个网络。第三届西湖读书节开办读书微博大赛，以此吸引更多的民众感受文化的盛宴。微博在图书馆信息交流服务中，展示出服务个性化、交流沟通便捷化、读者聚合容易化的良好特性。国内一些高校图书馆，也在积极通过微博来提高自身的影响力。

目前，国内外图书馆的微博应用，主要集中在提供个性化服务平台，分享新闻、事件，加强用户与图书馆员的交流与沟通上，在图书馆行政管理、虚拟咨询等服务或管理领域的实践，仍处于起步阶段。事实上，微博在图书馆的应用，还有很多拓展的空间。比如，作为参考咨询的新手段，通过微博带给使用者简洁、快速的体验特性，从而吸引更多依靠网络和手机进行通信和交流的读者参与到图书馆工作交流过程中来。同时，可以丰富信息推送的内容，如到期提醒、资源导航、新闻推送、图书评论等读者感兴趣的内容。

本章小结

本章主要内容在于具体讲述如何建设网络文化。从近年来网络在中国的发展程度等方面来预测：网络文化建设的成败决定了主流文化建设的成败。结合中国实际，建设更好的网络文化与环境成为当务之急。

当前网络文化传播在依托三大主体即政府、网站和网民；拓展向内（国内）和向外（国际）两个方向都存在很多不足。因此从技术到内容各方面切实重视和大力加强网络文化建设是重中之重。网络文化建设离不开互联网新技术建设，一方面应采用先进的技术手段有效地遏制互联网传播的有害内容，另一方面作为受众和传播者要正确对待网络恶搞现象，合理疏导网络恶搞，发展新的健康的网络文化。

从网络文化建设调查结果分析中可看出对于网络文化建设来说，内容为王、形式是金。作为网络文化建设的参与者，每一个网民都应该拥有文化自觉性。

新媒介微博的出现满足了民众对信息的需要，提供了民众对社会事件的参与渠道……几年间，“微文化”已经高度渗入社会生活，成为推动社会发展的一种新的推动力。微博作为一种裂变式信息传播方式的范例，给予民众人人平等发言的权利，使民众更具积极性、主动性和创造性，这在一定程度上改变了社会参与方式，有效地推动了中国社会的发展。

思考与练习

1. 结合实际举例说明如何更好地建设网络文化。
2. 举例说明如何正确对待网络文化恶搞现象。
3. 结合实际说说微博文化对个人的生活产生哪些影响。

参考文献

[1] 闫磊. 我们需要什么样的网络文化——专家学者谈网络文化建设[N]. 光明日报,2010－5－5.

[2] 方明东,陈蕊. 三网融合与文化建设[J]. 中国广播电视学刊,2009(8).

[3] 胡秀丽. 网络失范的文化根源及控制[J]. 中共山西省委党校学报,2009(3).

[4] 孟建,祁林. 网络文化论纲[M]. 北京:新华出版社,2002:22.

[5] 李钢,王旭辉. 网络文化[M]. 北京:人民邮电出版社,2005:206.

[6] 吴朝阳,王君. 融合业务呼唤分层监管[N]. 中国电信业,2008－10－27.

[7] 付玉辉. 我国三网融合发展趋势分析:格局之变和体制之困[J]. 今传媒,2010(3).

[8] 何远琼. 3G 法律辐射波[J]. 网络传播,2009(11).

[9] 张潮. 浅谈移动互联网上的网络文化新现象[J]. 广东通信技术,2009(6).

[10] 张潮. 浅谈移动互联网上的网络文化新现象[J]. 广东通信技术,2009(6).

[13] 张云辉. 网络文化中的模因[J]. 现代语文(语言研究),2008(1).

[14] 辛向阳. 网络文化何以成中央关注的重点问题[N]. 中国青年报,2007－3－13.

[15] 侯雨. 网络"恶搞"现象探析[J]. 大众文艺(理论),2009(7).

[16] 吴佑昕,吴波,张明. 网络视频的信息安全隐患及应对[J]. 中国广播电视学刊,2009(11).

[17] 陈静. 漫谈网络文化建设与管理[EB/OL]. 价值中国网.

[18] 张跣. 微博、公共事件与公共领域. 载李建盛等主编首都网络文化发展报告(2010～2011)[M]. 北京:人民出版社,2011:127.

[19] 张邦松. 微博的伦理底线就是社会的底线经济观察网.

[20] 肖永亮. 微博改变生活. 宣讲家. http://www.360doc.com./content/12/0227/08/4705667_189918443.shtml

[21] 原始数据来源. http://www.sojump.com/report/751356.aspx

[22] 肖永亮. 微博改变生活. 宣讲家.

[23] 肖永亮. 微博改变生活. 宣讲家.

[24] 游客. QQ、百度、微博哪个断网更影响你生活. TechWeb.com.cn

[25] 王莉莉. 论微博时代的平民偶像:一种网络亚文化研究[D]苏州大学硕士学位论文.

[26] 于燕云. 网络媒体微博客与公民社会互动关系研究[D]. 西北大学硕士学位论文.

[27] 张芳圆. 媒介环境学视野下的微博碎片化现象[N]. 北京邮电大学学报(社会科学版),2011(2).

[28] 张芳圆. 媒介环境学视野下的微博碎片化现象[N]. 北京邮电大学学报(社会科学版),2011(2).

[29] 李文明,吕福玉. 从汶川地震网络传播论青少年新媒介素养. 载彭少健主编 2008 中国媒介素养研究报告[M]. 北京:中国广播电视出版社,2008:311－313.

[30] New Media Consortium(2005), A Global Imperative: The Report of the 21st Century Literacy Summit. http://www.nmc.org/publications/global－imperative

[31] 李德刚,何玉. 新媒介素养:参与式文化背景下媒介素养教育的转向[J]. 中国广播电视学刊,2007(12).

[32] 瑞尼·赫伯斯. 信息时代的媒介素养[J]. 媒介研究,2004(2).

[33] 陈一. 近年国内媒介素养研究述评. 中国新闻传播学评论.

[34] 白龙飞. 十年:追寻媒介素养教育本土化的轨迹[J]. 电化教育研究,2006(2).

[35] 口水话微博也是一种文化[J]. 中国经济和信息化,2010(9).

[36] 马衍鹏,张果. 从微博看当前的"微文化"传播[J]. 青年记者,2010－6.

[37] 田飞，王海龙. 微博的社会文化传统分析[J]. 今传媒，2010(10).
[38] 互联网实验室. 第三浪——互联网未来与中国转型[M]. 华文出版社，2009:86.
[39] 马衍鹏，张果. 从微博看当前的"微文化"传播[J]. 青年记者，2010－6.
[40] 贾西津. 中国公民社会和 NGO 的发展与现状. 李凡主编中国基层民主发展报告:2002[M]. 西安:西北大学出版社，2003:128.
[41] 谢长贵. 由郭美美的谎言说到微博的威力和无奈[N]. 中山日报，2011－8－5.
[42] 复旦大学舆情与传播研究实验室. 中国政务微博研究报告[J]. 新闻记者，2011(6).
[43] 媒体称明星在微博中完成公民的成长洗礼[N]. 国际先驱导报，2011－8－10.
[44] 曹建. 盲人也能发微博　微语文化助残启动[EB/OL]. 人民网.
[45] 人民日报报道外交部官方微博 称开启外交微时代[N]. 人民日报(海外版)，2011－6－27.
[46] 中国微博热令世界惊讶[N]，环球时报，2011－6－23.
[47] 谢戎彬等. 外国使馆在华开展"微博外交" 成为新风尚[N]. 环球时报，2011－8－9.
[48] 郑孝望. 浅谈微博对塑造企业文化的影响[EB/OL]. 农金网.
[49] 马芝丹. 在"使用与满足"理论视野下探析微博的消费文化[J]. 文学界(理论版)，2011(3).
[50] 沈浩. 微博:重塑社会关系的总和[J]. 21 世纪经济报道，2011－3－8.
[51] 重楼. 文化机构不该忽视微博营销[J]. 中国文化报，2011－1－7.

第九章　网络文化管理

学习目标

1. 了解网络文化管理的重要性。
2. 了解网络文化的技术管理。
3. 了解网络文化的内容管理。

相比传统媒体管理的规范和有序，对网上的论坛/BBS、博客、微博客、QQ群等广阔的内容发布平台进行管理，是一个难题——现有的法律惩处和道德约束，均难以奏效。[1]

互联网的虚拟性、复杂性，决定了网络文化管理的难度。在我国，对于网络文化的管理，是一个薄弱环节。因此，在转型期如何抓好网络文化管理尤为重要。对互联网中那些良莠不齐、好坏参半的现象，一定的制度、法律约束是必不可少的。

“不管什么样的网络文化，都不能挑战社会公共道德的底线，不能破坏青少年成长的环境。”[2]抵制网络庸俗、低俗、媚俗之风，需要全社会共同关注，一起努力。

第一节　网络文化善在管理

以发展网络文化为前提，并非是对网络发展中存在的非道德文化现象置之不理，而是必须进行治理。这是网络文化健康发展的条件。否则，必将影响网络技术进一步发展的潜力和后劲。

国外网络文化建设和管理的做法与经验，给我们这样一些启示。

一是网络是新生事物，其由良莠不齐到良性发展，会经历一个漫长的过程；而人们对其形成正确认识和加强管理、正确引导，也是有一个过程的。

二是各国由于经济发展水平、社会发育程度、社会政治制度、意识形态以及民族文化背景的不同，对网络的管理模式，相互间也有一定的差异，但没有哪个国家会真正放弃管理，差别只在于：是直接管理还是间接管理。

三是网络的存在和发展，一定不能危害国家和社会。如果危害了国家安全，危害了社会秩序和公共利益，危害了青少年，那么各国都会通过各种方式和手段加强管理。

四是网络是一个虚拟世界，对网络的管理是个系统工程。既要有市场力量和行业、公民的自律、舆论的软约束，也要通过立法将一些基本网络道德规范上升为法律、法规的硬约束；既要靠政府主导、立法管制，也要靠民众参与、广泛监督，全社会共同行动。各个国家的管理侧重点各有不同，但没有一个国家的管理手段和方法是单一的，都是综合的、多管齐下的。

五是网络是高科技发展的产物，以技术控制技术、以技术手段监控网络，就成为对网络有效管理的必然选择。

六是针对网络无国界的特点，各国对进入本国的外国有害信息普遍采取设置“防火墙”进行封堵和删除的管理办法。有的国家还针对由于网络隐匿性、交互性所造成的管理难和由其所带来的社会负面效应问题，实行实名登记制，以防范和打击网络违规和犯罪。[3]

一、网络文化的“脱序状态”

（一）网络控制的主体、对象和过程

网络，塑造出绚烂多彩的文化生活。它既是一个神话，也是一个童话，还是一个趣话。谁主宰网络天地？谁控制比特社会？寻求一个良性解决方案，摆脱网络生存的“脱序状态”，成为社会控制研究的基本命题之一。

首先，从网络控制的主体来看，应是建设、管理与使用互联网，并且有相应的控制需要和能力、控制义务和权利的人或组织。不仅网络建设者、组织者和服务者可以实施控制，而且网络以外的第三者（既非网络的组织实施者，也非网络成员，而是精神产品的关联者）也可以根据一定的规则对网络进行调控。但应特别指出的是，最基本的控制主体应是由用户组成的网络组织，以规范主体和行为主体的身份，维护网络社会的秩序。

其次，从网络控制的对象来看，应是网络使用者（包括参与网络生存的每一个终端用户）和每一项规则的制定过程。用户作为实体存在，无论是整个机制的政治系统和社会系统，还是一个正式组织，都是信息的共享者和集成者，都需要采取恰当举措，合理地引入竞争机制，鼓励正当的竞争，又要对网络进行必要的控制。而规则的制定必须是民主的，不能是垄断的。规则既要保持网络运行的自由，又要控制行为的过度侵害，使自由、道德内化为个人的自在。

再次，从网络控制作用的发生过程来看，对网络的社会控制是目的明确的、强制性的行为。受控者能直接感受到遵守规则的压力和约束，控制作用不仅施加于网络全过程，而且也发生在网络后续上，即对网络后果的补偿和平衡作用。“对网络实施社会控制，最直接的目的就是保障网络的有序进行，并且把网络的负面效应降低至最低限度，以免网络的振荡效应破坏社会的正常运行。”[4]

（二）网络文化失衡的表现形式

网络文化失衡的表现形式，可谓多种多样。“有些是现实社会行为投射到网络空间，有些则完全是利用网络的传播特点‘开发’出的新样式。”[5]目前比较突出的问题有，网上不文明行为、网络报复、身份盗窃、电子数据交换（EDI）诈骗等。有些也可以看作是网络色情、网络黑客问题的不同表现形式。其中，“网络报复也是相当严重的问题，这甚至成为一种独特的现象——网络仇恨文化（virtual hate culture）”[6]。

美国广播公司电视网络总裁罗伯特·伊格（Robert Iger），曾劝告电视评论者不要仅

仅只为网络吹嘘。他说:“在一个选择无限多的世界,需要有人制定秩序。”[7]

目前,网上虚假信息不时出现,低俗之风屡禁不止,网络淫秽色情毒害青少年身心健康,赌博、欺诈等各类网络犯罪仍呈增长趋势。仅 2014 年 4 月份,互联网违法和不良信息举报中心接到各类群众举报 86088 件次。其中,举报淫秽色情的占 80%,举报网络诈骗的占 10.8%,举报赌博的占 3%。这些问题,影响了我国互联网的健康有序发展,严重毒害网络环境。广大群众,特别是家长和老师对此深恶痛绝,强烈呼吁建设网络文明,净化网络环境。

国务院新闻办互联网协调局局长彭波说:“目前我国网络文化主流积极健康,但良莠并存、泥沙俱下的问题依然比较突出,特别是随着 Web 2.0 技术的发展,网络低俗之风的传播呈现出多样化、隐蔽化的趋势。”淫秽色情、网络恶搞、恶意诽谤、网络暴力、炫富拜金等低俗甚至恶俗的现象时有传播,互联网上的低俗风气严重扭曲社会主流价值观,侵蚀民族精神和民族意志,影响未成年人健康成长。

(三) 网络文化失衡的原因

当前网络低俗之风之所以盛行,一方面是因为少数网民自我约束的缺失,另一方面则是因为一些网站把网络文化的传播、消费当作一种快速谋取现实利益的手段,依靠传播低俗信息赚取点击量。这种眼球经济需要的是网络文化产品被消费的数量,而不是质量。互联网本身是中性的,目前互联网出现的所有问题,其实都在互联网之外,根源在现实社会,是现实社会的缩影。如果我们只管虚拟社会而对现实社会不去治理,那就是本末倒置。“实际上,网络文化的问题是社会问题在网络上的反映,网络道德是社会道德的写照。只不过是因为网络的迅猛扩展,加上管理难度大于其他媒体,而且到现在还没有一个专门的网络文化监管机制,导致网络文化和网络道德中的恶性问题明显地突出而严重。”[8]

(四) 如何抵制网络文化的无序性和消极性

抵制网络“三俗”,不能仅仅是一阵风,而是一项长期的任务。庸俗、低俗、媚俗等现象,在互联网这个平台上蔓延已久。这些现象,集中迎合了人性中的某些低级趣味。近年来,“网络打手”“网络推手”等新的手段,更是催生了像“芙蓉姐姐”“凤姐”这种非正常名人的出笼。

抵制“三俗”,应上升到国家道德建设层面。互联网这个工具,本身应是先进文化的载体。但互联网平台上的三俗现象,却败坏着网络的名声。文化问题,不能仅在文化范围内解决。一些低俗文化产品,是当下物欲社会的影射,而非源头所在。若要网上干净,更应该考虑的是,先除去滋生这种“低俗文化”的社会土壤,从更为根本的制度建设上入手。

“三俗”,并非网络文化的主流。互联网从诞生之日起,就至少有两个特点,一是包容性,二是海量信息。就网上内容来说,有低俗的,就有高雅的;有庸俗的,就有高尚的;有媚俗的,就有脱俗的。清理不良文化现象,是网络文化建设的一项日常性、长期性工作。

网络文化有自我净化功能。流动的水,会自动把杂质过滤掉,把垃圾分解掉。我们不应忽视互联网自我净化的功能，对“80后”“90后”独立思考的能力，也应有足够的信心。抵制网络“三俗”，不能犯把脏水和孩子一起泼掉的错误。

此外，我们认为，应在一定程度上容忍网络空间的无序性和网络文化的消极性。

由于网络空间中身份具有流动性，传统的规范伦理模式不再完全适用。在虚拟生活中，除了最基本的不伤害原则外，其他所有的伦理规范，都需要通过共识模式形成。因此，虚拟生活的无序性，是网络文化必经的一个发展阶段。所谓伦理规范，就是在人们对无序性感到难以忍受时，开始为人们察觉，再由讨论达成的共识。使此问题变得更为复杂的是，即便真实世界中的权威机构不能容忍某些网络空间的无序性，如网际反社会言论，也未必能够及时有效地制止。从这种角度来讲，网络的确改变了权力合法性的来源，社会总体权力结构仍保持自上而下的宰制性特征的同时，附加了一种逆向的自下而上的草根性。但显然，这种草根性是离散的、块茎状和游牧部落性的，即便能够在微观上形成某种整合性的民主机制，也未必能够超越其有限的视界。故此，我们对网络空间在总体上整合无序的能力，不宜做乌托邦式的想象。

说到网络文化的消极性，我们应该容忍的原因是，所谓积极和消极是相对的，其后果因人而异，并无绝对的标准。除了对于极端反社会和违背社会公共道德规范的必须加以限制外，对于一些不甚积极的内容，则应持宽容态度。这一方面是现实经济利益的必然选择，另一方面则体现了现代社会对个人自主选择生活方式权利的尊重。中国人民大学教授喻国明甚至认为：

> 即使网民在这个空间里“吐口水”“撒野”甚至“低俗”一下，这也是一个相对健全的社会所应该容忍的。须知，虚拟空间的发泄性代偿总比现实的社会冲突代价低得多。[9]

简言之，消极性与积极性之间的关系，是十分复杂的。对于大多数虚拟生活的积极性和消极性的判断，应该由个人通过批判和反思之后作出伦理抉择，而不应完全依赖于外界作出的是非判断。为此，网络文化应成为一种具有批判和反思性向度的文化。

二、网络文化管理的强制性与非强制性

一些专家建议，要以“三网融合”为突破口，加大管理体制和机制改革力度，把互联网管理放在一个更高的层面上，成立一个跨部委的国家管理机构，避免多头管理造成的职责权限不清，避免多头体制导致的产业管理与意识形态管理脱节等问题。[10]

中国社科院媒介传播与青少年发展研究中心研究员卜卫，提倡在国内实行“网络素养教育”。这种教育，除了培养孩子接近和使用互联网的能力，还将面向父母。因为如果父母没有相应的网络素养，就没有能力去理解孩子们的想法，更谈不上沟通和指导。据了解，在美国，很多机构就通过散发家长手册等方式来进行网络素养教育。

我国知名互联网专家方兴东，曾在谈到“如何看待博客实名制，中国博客目前实名制的进程如何”这一问题时表示，博客实名制实施的条件还不是很具备，包括整个社会

和环境的条件。[11]全部实名制,几年之内是不可能实行的,但是在电子商务上,包括一些时政性的论坛和博客,可能会进行部分实名制的试点。实名制在互联网上非常有价值,但是强制性的实名制肯定是不可行的。

先进的网络文化,不可能自发形成。网络上阴暗肮脏的东西,随时都会冲击文明的防线。网络文明的实现,需要政府适度的管制。所谓适度管制,就是要达到网络自由和网络秩序的和谐。

三、网络文化管理的内化与外化

网络时代的人,会不可避免地打上网络的烙印。信息社会的文化蕴量,意味着"知识每时每刻都在提供新的行动的可能性"。它在深刻解构人的新的内在社会品格的同时,品格之间的组合与释放,如麦克卢汉所说的"内向性的爆炸"一样,成为网络文化下人的普遍社会性特征:网络赋予社会人心灵平等性、行为个人化、思维开放性。[12]

所谓"内化",就是指人们,尤其是"青年接受社会影响,并把外部现实或客观现实转变成内部现实和主观现实的过程"[13]。我们要善于利用网络先进性的一面,促进与网络交往相适应的科学、先进道德观的产生,并在网络上传播、弘扬科学、先进的道德,让人们自觉地接受先进的科学道德观,并使其内化为大多数网民的道德心理,成为日常网上交往的一种道德行为,从而自觉抵制网络的消极影响。

作为一种内在控制,网络伦理(Net Ethics)将人与人、人与网络社会之间的利益关系,提升为人格化力量。依靠自身的调节功能,使道德评价内部化,即控制自己的网络行为表现,以求在一定的社会场景中谋得个体自由与社会所期待印象的统一。一切网络行为必须遵从于网络社会的整体利益,通过舆论、信仰、社会暗示、宗教、礼仪、艺术乃至社会评价等调控手段,贯彻公正、平等的网络理念。

四、变"守"和"堵"为"攻"与"疏"

互联网上不同文化之间的交流和融合,是网络文化发展的主流,这是任何力量都改变不了的趋势。任何一个国家,都不可能将本国文化隔绝于世界文化大潮之外。如果强制隔绝,其结果只会导致本国文化逐渐走向凋零。

面对汹涌而来的欧美网络文化大潮,最重要的就是摆脱那种以"守"和"堵"为先的思路,掌握未来社会文化信息活动的主动权,抢先占领国际上文化信息大潮的阵地和份额,向全世界宣传中华民族的优秀文化,这样才能体现出先进文化的前进方向。[14]

1. 破除只堵不疏或只疏不堵的片面观念

要充分认识我国社会日益多元化的特征,充分认识网络文化的传媒功能、娱乐功能和诉求表达功能的基本属性,对危害国家信息安全、色情暴力的有害内容,毫不含糊地坚决依法封堵;对健康有益的网络文化,则大力倡导;对无益无害的网络文化,不鼓励但可允许其存在。总之,要做到堵与疏灵活运用。

例如，青少年的人生观、价值观正在形成时期，通过“堵”的办法，不让青少年上网是行不通的。这就必须净化网络文化环境，大力加强网络文化内容建设。只有积极引导网络文化的主阵地，掌握网络文化的舆论主导权，才能引导青少年树立正确的人生观、价值观。同时，学校也要加强青少年上网教育，让青少年养成良好的上网习惯，自觉抵制不良网站和不良信息，让青少年通过网络获得知识，在网络中创新知识，使网络成为青少年的良师益友。

2. 处理好“堵”与“疏”之间的关系

例如，在严厉打击网络色情的同时，如果对欲望“堵”而不“疏”，对“性”抑而不导，只能引发更多的社会问题。“疏”，一方面是针对网民的心理采取疏导措施，让人们意识到淫秽信息的危害性，倡导科学精神、塑造美好心灵、弘扬社会正气；另一方面，对青少年进行健康的性知识教育，使其通过正当渠道正确认识相关知识。

“疏”，还要求大力发展中国特色网络文化，提高网络文化产品和服务的供给能力，创作生产出更多体现和谐精神、讴歌真善美、网民喜闻乐见的网络文化作品。这就需要政府在高度重视预防和监管违法犯罪行为和有害信息的同时，提供积极向上、真实可靠的信息，在“堵”的同时，更加注重“疏”，引导、培育正确的网络文化发展方向。

3. 创新网络监管模式

网络不是洪水猛兽，对网民的言论不能“一棒子打死”。一味地封堵，效果可能适得其反。疏堵结合，有效地引导，才是正道。网络是公民与政府之间互动沟通的有效渠道，绝大多数的网民在网上发表言论，是出于善意谈己见，如果政府不能正确对待，对网民将是一种莫大的伤害。

对于网络文化，应该是疏导，不全是引导，更不是领导。疏导，就是顺其自然。因为网络是一个社会，任何强力的引导，对于一个社会发展过程的改变，都会是失败的。网络文化的发展，也要讲创新。我们要尊重虚拟社会的自然发展规律，这是我们探讨网络文化发展战略的前提。其实，网上有很多正义的声音。网络有公共道德，也有社会道德。网络社会是需要被尊重的社会，是需要疏导的社会，是需要创新的社会，是需要引导的社会。

总之，崭新的网络世界需要有创新的、丰富的、高尚而有益的内容。建网须先治网，治网要重疏导。只要引导有方，积极文明的网络文化，就能逐渐形成。

案例 9-1　堵疏结合的宁波经验

宁波市通过把好“五大关口”，堵疏结合，为营造有益于未成年人健康成长的网络文化环境，进行了有益的探索。[15]

(1) 把好未成年人文明上网教育关。宁波市委、市政府向全市未成年人宣传《全国青少年网络文明公约》，引导学生做到“五要五不”，即要善于网上学习，不浏览不良信息；要诚实友好交流，不侮辱欺诈他人；要增强自护意识，不随意约会网友；要维护网络安全，不破坏网络秩序；要有益身心健康，不沉溺虚拟时空。

此外,宁波市中小学校普遍开设信息科技课程,通过主题班会、专题演讲等形式,教育引导学生正确使用网络,增强是非辨别能力和网络道德、法制观念。

(2) 把好网吧接纳未成年人整治关。近年来,宁波市相继开展了一系列整治网吧违规行为的专项行动,严厉打击"黑网吧",将网吧接纳未成年人列为文化市场监管的"高压线"之一,对接纳未成年人的网吧,一律从严、从重予以处罚。

宁波市江东区四合欣达网吧经理钟国鸿表示,一方面政府积极管理,一方面通过网吧协会加强自律,"网吧不接纳未成年人"已经成为绝大部分网吧业主的共识。网吧经营多年来的"顽症",得到了有效控制。

(3) 把好网络信息净化关。宁波市充分发挥互联网行业协会和各大电信运营企业的作用和技术优势,采取各种措施,对不良信息进行技术过滤和隔离,及时封堵和清除有害信息。同时,积极发挥网民的作用,邀请1000名左右的网络爱好者,以志愿者的组织形式,在宁波市三大重点网站的论坛上,协助网管维持论坛秩序,对发布不当言论、不文明言论等行为进行规劝和管理,引导网民文明上网。

宁波市还于2006年7月6日,正式开通了违法与不良信息举报中心网站。

(4) 把好绿色上网场所建设关。宁波市在教育未成年人健康上网的同时,积极为未成年人提供良好的上网场所,全市启动了"未成年人网络文明工程",投入近6亿元资金进行校园网络建设,80%的学校已建设了校园网络,并建立了"红领巾网校"。

为方便未成年人接受网络教育,全市不少社区还办起"绿色网吧",聘请志愿者进行指导和管理,为未成年人提供健康的上网场所。目前,全市共建成100多个规范化社区电子阅览室。

(5) 把好未成年人网络文化活动关。宁波市未成年人思想道德建设各责任单位,都把建设网络教育平台,作为重要的工作内容。如宁波市教育局创办了德育教育网,各级共青团组织的不少活动都在网上进行;市关心下一代工作委员会开办了网络素质教育阵地等。

从2008年起,宁波市还组织开展"宁波市青少年网络文化节",激发广大未成年人学习网络科技知识的兴趣和热情。同时,将创作的作品在互联网、电视台、公交车移动电视上进行展播,以增强网络文化在未成年人中的吸引力,扩大其影响。

第二节　网络文化的技术管理

归结起来,网络文化管理,可分为两大块:一是网络技术管理;二是网络内容管理。

控制与自由,犹如一个硬币的正反面,是不可分割的。"网络的自由是完全技术性的自由,网络的控制是完全技术的控制。"[16]技术控制是法律、法规控制的必要补充。通过技术途径对抗网络空间形形色色的反文化及越轨形态文化的危害,整治网络媒体文化失衡的弊病,是对法律、法规的有效补充。

一、隐性的中心辐射状模式

由于互联网不过是一个很多网络的松散连接体，所以不为任何个人和机构拥有和控制。“没有任何单位或个人能拥有互联网，也没有人能真正控制它。因此有人把它描绘成为19世纪西部不受法律约束的大片旷野，或者是20世纪20年代没有任何控制的无线广播。”[17]

C/S，又称client/server，或客户/服务器模式。服务器通常采用高性能的PC、工作站或小型机，并采用大型数据库系统。客户端则需要安装专用的客户端软件。针对目前几乎所有网络文化研究者有意无意忽视的一个问题，复旦大学教授孟建指出，正因为服务器—客户机模式的存在，网络中依然存在着传统意义上的传播者：[18]网络用户与网络用户之间的信息交换都必然通过某一个中心节点。虽然在表面形式上，网络传播已经比大众传播有了革命性的突破，形成了一种网状传播结构；但是在实质上，在网状结构下隐藏着的，仍然是大众传播“点—面”的线性传播模式。因此，“单纯的互联网其实并不构成网络文化的全部，网络文化还包括大量现实中对网络的制约因素……从这个意义上说，网络太像福柯笔下的‘全景监狱’了。拥有技术优势乃至技术霸权的人在隐蔽处监控着人们所有的上网行为，并随时可以用技术手段予以控制”[19]。

可见，“信息是知识的‘物化’，‘原子’砝码的降低，‘比特’价值的回升，人类未来充满着机遇与挑战。谁营造了有序的信息社会，谁实施了应时的网络控制，谁就会谋得理想的生存状态”[20]。

正是在这种意义上，我们也可以把互联网传播模式理解为一种隐性的中心辐射状模式。

二、“对等系统”的无中心状态

P2P，是对等系统的(peer to peer)的缩写。它是一种与客户端/服务器结构相对的网络结构思想。在对等系统中，两个或两个以上的PC机或其他设备，在互联网上直接通信或协作彼此共享包括处理能力(CPU)、程序以及数据在内的共用资源。P2P系统可以有服务器参与，但P2P系统中，服务器只发挥次要的辅助作用。

在P2P结构中，网络不存在中心节点(或中央服务器)。每一个节点，都同时担当着信息消费者、信息提供者和信息中介者三重职责。P2P网络中的每一个节点，都具有完全相同的地位，每台计算机的权利和义务都是对等的，无所谓系统中的服务器和客户机之分，所以P2P网络也叫作“对等网络”。

P2P的结构，打破了大网站占据网络中心的格局，使用户可以像使用自己的计算机一样，使用对等的计算机上的资源而无须通过万维网或电子邮件这样的C/S应用。P2P的结构使互联网重新回到了早期互联网无中心的状态，一切权力连同一切责任都交还给用户，网络实现了真正的平等。“P2P的本质特征是分布式计算，其最大特点是没有中央服务器，网络上每一台计算机(特别是用户端设备)的计算能力都可以得到充分发挥，使人们避免了在中央服务器端的昂贵支出(包括软件、硬件、通信以及人力投入等),从而使得系统具有更低的运营成本和近乎无限地扩展能力。"[21]

目前,P2P应用最重要的领域,是即时通信和文件共享。我们所熟知的ICQ、OICQ、MSN MESSENGER、BT下载等,都是P2P的具体应用。对等系统不仅可以让成千上万的人共享信息资源和即时沟通,而且可以有许多其他重要的应用,如分布式计算、带宽共享、智能代理等,如今,越来越多的人开始认真思考如何利用P2P来提高工作效率或者改善自己的生活。

(一) Web 2.0与去中心化趋势

Web 2.0时代,以多点对多点的"去中心化"的传播方式,解构了原有的单向文化的社会结构,使其正逐渐转向多元的双向文化的社会结构。[22]使得互联网与传统的大众传播媒体区分开来的,在于其网状传播结构的主要传播特色——去中心化。"去中心化"是后现代思潮的一个概念。在传播领域中,它是指传播的中心消失了。"去中心化",是Web 2.0的核心理念之一,它并非指中心消失和社会阶层的完全消失,而是指原有的中心意义被大大弱化或完全转变,是由高度集中控制向分布集中控制转变,变得更加个体化和多元化,这直接影响了网络文化的形成和呈现。

在分享中,"去中心化"进一步被加强。因为分享的内容,并非传统意义上通过门户网站或精英人士网站提供,个体化的内容成为主流,广大的博客、播客、微博、沃客、印客等成为主要来源。创建是否成功,与其在网上的人气有很大关联。在创建分享中,网民体验到成就感,受众完成了从网络"下载"的消费者,到网络"上传"的生产者的转变。

在Web 2.0里,网络文化中一再呈现叛逆性内容,传统文化认知不断被改变。个人喜好不同、视角不同,对事物看法也有很大差别。网民通过创建、上传自己的作品,分享自己的文化观。只要时代在不断前进,文化就会不断地反思批判,这是很自然的现象。但Web 2.0时代带来的,是革命性变化。技术的升级,带来内容的升华。创建与分享,是Web 2.0时代网民积极参与文化构建的表现。"去中心化",则极大地促进了网络文化向个体化、多元化的转变。

网络文化的"去中心化",经历了从个人权威(少数精英),到媒体(门户网站)权威,再到个人权威(网民个体)的发展过程。Web 2.0的"去中心化",使得"权威"变得宽泛,而且在动态中不断更新。在这一过程中,个体逐渐成为主角,传统的文化思维方式及运作方式,显得不合时宜;处于弱势地位的个体,得到Web 2.0技术的支持,以互联网为平台,通过应用RSS、SNS、博客、微博、威客等而变得强势。Web 2.0的"去中心化",给网络文化带来的影响是深刻的,对这一问题的探讨,有利于理解网络文化对社会现实带来的影响。

(二) 传统过滤技术的弊端

网络像一股来势凶猛的浪潮,冲击着社会的每一个角落,深刻地影响着人们的生产和生活,改变着人们的一切。网络由于发展太快,不可避免地出现许多问题。

网络问题,在很大程度上,可以认为是科学技术本身的问题。因此,首先应该从技术的角度，来寻求解决之道。比如，针对网络信息泄密而大力发展网络加密技术，针对黑客袭击而加大网络安全防范，针对网络色情、暴力和其他非法信息而大力开发相应的"过滤技术"等。这种"技术问题要首先从技术本身去寻求解决的途径"的思路，具有一定的进步性。

但是技术问题，在很多情况下，单纯由技术本身是不能解决的，甚至会带来更多的问题。譬如，"过滤技术"的使用，就招致非议。

有人认为，过滤技术损害了宪法规定的公民享有言论自由的基本权利；还有人则担心过滤技术会导致因噎废食，使网络交流走向另一个极端，即由于没有充分有效的"过滤"技术，而禁止了一切网络信息的交流，这其中当然包括有益信息的交流。这种因为新技术会带来一定的消极后果，就完全将之拒之门外的做法，很可能会使整个社会丧失参与营造信息社会的机会，不利于国家的发展。

三、利用网络技术进行监管

网络是对技术依赖最深的传播媒介。网络道德问题，也与其技术特点有直接关系。相应的，对于网络道德失范的控制防范，也必然要诉诸技术手段。即使是对严重失范行为进行法律制裁，也需要技术手段进行侦破、取证、量刑。可以说，这是政府机构、民间组织以及社区、家庭对公民网络行为实施社会控制的落脚点和重要实现方式之一。

1. 国际网络监管的主要技术手段

自 1996 年国际环球网联合会投入使用"互联网络内容选择平台"这一监控软件开始，各国都将技术监管作为清除网络不良信息、抵御网络突发侵袭的可行、有效的控制手段。这其中主要包括：

(1) 程序监管技术，如 C4ISR(指挥、控制、通信、计算机、情报、监视和侦察的集成系统单元)，用以协调、监控网络。

(2) 设置网络审计标准，如国际货币基金组织(IMF)建立"通用会计准则"(FASB)和"标准审计公司"(SAS)，联机网络数据新标准等，用以进行身份确定。

(3) 预设防范"滤网"，如采取"停板制度"(circuit－breakers)，设置"正常波动带"(nomal band)，提高保证金比率，设定 EDI 路径("本单位—数据通信网—商业伙伴的计算机")，在虚拟实境(virtual reality)中预先设定"共同的规定"，用以谋求资讯主导配置权和控制网络权。

(4) 埋设跟踪程序，如 microsoft 的"视窗脚印"，用以追查网络越轨者的行踪，并加以惩处。通过技术控制技术，使得网络控制具有实用性、可操作性。

2. 国内研发的网络信息安全技术

目前，在计算机网络安全体系建设方面，我国信息安全专家提出：密码是核心，协议是桥梁，体系结构是基础，安全集成芯片是关键，安全监控管理是保障，检测、攻击与评估是考验。在基础设施尚未建设的情况下，常常采用两类技术：第一，公开密钥与数字签名结合；第二，利用防火墙技术，在集团网络与整个因特网之间装上一个保护层。此外，有关机构还开发了高科技防黄毒软件,例如"五行卫士",采用终端屏幕监控手段,能够使计算机识别黄色内容,进而将其屏蔽。此外,新型的DRM(digital rights menagement)技术,对于数字产品知识产权的保护,也起到了保证作用。这些手段,都为净化网络空间提供了技术支持,有助于为公民的网络生活提供良好的虚拟环境。[23]

这里,简要介绍一下网络信息抽取技术。

原理上,搜索引擎技术主要涉及网络搜索技术、文档分类技术和网络信息抽取技术。其中,网络信息抽取技术,是将网页中的非结构化数据或半结构化数据,按照一定的需求,抽取成结构化数据。网络信息抽取结果的质量,直接影响封堵过滤网络不良内容的效率。因此,网络信息抽取技术,是应对不良网络文化的关键技术之一。[24]

网络信息抽取,属于网络内容挖掘(Web content mining)研究的一部分。如图9-1所示,主要包括结构化数据抽取(Sructured Data Extraction)、信息集成(Information integreation)和观点挖掘(Opinion mining)等。

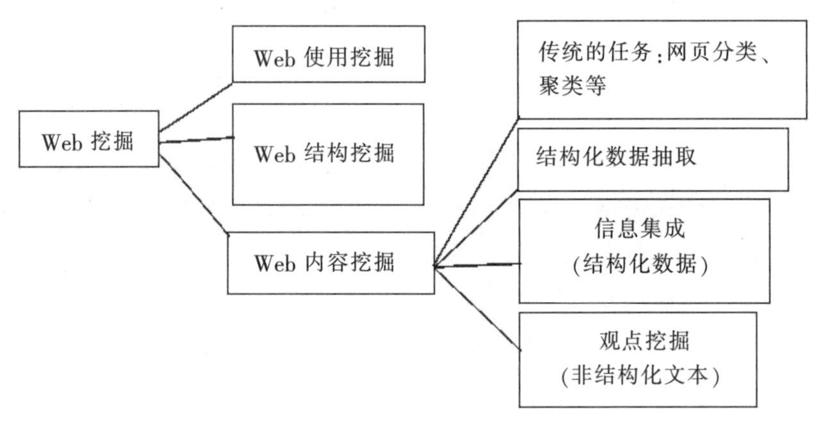

图9-1　网络信息抽取的主要内容

结构化数据抽取的目标,是从Web页面中抽取结构化数据。这些结构化数据,往往存储在后台数据库中,由网页按一定格式承载着,进而展示给用户。例如论坛列表页面、Blog页面、搜索引擎结果页面等。

信息集成,是针对结构化数据而言的。其目标,是将从不同网站中抽取出的数据统一化后,集成入库。其关键问题,是如何从不同网站的数据表中,识别出意义相同的数据并统一存储。

观点挖掘,是针对网页中的纯文本而言的。其目标,是从网页中抽取出带有主观倾向的信息。

大多数文献中提到的网络信息抽取,往往专指结构化数据抽取。

由上可见,网络文化发展的一个突出特征,是网络新技术的广泛应用不断催生新的文化生产方式、传播方式、消费方式,不断引领网络文化形态的更新换代。网络文化的技术与内容互为支撑、相互融合,共同构成核心竞争力。必须把技术研发与内容创新结合起来,把技术应用与完善服务统一起来,不断提升网络新技术应用水平和业务保障能力。[25]

一是要充分利用互联网新技术拓展新业务。应支持重点新闻网站,大力发展网络杂志、网络视听新业务，积极利用即时通信、博客、播客、微博、搜索聚合等。

二是要努力提高现代信息技术自主研发能力。网络的核心技术和应用技术，烙有研发者的文化观念和文化样式的印迹。谁的技术领先，谁就有可能创造自己的文化形态，引领文化风尚。目前，网络媒体的关键技术，主要掌握在美国等西方发达国家手中，我们应加大人财物的投入，密切跟踪网络技术前沿动向，从战略高度对网络重大问题进行立项研发，组织科研人员攻关，加强对网络防病毒技术、防火墙技术、防攻击入侵检测技术、远程监控技术、防网络游戏成瘾技术、智能搜索技术、舆情监控及预警技术等的研究与开发，形成具有独立知识产权的核心技术优势。尤其要重视新一代无线传输技术和下一代互联网技术的研发，加大投入，集中力量攻关，抢占未来互联网发展的技术制高点，把我们的网络文化发展，建立在自己掌控的技术平台基础之上。

四、利用网络资源进行监管

计算机安全系统的建设，是直接有效的途径。它能够防止一些攻击网络系统、盗取信息资料、制作传播网络病毒等方面的黑客行为，能够制约一些网上恶意报复、网上隐私权和著作权侵犯行为，甚至还能过滤网络不良信息。对于网络道德问题的受害者，这也是有效的保护措施。“一系列的网络资源可以帮助父母监管不合适的网络内容，包括冲浪观察者（surf watch）、网络巡警（cyber patrol）和网络保姆（net nanny）等过滤文件。”[26]

技术的手段，就是开发一些隐私保护软件，比如 TRUSTe 和隐私倾向选择平台（patroem for privacy preferences）。TRUSTe，是一个对信息予以公开和核实的系统。它可以使用户可靠地控制信息，即便此信息已为第二方所得。隐私倾向选择平台，则可以使用户规定和控制有关自己的信息，并决定对任一特定的网站提供哪些信息。它们代表着一种自下而上的努力，目的是将权力分散，将规范和控制交由客户来进行，使客户能够控制信息的流向，与此同时，却并不妨碍客户享受信息交换的真正好处。

第三节　网络文化的内容管理

网络文化的内容，既包括原有文化产品在互联网上传播和扩展的延伸，传统文化产业的网络化和数字化，如数字图书馆、数字电影等；又包括以信息网络为载体，形式和内容均有别于传统文化的新型文化产品，如网络游戏、移动短信等。因此，网络文化的内容管理涉及诸多方面。概括起来，主要有以下三方面。

一是网络文化的内容供给。要为网民提供日益丰富的网络文化产品，满足人民群众日益增长的精神文化需要。

二是网络文化消费的引导。网络文化消费宜疏不宜堵，要通过长时期的潜移默化来引导网民的网络文化消费倾向。

三是网络文化趣味的培养。网络文化趣味是因人而异的，健康乃至高雅的趣味则需要耐心培养。

一、操作性语言对于思想的阉割和控制

复旦大学教授孟建在考察网络文化时指出，电子书写的文本，是操作性的语言而非反思性的语言。这种语言，对于思想有一种阉割和控制。用马尔库塞的话来说，即："减少语言形式和表征反思、抽象、发展、矛盾的符号，用形象代替概念。这种语言否定或者吞没超越性术语；它不探究而只是确认真理和谬误，并把它们强加于人。"[27]

如此，网络语言是网络文化的表象，它折射出网络文化的操作性特征。即缺乏思想的高度和理论的深度，甚至暗含有害信息。

有鉴于此，在内容上，应高度重视对违法犯罪行为和有害信息的管制，对网络影视以"预先批准"的方式进行管制，对在线新闻"非倾向性"管制，对互联网供应商和互联网终端用户进行内容管制。[28]

二、有限管制：尽量减少直接干预

政府调控和管制过程中，应尽量减少直接干预行为，实行有限管制。"一方面，从社会控制的角度来看，如果社会控制过度，就会牺牲个人的利益、减少个人的自由，这与网络的'天性'相违背；而社会控制过弱，则要牺牲社会的利益，导致网络空间紊乱和失序。另一方面，在技术层面上，网络不存在中央控制问题，任何对网络的强控制都有可能以失去网络的本来意义为代价。因此，要避免社会失控和社会过控，就必须把握控制的力度、掌握适度原则。"[29]

鉴于网络空间的特殊性，尽量减少政府直接强制干预，实行柔性管理，不失为一种明智的规制理念。[30]为互联网的发展创造宽松的政策环境，保证互联网有足够的发展空间，是驾驭这种新媒介的最好办法。在把握网络运行规律的基础上，采用非强制方式，依据社会主流价值观、文化和精神氛围，进行以人为本的人性化管理，把政府、组织的意志转变为人们的自觉行动。

柔性管理，不是对传统管理手段的抛弃，而是对其提出了更高的要求。在网络社会的发展过程中，政府依然扮演着政策倡导者和制定者的角色。要倡导主旋律，宣扬主流价值，通过教育手段，普及伦理道德和科学知识，并采取各种有效措施，保障网络自组织功能的合理运行，并且在必要时，提供资金上的支持以及国际间的合作。

管理者在制定和实施具体的策略时，一定要考虑到网络空间的特殊性。其着眼点一定要包括绝大多数的合作者和少数的不合作者，这样才能发挥优势、解决冲突，从而协助网络空间通过自组织，走向网络和谐社会。

三、内容分级：值得探索的途径

作为解决问题的一种手段，内容分级，也是其他国家正在探索的一条重要途径。"内容分级制度比全面的内容审查制度更为可取，一些内容对一部分人可能造成危害，但对

另一部分人却可能有益……目前,内容分级制度已经在电影、电视、网络游戏等领域得到了普遍的应用,我们还应该将其应用到更广的范围(如内容网站)上,用分级制度来补充甚至取代单一的内容审查制度。"[31]

在历史上,电影业首先建立起分级制度。现在,美国电影用G、PG－13、R和NC来警示父母们,一些电影中存在色情暴力成分。[32]

美国电影行业分级制度主席理查德·赫夫纳(Richard D. Heffner)认为,与电影中的暴力色情相比,新媒体中的暴力色情更加泛滥。他甚至说:科技通过日益丰富的媒体渠道,将色情暴力直接带入家中,采用分级制度对其控制是不现实的。

尽管如此,在美国,视频游戏和电缆行业已经开始建立分级制度。视频游戏目前有如下分类:幼儿级,适于3岁以上;儿童级,年龄在6岁以上,可以包含一定暴力和俚语;青少年级,年龄在13岁以上,可以包含一定暴力和亵渎以及中等程度的性相关内容;成熟级,年龄在17岁以上,可接受强度更大的暴力、亵渎和性相关内容;成人限制级,可包含性与色情的图解描述。[33]

针对有上网功能的手机可以从网上下载色情信息的问题,美国最大的手机服务商推出了手机内容过滤装置和密码锁,以防止未成年人购买色情信息;美国移动电信工业协会也公布了手机内容分级标准。"但美国家长和社会舆论仍十分担心。"[34]

因此,在美国,"对新媒体内容的审查制度既成为一种政府行为,又成为平民团体行为的重要组成部分"。[35]

案例9-2 站点刺杀文件

"人们可能需要的东西是发明'站点刺杀文件'(site kill file)",一位在美国宇航局喷气动力实验室工作的usenet(互联网上最大的新闻组——引者)参与者大卫·海斯(David Hayes)写道:"站点刺杀文件允许使用者阻碍特定的计算机信息或者网络的指定部分。同时,站点刺杀文件可以用于对不欢迎的观点进行礼貌的审查,而不仅仅是审查淫秽信息或者是虚假广告。"[36]

在国内,2009年4月,北京大学文化产业研究院受文化部委托,开始网游分级的课题研究。2010年1月,该院关于网游分级标准的研究完成。[37]

据北京大学文化产业研究院副院长向勇介绍,2009年,网游市场出现了较多问题,针对网游的负面报道较多,企业甚至产业的形象和公信力下降,未成年人身心健康与成年人正常游戏的权利,均受到一定程度的损害。在这样一个非常时期,推动分级,将更好地引导网游市场走向定制化、规范化,促进产品开发类型多样化。

其实,对于网游来说,即使没有色情、暴力,也同样需要分级。那么,分级是否意味着取代审查制度?分级是否会让暴力、色情产品合法化呢?据向勇介绍,他们建议的分级,不会取代内容审查制度,而是在通过内容审查的前提下进行分级。

北京大学文化产业研究院制定的网游分级标准,将网游分为适合全年龄段、12岁以上、18岁以上三个级别。该标准提出了文化价值导向性、虚拟社会健康度等5个评价指标，涉及基础架构、视觉特效、人际关系、官方行为等 20 个游戏模块。

与西方主要依据以引起身体反应为标准相比，比如色情、暴力、药品等，“中国不可能采取国外的分级办法，而是要根据中国国情制定具有中国特色的分级标准。我们的分级标准针对的是一个大文化的分级，主要根据价值取向、文化内涵等软性内容和服务水平进行分级管理”。向勇表示，一款游戏即使没有色情、暴力，也同样需要分级。比如中西方文化的差异：在中国，龙是中华民族的象征；但在西方，龙是邪恶的象征；分级时就会考虑，什么年龄层的人可以接触“龙是邪恶的”内容。“分级不是仅仅针对暴力、色情的分级。在某种意义上，价值取向、文化内涵等对人的影响更深远、更长久。基于内容审查基础之上的适龄分级，除了进一步将儿童、少年和青少年与色情暴力内容进行隔绝之外，还能解决诸如文化价值导向、有争议的知识体系构成、打擦边球的企业运营手段等各方面的有效引导问题，同时通过对游戏时间限制性进行深入研究，继而进行适龄分级，也能从某些方面减轻网络游戏令未成年人沉迷的问题。这些都是国外分级制度不能有效解决的问题。”

四、志愿者：值得借鉴的做法

在这方面，美国保护互联网安全的少年志愿者组织的做法很值得借鉴。[38]这个组织由约 12 名女孩和一名 18 岁的男孩组成。他们的使命，是教会家长、少年和儿童如何避开互联网上的骚扰者、恋童狂和色情狂。

这种组织，可以扩展到更广的范围，而且可以借助互联网的优势，发展成跨国的志愿者组织。在商业时代，志愿者是个稀罕物。但对于网络时代来说，志愿者是其必然的要求。因为虚拟的网络，就是人们自愿建立起来的，因而自觉地去维护它的纯洁，是题中应有之义。

2009 年年底，在我国首都北京，就成立了以倡导健康网络文化为宗旨的北京网友组织协会(BANO)。[39]该协会是以北京各社区网站、校园网站和兴趣类网站等为依托组成的枢纽型网友组织，由北京市各类网友组织自愿联合发起成立，系经北京市社会团体登记管理机关核准登记的非营利性社会团体法人。其业务范围包括倡导健康网络文化，推进网络文明建设，开展志愿服务和公益活动等。2010 年，该协会组建了北京网友组织公益志愿服务联盟，开展招募网络志愿者等一系列活动。近年来这种志愿者活动比较多，比如 2014 年的泸州市网络文化协会。

案例 9-3　2014 年泸州市网络文化协会

四川在线泸州频道消息(记者 丁汀 伍智勇 王永丰)　5 月 25 日上午 9 时，由泸州市委网信办、市文明办主办，市网络文化协会、江阳区网络行业协会协办，泸州论坛、泸州小蚂蚁承办，以“人人公益网爱酒城”为主题的 2014 年泸州市网络文化协会“5·25——互联网公益日”活动在泸州白塔广场隆重举行。

活动现场，主持人分别讲述了泸州市张振武、萧然和韦兵(名字均为谐音)三名孤寡残疾少年儿童艰苦奋斗、勇敢顽强、好求上进的感人故事。泸州网络协会各成员网站为失依优秀贫困学生现场募捐，以鼓励他们刻苦学习、快乐成长。同时，在现场开展了泸州市网络公益活动成果图片展，并宣读了文明上网倡议书。随后，全体参与活动者分别在“文明办网、文明上网”倡议书签名墙上签名表态。

国内外的这些具体做法，均值得全国其他地区借鉴。

五、网络文化的公共治理

从总体上看，各国网络管理的模式不同，做法各异，但都注重从本国实际出发，重视和加强网络文化管理。其出发点和目的都是预防、遏制和消除网络对社会的危害和负面作用，将其纳入社会管理的可控范围，促使其积极健康地向前发展，以“有为而治”求“无为而治”。

在今天这样一个媒介融合与信息互渗的时代，网络不仅成为媒体融合的中介，而且正在成为一个数字化互动的复合媒体。在新技术支撑体系下，网络与数字杂志、数字报纸、数字广播、手机短信、移动电视、桌面视窗、数字电视、数字电影、触摸媒体等，共同构成了今天的新型媒体。在新媒体语境下，网络文化不仅成为文化的有机组成部分，而且是网络社会出现的一种特殊的文化现象。

网络文化不仅成为网络新人的一种文化抵抗模式，也成为一个多元话语的共用空间和博弈平台，承担着推进民主、建构新型社会空间的功能。但是，网络文化也表现出伦理失范、网络暴力等文化焦虑。因此，利用网络舆论环境，促进技术理性和价值理性的和谐统一，推动网络文化公共治理的现代转型，是规范网络文化的社会意义所在。[40]

首先，网络文化是一种文化软实力，是对现代文明和社会发展的适度调适。但是，也应该看到，公民在网络上滥用个人权利的危害也不可小觑，尤其是那些违反公共精神和法律底线的观念，一旦被误导，就会产生公共危机和管理危机，导致社会公权力的失控。理性、有序地参与网络文化建设，恰当地表述个人意见，是公民媒介素养的体现，也是新媒介环境下实现民主社会的前提。

其次，网络文化与其他大众传媒文化一样，也是一种商业文化，即消费性的文化。网络文化的消费性日益凸显，必然导致媒体社会责任的错位，网络与其承担的公共价值和社会责任渐行渐远。然而，这种网络文化的价值失效，很难单纯依靠某一种力量予以引导和整合。因此，政府应该建立国家层面和地方性的各种非政府非营利组织、政府间和非政府间国际组织、各种社会团体包括知名社会人士等个人在内的多元主体共同参与社会公共治理的社会控制体系，加强政府与民间、公共部门之间的合作与互动。

再次，网络的文化反抗和共用空间的特性，决定了网络文化与主流文化的抗衡。因此，政府向公共治理的转型，不仅要从组织规模、活动范围等方面进行改革，更重要的是从管理体制和运行机制等方面，对公共部门进行深层次的改革。面对公民对于公共事件的质疑，政府应及时让问题公开透明，并采取合理的行政手段解决问题，主动行使化解社会矛盾和处理公共危机的行政职责。

本章小结

本章的主要内容是网络文化管理,网络为我们提供了丰富多彩的生活,其中难免存在一些与道德相违背的现象,这就需要对网络文化进行管理,包括网络文化的技术管理和内容管理。

网络文化是一种文化软实力,是对现代化文明和社会发展的适度调适。对于网络文化的建设和管理,我们可以概括为这样一句话:网络文化,重在建设,善在管理。网络是新生事物,由良莠不齐到良性发展要经历一个漫长的过程,这之中必定会出现一些虚假、低俗的网络信息,对网络发展中存在的非道德文化现象的治理,是网络文化健康发展的条件。崭新的网络世界需要有创新的、丰富的、高尚而有益的内容。建网需先治网,治网要重疏导。只要引导有方,积极文明的网络文化,就能逐渐形成。

互联网是一个很多网络的松散连接体,对网络的管理需要借助网络技术。Web2.0时代,"去中心化"的传播方式,使互联网与传统的大众传播媒体区分开来,极大地促进了网络文化向个体化、多元化转变。网络文化发展的一个突出特征,是网络新技术的广泛应用不断催生新的文化生产方式、传播方式、消费方式,不断引领网络文化形态的更新换代。

网络文化的内容参差不齐,政府在调控和管制过程中会受到多方面的制约,为避免对网络的强控制,就必须把握控制的力度。作为解决问题的一种手段,内容分级也是一种值得探索的方式。在新媒体语境下,网络文化不仅成为文化的有机组成部分,而且是网络社会出现的一种特殊的文化现象。

思考与问题

1. 试说明网络文化管理的重要性。
2. 对多元化发展的网络文化该如何进行技术管理?
3. 试举例说明网络文化内容分级的利弊。

参考文献

[1] 新兴媒体应对网络低俗说"不"[N].中国青年报,2010-08-04.
[2] 杨延方.抵制网络"三俗"是一项日常性工作[EB/OL].(2010-08-05).http://big5.ts.cn/pn/content/2010-08/05/content_5140551.htm
[3] 曲青山.进一步加强网络文化建设和管理[N].理论前沿,2009(9).
[4] 鲍宗豪.网络文化概论[M].上海:上海人民出版社,2003:255.
[5] 杨鹏.网络文化与青年[M].北京:清华大学出版社,2006:158.
[6] 杨鹏.网络文化与青年[M].北京:清华大学出版社,2006:159.
[7] 约翰·帕夫里克.新媒体技术——文化和商业前景(第2版)[M].北京:清华大学出版社,2005:64-65.
[8] 陶宏开.网络文化乱象治理该下猛药了[EB/OL].(2007-01-08).http://culture.people.com.cn/GB/27296/5258317.html
[9] 喻国明.媒体变革:从"全景监狱"到"共景监狱"[EB/OL].(2009-08-11).http://theory.people.com.

cn/GB/9831682. html
[10]《瞭望新闻周刊》记者. 网络文化的安全命题[J]. 瞭望新闻周刊，2007(8-9).
[11] 方兴东. 在“春回燕归网络传播创新”互动直播论坛上的谈话[EB/OL]. (2007-04-18). http://zjnews. zjol. com. cn/05zjnews/chyg/zhibo. shtml
[12] 王天德，吴吟. 网络文化探究[M]. 北京：五洲传播出版社，2005：169.
[13] 谢维和等. 当代青年社会学[M]. 北京：中国青年出版社，1994：138.
[14] 李钢，王旭辉. 网络文化[M]. 北京：人民邮电出版社，2005：28.
[15] 黄深钢，方益波. 宁波堵疏结合把好网络文化环境五大关口[EB/OL]. (2008-12-29). http://news. xinhuanet. com/newscenter/2008-12/29/content_10575783. htm
[16] 鲍宗豪. 网络文化概论[M]. 上海：上海人民出版社，2003：266.
[17] 约翰·帕夫里克. 新媒体技术——文化和商业前景(第 2 版)[M]. 北京：清华大学出版社，2005：27.
[18] 孟建，祁林. 网络文化论纲[M]. 北京：新华出版社，2002：289.
[19] 孟建，祁林. 网络文化论纲[M]. 北京：新华出版社，2002：288-289.
[20] 鲍宗豪. 网络文化概论[M]. 上海：上海人民出版社，2003：258.
[21] 刘向晖. 互联网草根革命：Web 2.0 时代的成功方略[M]. 北京：清华大学出版社，2007：51-52.
[22] 高宪春. “去中心化”对网络文化的影响[J]. 济南学院学报，2011(4).
[23] 走过感伤地带(蚂蚁的天下). 从法律角度看网络媒体文化的建构[EB/OL]. http://hi. baidu. com/.
[24] 郭岩，丁国栋，程学旗. 应对不良网络文化的技术之一——网络信息抽取技术[EB/OL]. (2008-01-17). http://wenku. baidu. com/view/14a23a7ba26925c52cc5bf21. html
[25] 曲青山. 进一步加强网络文化建设和管理[N]. 理论前沿，2009(9).
[26] 约翰·帕夫里克. 新媒体技术——文化和商业前景(第 2 版)[M]. 北京：清华大学出版社，2005：347.
[27] 赫伯特·马尔库塞. 单向度的人[M]. 重庆：重庆出版社，1988：92.
[28] 李钢，王旭辉. 网络文化[M]. 北京：人民邮电出版社，2005：158.
[29] 李钢，王旭辉. 网络文化[M]. 北京：人民邮电出版社，2005：164.
[30] 李钢，宋强. 网络文化发展困境与柔性管理[J]. 北京：北京邮电大学学报(社会科学版)，2009(1).
[31] 刘向晖. 互联网草根革命：Web 2.0 时代的成功方略[M]. 北京：清华大学出版社，2007：184.
[32] 约翰·帕夫里克. 新媒体技术——文化和商业前景(第 2 版)[M]. 北京：清华大学出版社，2005：266.
[33] 约翰·帕夫里克. 新媒体技术——文化和商业前景(第 2 版)[M]. 北京：清华大学出版社，2005：267.
[34] 匡文波. 手机媒体概论[M]. 北京：中国人民大学出版社，2006：228.
[35] 约翰·帕夫里克. 新媒体技术——文化和商业前景(第 2 版)[M]. 北京：清华大学出版社，2005：267-268.
[36] 约翰·帕夫里克. 新媒体技术——文化和商业前景(第 2 版)[M]. 北京：清华大学出版社，2005：348-349.
[37] 张伟，汤代佳. 国内首部网游分级学术研究完成[J]. 中国经济周刊，2010，2(2).
[38] 李钢，王旭辉. 网络文化[M]. 北京：人民邮电出版社，2005：108.
[39] 北京成立网友协会，倡导健康网络文化[N]. 北京青年报，2009-12-12.
[40] 周根红. 网络文化的焦虑与公共治理[J]. 现代视听，2009(9).

第十章　网络文化：新的文化经济增长点

学习目标

1. 了解山寨文化的正面效应和负面效应。
2. 厘清传统文化与网络文化的关系。
3. 了解网络文化产业发展现状与未来趋势。

互联网的发展历程大致上可分为三个阶段，第一阶段以搜索为核心，依托搜索实现流量变现。第二阶段以流量为核心，以 2008 年为开端，网民激增造就了流量的繁荣，之后的 4 年一直被称为流量红利时代。第三阶段以粉丝为核心，打造忠诚的社群体系。目前，“互联网＋”已上升为国家战略的高度，成为新常态下我国经济发展新的增长点。而这一切都与网络文化息息相关。

第一节　“山寨文化”：文化发展的“双刃剑”

“山寨”一词，出自粤语，原指那些没有牌照、难入正规渠道的小厂家、小作坊，为参与市场竞争所生产的“白牌”产品。

山寨产品，最早出现在 MP3 行业。山寨手机的大规模流行，使“山寨”这一广东方言，渐渐进入大众视野，并随着山寨对各个行业的“入侵”而迅速走红。如今，提到“山寨”一词，人们脑海中马上就能浮现出泛滥的山寨 3C 产业和各种雷人的山寨名牌乃至山寨明星、山寨春晚等。随着山寨产品在各行各业的发展壮大，衍生出了一种特有的文化——“山寨文化”。

一、山寨文化的正面效应

“山寨文化其实是一种‘在野’形态，是主流文化之外的非主流”，广东省人大代表罗韬指出，“从这个角度来看，对于形成文化的多元是有好处的”。

目前，人们对山寨的理解，往往处于两个极端：一方面认为山寨就是模仿、抄袭，其实质就是假冒伪劣；另一方面则认为，山寨是平民阶层创新的表现、是民间智慧的体现。但事实上，这些理解都是肤浅而片面的。目前，山寨文化已经逐步形成，而要真正理解一种文化，在充分了解表层现象时，还要了解这种文化形成的时代前提和社会背景，从而对这种文化进行解读，以便深刻地认识这种文化。

山寨文化，实质上是一种草根文化、平民文化。它属于社会中下层或非主流阶层的文化。山寨文化的显著特点，就是非正统、非主流和边缘化。这些特征，一方面是由山寨文化所扎根的土壤——草根阶层——所决定的；另一方面，组成山寨文化的，就是与正统、主流打擦边球的山寨手机、山寨新闻联播等带有明显抄袭、模仿痕迹的山寨产物。这就从根本上决定了山寨文化只能游走在正统与主流的边缘。虽然有诸如此类的缺憾，但是，作为山寨文化物化代表的山寨产品，仍然以其廉价、实用、更新迅速等特点，赢得社会大众的青睐，尤其受到草根阶层的热捧。

尽管最初的山寨产品，的确是以借鉴为主而缺乏自主创新，如山寨手机，就往往是依靠融合各种名牌手机的特色功能起家的。但随着逐步发展，山寨产品，尤其是一些高端山寨产品，已经走出了“一直在模仿，从未曾超越”的怪圈。如随着 ipad Touch 播放器走红推出的“苹果皮 520”，就体现了山寨的高端智慧。“苹果皮 520”虽然存在对 ipad Touch 核心技术的侵权嫌疑，但是它的植入芯片能将 ipad Touch 播放器变身为移动电话，就不再只是简单的模仿，而是实实在在的创新。香港《南华早报》网站甚至在题为“奇思妙想两兄弟，举世瞩目一发明”的文章中，感叹中国“山寨现象”蕴涵创新潜能。[1]随着山寨企业原始积累的完成，一些较为高端的企业，已经不再满足于模仿，而是纷纷走上了尝试自主创新之路。所以，有人认为，山寨从另一个层面，促进了创新力量和科技的发展。

就由山寨产品发展而来的山寨文化来说，既然称之为“文化”，较之单纯的山寨产品，其自然又多了更深层的含义。山寨文化不仅包含了浅层含义的山寨产品，还包括山寨文化的文化生产和文化构成以及文化走向。山寨文化，是由山寨产品和山寨精神的内涵所组成的。一方面，山寨文化是平民阶层对自身弱势处境的一种自我安慰。山寨文化多体现出民间的一些特点，例如，粗糙和带点小聪明式的自娱自乐。所以，山寨文化往往是笑中带泪的戏谑。另一方面，山寨文化又是平民阶层反抗社会软暴力的一种手段。平民阶层常常借助这种充满调侃的方式，来表达自己对理想和美好生活的憧憬，同时借以争取自己的权利。

二、山寨文化的负面影响

在人们享受山寨文化所带来的便利时，其弊端也日益显现。在满世界的“山寨产品”让人们目不暇接、山寨文化被吹捧上天的同时，不禁也让人暗自思忖：山寨文化真的就是创新、便民吗？

一项调查显示，三成左右的网友认为，山寨文化是一种冒牌文化，其核心就是剽窃。虽然山寨产品比起正牌产品来说，的确是价廉物美，但是，其剽窃成分还是相当明显的。在网上“山寨”一词流行之后，不少厂家纷纷瞄准这个契机，制造出很多山寨产品，也赢得了一定的消费市场，从而使市场竞争更加激烈。这种竞争，促使一些大厂商，不得不降低产品成本和产品价格。不过，山寨产品在促进竞争的同时，也逐渐出现一些恶意手段，为消费者所深恶痛绝。例如，内置自动群发短信、欺骗性开通收费服务功能等，大有昧着良心圈钱的嫌疑。

山寨产品，正是以其强大的生存能力和摧枯拉朽的气势，扰乱了正常的市场秩序。当我们在山寨这条路上渐行渐远时，山寨的意义已经暗暗转变。平民化的娱乐，也在逐渐从恶搞文化发展成为低劣商品甚至是危险品的代名词。

山寨不仅在数码等实用产品方面打开了市场，在影视方面也有所涉及，带来一些消极影响。各种各样的翻拍与改编，数不胜数。比如内地有《红苹果乐园》模仿台版《流星花园》；越南照搬我国《还珠格格》；印度生产了大量直接照搬好莱坞电影桥段的电影。这些山寨版影视作品制作粗糙，质量远比不上原版，存在全而不精的缺点，也容易产生版权纠纷。而且容易引起公愤，例如，山寨版《网球王子》，注定要面对动漫忠实粉丝的指责和排斥。连一些主要演员也承认："翻拍经典本来就不能超过原版。"[2]

文化学者朱大可认为，山寨文化有三种含义："第一，指仿制和盗版的工业产品；第二，指流氓精神；第三，指在一种流氓精神影响下的文化颠覆，戏仿、反讽和解构。"虽然这三种含义的说法似乎有点过于苛刻，可是山寨文化一开始就是在社会文化多元化的背景下，巧妙地捕捉到人们猎奇、从众的心态，从而使自身影响迅速上升。但是，这样一种文化，毕竟还是以仿效为主的文化，只能寄生于主流文化。在当今市场经济和社会发展的进程中，山寨文化能否经得起时间的考验，着实成为问题。

三、山寨文化的去路

当今世界，需要有各种文化来丰富人们的生活，提高人们的生活品质，因此，要求文化具有强大的包容性。对待各种文化支流，应该在坚持基本原则的情况下，在科学发展观的指导下，取其精华，去其糟粕。

山寨文化作为娱乐性较强的草根文化，能否接受"招安"成为社会主义先进文化的方面军甚至生力军，还有待于相关部门监管的逐步完善，以及山寨文化本身的发展策略改进。社会学家、民俗学家艾君认为，如果我们站在当今的中国，站在市场经济发展期的中国，辩证地分析看待山寨现象，深层解剖山寨现象的社会意义，就会发现，它的存在对社会进步和发展有着许多积极因素。他指出，完全赞美一种文化，不是对待文化的科学态度，而是故步自封和愚昧的表现；完全否定和取缔一种文化，也不是对文化的辩证理解和分析，而是机械主义的主观意识在作怪。

有一点是值得肯定的，一味地恶搞、剽窃创意，是绝对不会被市场所接受的。因此，合法模仿与借鉴基础上的创新，才是山寨文化的唯一出路。

第二节　传统文化与网络文化：文化存量与文化增量

无论内容还是形式，以网络文化为代表的现代文化，与人类社会在过去几千年中所积累的文化，即所谓"传统文化"相比，都有很大不同。当然，这种不同，是建立在网络文化对传统文化的传承基础之上的。网络文化与传统文化，均是在不同历史条件下产生、与该历史时期相对应的文化成果。它们具有一种内在的传承关系，同时又各自代表着不同历史阶段的文化生态。所以，网络文化作为一种后发的文化形态，在本质上与传统文化仍然存在着千丝万缕的关系。简单地说，两者之间的关系，是文化存量与文化增量（文化的深度与广度）之间的关系。

一般意义上的传统文化（traditional culture），是指在人类自身发展历程中产生于原始社会，繁荣和成熟于封建社会，延续至现代社会前期的文化，是一种具有历史传承性和延续性的文化成果。可以说，传统文化，是整个人类社会精神建筑体系的基石，在思维方式、价值观念、行为准则和风俗习惯等各个方面，潜移默化地影响着人类。

网络文化，主要指依附于现代科学技术，特别是多媒体技术的一种现代层面的文化。网络文化融文字、图片、音响、图像等于一体，是以网络为基础的一种新兴文化。虽然有网络技术的支持，但网络文化的本质内容，主要还是它所传递的精神层面的文化内涵。在数千年的文明发展历程中，在特定自然环境、经济形态、政治结构和意识形态的作用下，中华民族日益形成、发展和积淀下富有深厚历史底蕴和鲜明民族特色的传统文化，源远流长、绵延不绝，深刻影响着人们的思想和行为。21 世纪，伴随着网络传播的迅猛发展，融合着新潮异域文化、古今中外文明的网络文化扑面而来，为传统文化的生存与发展，带来了强大的助力和冲击，传统文化的命运与传承、网络文化的走向与未来，成为关乎社会文明发展的重要议题。

一、网络文化从传统文化中获得给养

作为以计算机、通信技术为物质基础，通过发送和接收信息，影响或改变人们交往方式的一种新型文化形态，网络文化是现实社会多元文化反映和交融的产物。传统文化，为它的生长提供了丰富的给养。

1. 传统文化日渐成为网络文化的重要内容

目前，“榕树下”“黄金书屋”“橄榄树”“红袖添香”等越来越多具有浓郁中国古典特色的网络文学网站，已经引起了知识界的广泛注意。例如，“榕树下”，从页面设计、编排方式到稿件内容，无处不流露着国人传统中的含蓄和恬淡，充盈着小桥流水般的诗情画意。而像搜狐这样的知名网站，大多辟有文学论坛或读书频道，不时刊出诗词歌赋、小说戏剧、历史图片等，吸引了大批文化名人和文学爱好者谈古论今、抒发胸臆。昆曲、皮影戏等传统艺术形式，也纷纷被搬上网络。传统文化成为网络的一道独特风景，吸引着人们的兴趣。

2. 传统文化规范影响并制约着人们的网络互动行为

网络虚拟交往，主要是通过论坛、MSN 即时通信、电子邮件、游戏等方式进行。在互动社区管理中，往往有既定的规则制约人们的行为。这些规则的内容，直接体现了传统文化规范的影响。比如“天涯”虚拟社区，其成文的删帖十六条标准中，就有超过一半的内容，规范人们尊重他人、不歧视、对言论负责、共建和谐友好社区环境等，体现了“仁”“和”思想，阐发了传统文化的理念。

3. 传统文化的精神内涵弥补网络文化的固有缺陷

一方面，网络文化建构于虚拟传播技术之上，由于网络跨疆界、开放、共享、个性化、隐匿等传播特点，网络上自由化思想时有泛滥，也不乏文化传播中的意识形态危机。一些人为发泄不满情绪，不负责任地编造、歪曲信息，攻击他人；别有用心者也利用网络进行舆论误导、价值观渗透和文化入侵。在这种传播环境中，传统文化秉承爱国主义精神、家国本位的思想，具有强大的民族精神感召力，往往形成对文化危机的自觉抵制，提升国民的自信心和凝聚力。

另一方面，当今我国正处在经济转型和文化重构的重要历史时期，包罗万象的网络文化，也在深刻地反映这一社会现实，呈现出多元价值观之间的冲突与融合，同时，也暴露出主体意识过分强化，社会道德感减退的问题。面对诸种道德失范行为，如何在网络中提升国民文化价值观念、倡导精神文明，一直为人们所关注。我国的传统文化倡导“仁者爱人”“己所不欲，勿施于人”“以德为本”“待人以诚”，这种文化内涵所滋养的道德观、价值观，所崇尚的谦谦君子之风，有助于培养人们的自我约束力，促进社会使命感和责任心的形成，维护社会的和谐与安定。

总之，从崇德尚义的传统文化精神中获得给养，是网络文明发展不可或缺的重要途径。

二、传统文化在网络文化中的扬弃与创新

作为传统文化的传承者，网络文化在很大程度上不仅保存了传统文化，同时还发展了传统文化。网络文化因其技术上的先进性，不仅可以将传统文化转化为数字数据加以存储，同时，还能更高效地将数据库内的既有资源加以整合，从而实现资源的优化配置。

互联网的超文本功能，更是为传统文化的有效利用提供了可能。因为传统文化经过长期积累，已形成了一个种类繁多、卷帙浩繁的庞大资料库。在传统条件下，要想达到对这个资料库中相关资源的最优利用，基本是不可能的。然而，通过网络超文本链接，使相关资源形成网状联结，只要抓住一个点，就可以由点及面，对资源进行搜索使用，使资源得到充分而便捷的开发与利用。

同时，网络文化在对传统文化的传承中所凸显的，不仅是它的高新技术，还有它本身所包含的文化内蕴。网络文化对传统文化的生产、流通和传播、接受方式都产生深刻的影响，促使传统文化生成模式转型。不仅如此，网络自身所蕴含的丰富的文化价值意蕴，构成了一种崭新的传承范式。[3]下面这则报道中所描述的对联的网上复兴，就是一个典型实例：

案例10-1　张艺谋谋财不谋艺

昨天下午，微博客平台出现一句上联“张艺谋谋财不谋艺”，并向网友们广泛征集下联。这条上联巧妙地利用了张艺谋的名字，讽刺他本该“谋艺”，却拍出《三枪》这样的电影来“谋财”。Twitter和新浪微博网友一眼就看出其中的巧妙之处，纷纷

开始疯狂转发这条上联。

首先有网友对出的下联是，“冯小刚刚勇难刚正”，还有“孙红雷雷人又雷鬼”。这两个对联对出来后，懂行的网友立马站出来说，请注意“艺谋”和“谋艺”的回旋，这才是上联的精妙之处，还有上、下联中最后一个字的要求应该严格，上联最后一个字必须是“仄”声字，下联最后一个字必须是“平”声字，也就是仄起平收。

按照这样的要求，Twitter 网友“@aHexie”对出一个下联：“王家卫卫国又卫家。”此联算是工整，博得一阵喝彩。接着，微博网友“胡江波”对出的下联是“陈凯歌歌耻亦歌凯”。有人评论道：“不错，不仅比较工整，还富有内涵。”然后又有网友结合热播剧《蜗居》，对出下联“宋思明明色难明思”，倒也显得贴切。

随着大批网友参加讨论，对出的下联越来越有味道，一名网友对出的是“郝劲松松气不松劲”，得到了很多网友的称赞。同样精彩的还有 Twitter 网友“@thw”的下联“李开复复落又复开”，他解释说：花开花落，复落复开，喻英雄也有起落。另外还有“mullhe”的“许文强强武不强文”，“从此早朝”的“梁文道道理又道文”都不错，最后到底哪个下联胜出，还真是难解难分。

“张艺谋财，赵本山寨”

“张艺谋谋财不谋艺”受到网友追捧，同时还带出一个新词“张艺谋财”。杜骏飞说：“我的意见是给一个下联：赵本山寨。”于是，一个极具潜力的对联“张艺谋财，赵本山寨”就这样闪亮登场了。

网友对这个对联十分满意，连呼：“有才，太有才了，比赵本山有才多了。”不过，这个对联美中不足的是还差一个横批。所以，大批网友转发此对联征集横批。有一位网友提出的横批是“二人赚”。“二人赚”谐音“二人转”，体现了《三枪》电影的风格。而“赚”字，又讽刺了“谋财”，让人拍案叫绝。

恶搞张艺谋，引发了一阵对联热。随着网络文化的不断发展，对联这种古老的对偶文学确实有了新的发展，不管是社区论坛还是 QQ、MSN 签名都能看到网络对联的存在。而微博客兴起之后，对联就对得更加快了。网上一篇名为“网络对联野史”的文章认为，所谓网络对联，就是以传统楹联知识为依托，以现代虚拟网络工具为交流手段的对联。网络对联具有即兴、随意、快速、跨时空、年轻化及雅俗共赏等特点，虽然从出现到现在不过 10 年左右的时间，真正进入发展阶段不过 5 年，却已有蔚然成风之势。

正因为网络对联的兴起，微软亚洲研究院还专门办了一个对联网站，用户只要输入自己拟的上联，就能自动对出下联。另外像天涯社区的“对联雅座”“联都”论坛、“国粹”论坛、百度“对联贴吧”等排名较高的对联论坛，都聚集了一帮对联高手过招。看到他们将汉字玩弄得如此得心应手，不禁让人想到“唐伯虎”和“对穿肠”的那段经典对白，同时也感叹在英语和计算机语言盛行的现在，精妙的汉语言仍能受到网友的关注。[4]

虽然网络文化在传承传统文化方面的优越性已初步显现，但是，在现实情况下，仍有许多人对于传统文化本身的去向感到迷茫。事实上，对于正处于现代化进程中的文化来说，我们需要解决的问题，关键不在于要不要转变传统文化，而是如何转变的问题。

从技术上说,任何具体的传统文化只要能使自己数字化,就迈出了走向网络文化的第一步。但是,要注意的是,网络文化绝不是全球同一化的文化,超民族的网络文化是不存在的。所以,细化到具体的各民族的传统文化的网络化,又有所区别。正所谓“越是民族的,就越是世界的”,也就是说,越是具有民族内涵的网络文化,才越是真正的网络文化。传统文化只有在保有自己具体的、特殊的、丰富的内涵的前提下,进行扬弃式转变,才能成就有价值、有活力的网络文化。

1. 网络文化强调个性和“自我”,否定了传统文化的尊卑情结和循规蹈矩的行为方式

我国传统文化强调圣人之制、祖宗之法,以及纲常礼数、尊卑等级。这一方面形成了规范严格的社会秩序,一方面也抑制了文化主体丰富多样的个性风格,形成了循规蹈矩的行为方式。

网络文化张扬个性、诉求平等,使个体突破了现实生活中所有清规戒律的束缚,变得异常活跃和生动。在网络中,每个人都作为平等的参与者出现,享有同样的话语权。各种思想和行为,甚至现实中的“另类”举动,都能够得到志趣相投者的认可和支持,从而消除了人与人之间身份地位、经济收入、文化阶层等方面的差异。当人们在同一起跑线上重新角逐时,主体便获得了更大的活力、空间和自由度。

2. 网络文化张扬创新精神,否定传统文化的保守、封闭性特点

自给自足的农耕经济和大陆型的地理环境,塑造了中国的传统文化,也在一定程度上赋予其保守而封闭的特色,使之在全球多元文化的冲击下,常常受到创新不足的指责。

网络文化恰恰弥补了这一点。网络文化传播是一个动态的过程。不仅信息存在形式、场所、顺序、时间可以依据使用者的心愿进行调整、安排,就是信息内容,也可以通过链接随时得到放大、缩小、拓展、精确化。网络文化这种巨大的吐故纳新能力,消除了文化中心和壁垒,促使传统文化以创新为动力,更加开放,更具活力,自我升华,使得文化价值得以不断提升。

3. 网络文化否定了传统文化泛伦理政治倾向,赋予传统文化新的表现形式

传播科技催生了网络文化,网络文化不断阐释着传播科技。这本身,就是对传统文化偏爱伦理政治、忽视科技的否定。

媒介即信息。网络作为社会发展的一种新的媒介动力,开创了人类交往和社会活动的新方式。网络技术,更赋予传统文化以独特、新颖的表现形式、传播形式。承载了文化范式、文化样态的种种变革,传统文化逐渐融入人们的日常生活、学习、工作和娱乐之中。

三、弘扬传统文化,提升网络文明

传统文化是中华民族的精神支柱,虽然贯通古今一脉相承,但其文化内涵并非一成不变,而是随着社会发展而不断更新。只有正确评价传统文化价值,把握网络文化脉搏,去其糟粕,取其精华,才能更好地弘扬传统文化,提升网络文明,塑造健康繁荣的社会主义新文化。[5]

（一）网络文化对传统文化的冲击

网络文化作为后发的新生事物，对传统文化的发展，造成了巨大的冲击与挑战。[6]

从文化载体来看，网络作为网络文化的载体，它的信息存储的海量性、文化接受的便捷性、文化交流的开放性等特点，是传统文化的主要载体——纸张，所无法超越的。在文化选择中，人们特别是信息化社会成长起来的一代人，更倾向于选择网络为载体的文化。这对传统文化的发展，特别是传统文化中以书面形式保存下来的文化的继承与发展，是一个极大的挑战。

从文化主体来看，传统文化作为一种精英文化，对文化主体的层次要求比较高，文化主体比较单一。而网络文化则不同。因为技术和利益的原因，网络文化需要迎合、吸引不同层次的文化主体，它的主体具有多元性。这样，一方面，会将一部分原本属于传统文化的文化主体吸引过来；另一方面，会在无形中降低所有文化主体的文化品位，从而将传统的精英文化孤立起来。

从文化内容来看，网络为各种文化的交流提供了一个平台。无论是精英文化，还是大众文化，无论东方文化，还是西方文化，在网络上，都有自由发展的空间。正是这种自由选择性，给传统文化的发展，带来了很大的威胁。首先，网络文化代表的是最流行、最前沿的思想，而且对文化程度要求不高，可以迎合、满足各个文化阶层的人，这就使得传统文化陷入孤寂中。其次，外来文化的威胁也不容小觑。因为经济、政治等原因，西方国家的文化借助语言优势，将其价值观与文化观以及一些非健康的思想观念，渗透到世界各个角落，从而对当地的本土文化造成一定的威胁与侵蚀。

从文化表达来看，网络文化中流行起来的独特语言表达方式，对传统文化中的语言规范也是一个挑战。网络语言的流行、个性、简洁而又形象的表述方式，受到人们的欢迎，特别是受到青少年的喜爱，像把“东西”叫作“东东”，把“女生”叫“美眉”，用图像符号代表要表述的内容等，可以直观、形象、诙谐地表达使用者想要表达的意思。使用各种网络语言，已经成为一种现代潮流的象征。这种现象，对成年人来说，并没有太大的影响，但对于学龄儿童来说，则是一种灾难性的误导。网络语言的流行，使传统语言受到了前所未有的冲击。

从文化价值取向来看，文化虽然有精神和物质层面之分，但在整个社会中，文化更多的时候是以民族生存和发展的精神支柱的角色出现的。长时间接受传统文化的熏陶，人们可以产生很强的民族归属感和凝聚力。正是靠着对本民族文化的传承和发展，才有民族的延续。

然而，网络文化的盛行，使越来越多的人开始将自己的情感诉诸互联网，并试图从异域文化中找到自己的精神寄托。毫无疑问，这种行为淡化了对传统文化的认同。当传统文化遭遇现代科技和西方文明的强势挑战时，我们不得不反思传统文化的价值取向。

以下有关“网络文化八大家”的介绍与描述，不能不令人联想到“唐宋八大家”的传统文化底蕴，或许有助于我们认识文化存量与文化增量，即文化的深度与广度之间的辩证关系。俗话说：“物以类聚，人以群分。”相同爱好者总是容易走到一起。如今网络时代更是方便，申请一个论坛，定下讨论主题，挂起大旗，振臂一呼，应者云集，握手一句“同志，可算是找到组织了”，来自五湖四海的同好就算是齐聚一堂了。于是，网络文化的版图里，一个个山头林立，阵线分明，粗略看来，主要有八大家。

知识拓展

案例 10-2 “网络文化八大家”

“网络文化八大家”

舞文弄墨派

其实，广大文学青年应该感谢网络，因为网络使得他们一些未圆的文学梦突然在网络上得以梦圆圣火重燃。最先他们大多占据在各大学 BBS 的 story 版上，写点酸的，发点辣的，以自娱自乐外带满足一把作家瘾为直接目的。后来有一天，网络文学这个说法诞生了，他们于是就从无组织状态的网虫升级为各种网络写手、网络作家。代表人物当数痞子蔡以及网文“三驾马车”“四大杀手”了。

网络文字中，文学类的占很大一部分，甚至有点全民皆文学的味道，会打字的都喜欢舞文弄墨一把。无论从哪方面说，我觉得这是好事情啊，没事玩一把文字放在网上，总比多摸一圈麻将强多了，于社会家庭稳定团结，都是好事情。至于其他崇高的目的和作用，且让那些理论家来说吧。

偷光盗影派

在可以预见的未来，随着网络带宽进一步拓广，我们就可以安然坐在家中，鼠标轻轻一点，全世界的好电影好音乐招之即来：几小时的电影只要一两秒钟就可以收揽入目，你爱什么时候看就什么时候看——对于一个铁杆影迷来说，这不是人间天堂是什么？

上述一幕其实在许多发达地区已经出现，可是还没在全国范围普及。在宽带网以及互动影视到来之前，在我们这个以 56K 小猫传送数据的时代，我们的广大影迷利用互联网还能这样找乐：看完电影，心里有了感想，马上付诸键盘，贴上论坛，发表自己的看法，和同好一起分享、交流，比之只能通过为数不多的电影月刊了解电影的年代，这真是快意何如！

于是在这批铁杆影迷中，诞生了好些个网络影评家，比如黄小邪、卫西谛、妖灵妖、王葳等，他们当中有的本身就是影视界的专业人士，通过互联网写影评，崭露头角，日益为人们所熟悉，许多已经从网络走向传统媒体，可以说网络既是影迷的沙龙，也是优秀电影观众的培养基地。

该派据点：

新浪影视论坛 http://newbbs2. sina. com. cn/index. shtml. ent. movie

清韵影视乱谈 http://www. qingyun. net/dbbs/movie/

侠影萍踪派

1999年冬天，世纪之交，在本来无风也起三尺浪的网络上，忽然风云突变，天地翻覆，各大小网络论坛上掀起腥风血雨。其原因是著名痞子文学代表王朔的一篇《我看金庸》在《中青报》上发表，经好事者转载上网。这篇言辞偏激、摸老虎屁股的文章，果然一石惊起千重浪，金迷们誓死保卫偶像，保王派则倾力替自己辩护……总之那一战惊天地泣鬼神，至今想起，仍心有余悸。

两年后的新世纪的春天，在当年王金大战的主战场，新浪金庸客栈又掀起一阵世纪之战：围绕着央视版《笑傲江湖》展开一场批判狂潮……

该派据点：

新浪金庸客栈 http://bbs2.sina.com.cn/show.shtml.arts.jinyong

清韵论坛纸醉金迷 http://www.qingyun.net/dbbs/wuxia/

君子好"球"派

在中国，地位能与国球"乒乓"相抗衡的，我看也只有足球了。中国男子足球虽然不咋的，在冲出亚洲走向世界的道路上一直踟蹰不前，可是这并没有影响到我们关注它、热爱它的热情。

以前，老少爷们看完一场足球，总爱聚在一起，剥着花生米，喝着啤酒，大侃足球经。现在，他们换了种方式，那就是喝着啤酒，握着鼠标，在网络上指点江湖，纵横足坛。

随之而起的就是一大批网络足球评论家、网络足球写手，其规模之浩大，着实能跟上面舞文弄墨的写手有一拼，随手数名字就能列一大串：叼得一、红油顺风、中国不是伊拉克、妙红……而且里面居然还有不少专业的女足球写手，比如仪琳、翡冷翠、深爱巴乔等，俨然成为网络一道独特的风景线。足坛一有风吹草动，网上众写手们立刻作出评论，比电视评论还准时。

该派据点：

球迷一家 http://www.footballclub.com.cn/

网易美眉看球 http://luntan.163.com.81/forum/list.phpnum=229

嬉笑怒骂派

在网络经济泡沫还没破灭之前，人们对"爱踢"(IT)的前景各执一词；现在网络泡沫破灭，各大网站纷纷倒闭，对"爱踢"又爱又踢大放厥词的依然大有人在，好比当年美国西部大开发，慕名前去淘金的人可能十之八九饿死在路上，可是，那些给淘金者供应盒饭的人，永远不会饿死。

IT评论到现在为止，依然还是最时髦、最过瘾的行当。人们不需要多大学问，只要能从外国网页上下载一两个自己也看不懂的专业术语，加上风趣幽默的笔调，惊世骇俗的标题，基本上就有望成为著名IT评论家了。在这行混得好，兴许还能开个评论公司呢。

该派据点：

斗牛士写作社区 http://www.donews.com/

新浪 IT 业界论坛 http://newbbs2.sina.com.cn/index.shtmltech

游文戏字派

游文戏字派专指那些写与电脑游戏相关文字的一派。

网络上其实还有一个非常庞大（粗略估计占八九成）的人群，那就是玩游戏的网民。电脑游戏，向来就受到许多电脑迷的青睐。自从有了网络，世界变得更美丽，网络使一个个游戏从孤岛变成声息相通的城市，人们可以通过网络游戏，使游戏世界的即时交流和互动性更强。

讨论游戏、指导游戏、评论游戏，应运而生。于是一些专写游戏评析、游戏攻略，甚至相关文字的游戏小说的写手也就应运而生。比较著名的有祝佳音、魔界莎啦啦、寒羽良等。

该派据点：

New Type 网络社区 http://www.newtype.com.cn/

大众软件 http://www.popsoft.com.cn/

声色闪电派

这一类本来有两大类别：网络漫画以及 Flash 制作。笔者之所以把它们归为一类，是因为它们都跟美术有关，归为一类也未尝不可。

都说网络新生活，究竟改变了什么，改变了谁？这个题目大了。可是，对于青少年来说，它绝对是影响巨大。许多我们儿时的兴趣爱好一旦搬到网络上来，结合网络多媒体的“声色犬马”，就变得栩栩如生了。比如，我们儿时都爱看漫画，也爱画漫画，通过网络，我们不但可以传播和下载最新最漂亮的漫画图像，而且结合动态的 Flash，使得平面的东西跃然于屏幕，更加生动形象。

动漫起步比较晚（因为网络速度的技术局限），可是一旦发展起来，速度却异常快，随着 Flash 的发展，漫画也在网络上发扬光大，涌现出许多网络漫画家和著名闪客。

该派据点：

闪客帝国 http://flash.ting365.com/

showgoodhttp://www.showgood.com/

火神漫画网 http://www.huoshen.com/

仙乐飘飘派

该派是指音乐爱好者通过网络制作、传播和交易音乐作品。近年来，发展迅速。由此看来，网络对音乐尤其是民间音乐创作的推动，其影响和作用是无法估计的，将来有一天，人们就可以在网络上制作、传播自己的音乐了，那将是一个个性得到极大张扬的时代。

> 该派据点：
> 杂音 http://member.netease.com/gzdanny/
> 与非门 http://go3.163.com/nand/Public.htm[7]

（二）网络文化与传统文化的互补融合

虽然网络文化对传统文化带来了很大的冲击，但是，国内大多数学者认为，网络文化和传统文化之间，还是具有很强的互补性。[8]

网络文化，是对传统文化的突破和发展，具有自己的特点。其中，开放性，就是网络文化不同于传统文化的一个重要特点，也是网络文化的优势所在。正是由于网络文化具有开放的姿态和胸怀，才使它兼容并包、快速发展。传统文化的保守性和排他性所带来的自身发展上的障碍，可以通过网络文化的开放性得到消融。对平民百姓来说，传统文化是高姿态、高品位，离自己遥远的东西。网络文化恰恰相反，它不再是文化人的专利，而是与平民百姓相依相伴的东西。即使是一个只有小学文化程度的人，也可以近距离地享受网络文化。就这一点来说，网络文化完全弥补了传统文化脱离平民大众的不足，拉近了鸿儒和白丁之间的距离。

当然，网络文化在弥补传统文化不足的同时，传统文化也并没有停下来，而是在不断地为网络文化提供给养。快速发展的网络文化，正如襁褓中的婴儿，急待母亲乳汁的喂养。传统文化，恰如乳汁丰沛的母亲，源源不断地给网络文化输送着养分。正是这种母子般的关系，使得网络文化和传统文化相容互补、快速发展。

文化的发展，与文体即文章体裁的演变密不可分。网络流行的一些文体，就既有文化存量的底蕴，更有文化增量的成分。

知识拓展

案例 10-3　网络流行文体

> **网络流行文体**
>
> **甄嬛体**
>
> “甄嬛体”是中国一网络模仿文体，其始于电视剧《甄嬛传》的热播，剧中的台词也因其“古色古香”、包含古诗风韵而被广大网友效仿，并被称为甄嬛体，是电视体的一种。不少观众张口便是“本宫”，描述事物也喜用“极好”“真真”等词，瞬间，“甄嬛体”红遍网络。
>
> 1.【甄嬛体之这周只上三天班】
>
> “今日醒来全身酸痛，感觉很乏，想来怕是前几日玩得太尽兴所致；同事几日未见，只望不要生分了才好；私心想着若是这三日太阳眷顾，闻花之芬芳，沐阳光

之温存,定可心情大佳,那对工作学习必是极好的,日子也能过得快些,不过想来三日后又能休息倒也不负恩泽。""说人话!""这周只上三天班,噢也~。"

2.【甄嬛体之不想写论文】

"人家今日倍感乏力,恐是昨夜梦魇,扰了心神,都是最近琐事众多烦闷了些。加上晨练后,喝了方家熬的胡辣汤,不想那汤越发咸了,吃了一打煎包都没给把味儿镇下去。若能睡个回笼觉,那必是极好的!春困甚为难得,岂能辜负?""说人话!""今儿我不想写论文!"

陈欧体

陈欧体源自聚美优品2012年度广告,在2013年2月,各类改编版"陈欧体"突然走红,受到广泛关注与模仿。其句式如"你有XX,我有XX。你可以XX,但我会XX……但那又怎样,哪怕XX,也要XX。我是XX,我为自己代言"!

1. 原版陈欧体

你只闻到我的香水,
却没看到我的汗水。
你有你的规则 我有我的选择。
你否定我的现在 我决定我的将来。
你嘲笑我一无所有 不配去爱,
我可怜你总是等待。
你可以轻视,我们的年轻,
我们证明这是谁的时代。
梦想是注定孤独的旅行,
路上少不了质疑和嘲笑,
但那又怎样。
哪怕遍体鳞伤,也要活得漂亮!
我是陈欧
我为自己代言

2. 模仿版本——学生

你只看到我的分数
却没看到我的努力
你有你的试卷 我有我的作答
你嘲笑我分不够高 不配玩乐
我可怜你总想名校

你可以轻视我们的成绩
我们会证明这是谁的时代
读书是注定痛苦的旅行
路上总少不了挫败和低分
但那又怎样 哪怕挂科 也要挂得平静
我是学生 我为自己代言

3. 模仿版本——胖子

你只看到我的体重
却没看到我的努力
你有你的肌肉 我有我的肚腩
你嘲笑我腿不够细手不够壮 不配吃喝
我可怜你缺乏减肥的乐趣
你可以轻视我们的身材
我们会证明这是谁的时代
减肥是注定痛苦的旅行
路上充满了反弹与身材走样
但那又怎样？哪怕饿晕 也要晕的有型
我是胖子 我为自己代言

淘宝体

淘宝体是说话的一种方式，最初见于淘宝网卖家对商品的描述。淘宝体因其亲切、可爱的方式逐渐在网上走红并被用于诸多场合，以营造亲切、愉悦的氛围。2011 年 7 月南京理工大学向录取学生发送“淘宝体”录取短信成为热门议论。2011 年 8 月 1 日上午，一则关于外交部微博“淘宝体”招人的消息在网上广为流传。

1. 南京理工大学“淘宝体”录取短信

亲，祝贺你哦！你被我们学校录取了哦！南理工，211 学校哦！奖学金很丰厚哦！门口就有地铁哦！景色宜人，读书圣地哦！亲，9 月 2 号报到哦！录取通知书明天“发货”哦！亲，全 5 分哦！给好评哦！

2. 外交部微博招人

亲，你大学本科毕业不？办公软件使用熟练不？英语交流顺溜不？驾照有木有？快来看，中日韩三国合作秘书处招人啦！这是个国际组织，马上要在裴勇俊李英爱宋慧乔李俊基金贤重 RAIN 的故乡韩国建立喔。此次招聘研究与规划、公关与外宣人员 6 名，有意咨询 65962175 不包邮。

撑腰体

2011年10月18日，北京师范大学教授、经济学家董藩转发这样一条微博："北大副校长：'你是北大人，看到老人摔倒了你就去扶。他要是讹你，北大法律系给你提供法律援助，要是败诉了，北大替你赔偿！'"之后，"撑腰体"迅速成为微博最热的句式。该微博迅速被网友转发，这条微博同时也衍生出了许多的不同版本，用各大学校长、各地域代表、各领域代表等的口吻，为扶起跌倒老人的善行全方位保驾护航，这样的语句格式被称为"撑腰体"。

1. 中国科技大学

你是科大的人，看到老太太摔倒要去扶，如果她诬告你，科大先用麦克斯韦电磁屏蔽帮你封锁消息，再用吉米多维奇搞晕法官，万一你败诉了，科大把赔偿金缩成微尺度，然后同步辐射每个人帮你付。实在不行让方校长把你带美国去。

2. 哈利波特版

邓布利多说，你是霍格沃茨的学生，看到老人摔倒了你就去扶，他要是讹你，斯内普教授负责配吐真剂，格兰杰小姐翻书辩论，马尔福先生让他爸去开后门，波特先生利用名声声援你，我负责给陪审团施压，韦斯莱家担任后勤，万一你被关起来了，整个凤凰社一起去劫狱！

3. 宁波诺丁汉大学

诺丁汉大学校长杨福家说："你是诺大的人，看到老人摔倒了你就去扶。他要是讹你，中科院派人来法律援助；要是败诉了，英国帮你赔偿。"

凡客体

凡客体，即凡客诚品（VANCL）广告文案宣传的文体，该广告意在戏谑主流文化，彰显该品牌的个性形象。然其另类手法也招致不少网友围观，网络上出现了大批恶搞凡客体的帖子，代言人也被调包成小沈阳、凤姐、郭德纲、陈冠希等名人。其广告词更是极尽调侃，令人捧腹，被网友恶搞为"凡客体"。

原版——韩寒

爱网络，爱自由，
爱晚起，爱夜间大排档，爱赛车；
也爱59元的帆布鞋，我不是什么旗手，
不是谁的代言，我是韩寒，
我只代表我自己。
我和你一样，我是凡客。

原版——王珞丹

我爱表演，不爱扮演；
我爱奋斗，也爱享受生活；
我爱漂亮衣服，更爱打折标签；
不是米莱，不是钱小样，不是大明星，我是王珞丹，
我没什么特别，我很特别；
我和别人不一样，我和你一样，我是凡客。

恶搞版——郭德纲版

爱曲艺，爱相声，
爱调侃，爱民间小剧场，
爱天价，也爱20几块的天桥乐，
我不是什么大师，
也非什么三俗，
我是郭德纲，
我只代表小人物。
我不是主流，我是非著名。

第三节 文化网络化：文化发展的加速器

所谓文化网络化，就是前人理论（精神）实践和行为实践沉淀下来的结晶，与现代精神实践和行为实践相结合，以现代电子技术表现出来的现实状态。近年来，从各种网络流行文化的风靡一时，到各类传统文化纷纷与网络挂钩，从网络新词"囧""槑"和网络恶搞，到在传统媒介生态下兴起的报网互动和三网融合等，无不体现了这一趋势。

首先，文化网络化，是基于网络在传播、普及文化中无可比拟的优越性。网络无论在储存方式还是传播方式上，都具有传统媒介所不具备的一些新特点。在储存上，网络实现了数字化存储，节约了文化实体载体的储存空间。同时，文化的数字化，即网络化所建立的数据库，也为文化的存档和查找提供了巨大便利。如果说储存方式的转变只是使文化实体的形式产生了一些变化，那么，基于高新技术手段的全新的网络传播方式，则使文化发展真正驶上了快车道。

其次，网络这一载体，为文化的发展提供了崭新的传播方式。在传统的文化传播中，文化往往是以点对点（包括一点对一点和一点对多点）的方式进行传播。网络的共享性、多元性、便捷性，可以使人们更好、更方便地去接受文化和交流文化。如果说传统的传播是 $1+1=2$ 的模式，那么，网络化的共享式传播，则使以往的传播，无论数量上还是速率上，都成几何倍率增长，即 $1+1=n$ 的模式。同时，由于网络的即时性与交互性，使单位

时间内的信息以爆炸般的速度增长,海量信息所形成和积淀的文化也快速增长,从而加快了各类短期文化类型的更迭,如从最早盛行于网络的“嘻哈文化”“恶搞文化”“客文化”,到由手机业蔓延至网络的“山寨文化”等。虽然这些文化是非主流文化,但其兴盛时期的规模和所受到的关注,又不可以简单地称之为小众文化。这些短期内大量堆积的文化,在一定程度上反映了特定历史阶段的社会形态和社会特点,也是人类文化不可或缺的组成部分。

此外,网络载体为文化的创新发展提供了一个良好的平台。网络所实现的文字、图片、视频以及音频的一体化,为网络虚拟世界的进一步完善提供了可能,也使文化呈现方式更加立体化与多元化。

可以说,对于中国来说,网络文化是对传统文化的扬弃和创新。

一、网络文化对中国传统文化不足的弥补

没有任何一种文化可以堪称完美,中国传统文化也不例外。虽然中国传统文化博大精深,包罗万象,但是,仍然具有很多不足。现今,中国传统文化受到西方文化的强烈冲击,就是传统文化缺点暴露的表现。网络文化作为新时代的文化表现形式,具有很多时代性的优点。这些优点,正好弥补了中国传统文化的不足,消解了传统文化的负面影响。

1. 网络文化的开放性弥补了传统文化的保守性

中国传统文化的致命弱点,就是将自身封闭起来,不与外界文化进行交流,总以一种独立发展的态势面对世界。诚然,这是由于中国历史上自给自足的经济模式造成的。

网络的发展,模糊了时间和地域的界限,消除了文化中心和文化壁垒,用一种开放的姿态,达到了历史和未来、中国和世界的全面开放。中国传统文化要变成有生命力的文化,必须在包容的基础上,扩大开放,不断吸收世界先进文化,充实自身,才能在网络文化中,占据领先的地位。

2. 网络文化的平等性弥补了传统文化的等级性

中国一直是一个封建等级观念严重的国家。新中国成立至今,也没有完全消除传统等级制度在社会生活方方面面的影响。在文化上的表现,就是传统文化一直特别强调纲常名教、尊卑等级。这是与自由平等的时代精神完全背离的。

而网络文化由于其技术性原因,在虚拟社会中消除了人与人之间由于社会地位、种族地位、经济地位而形成的事实上的不平等,使所有人可以在网络中处于同一个平台上,没有了尊卑等级的差别,可以弥补传统文化等级森严的不足。

3. 网络文化的自主性弥补了传统文化的现代性不足

中国传统文化强调人身依附,不重视人的思维的自由拓展,强调听从安排。缺少独立思考的精神。可以说,奴性思维,严重影响了中国社会的整体发展。

网络世界的打开,使民众看到一个可以自我管理、自我组织、自我参与的网络社会。这种具有极强自主性的网络文化,可以充分消解传统文化对于人身依附的规定。在网

络社会中独立自主地“奔跑”，也为传统文化的继续发展，培养了一批具有独特思维的建设者。

4. 网络文化的创新性弥补了传统文化的守成性

循规蹈矩、墨守成规，也是中国传统文化的一大致命伤。

网络文化张扬个性、诉求平等，网络个体突破了现实生活中所有戒律的束缚，变得异常活跃和生动。标新立异、求新求变的创新理念，经过发展，已经不断升级为网络时代的基本准则。这是对循规蹈矩、墨守成规的传统文化的极大挑战，弥补了传统文化耽于怀旧、故步自封的不足。

5. 网络文化追求科学弥补了传统文化忽视科学的缺点

传统文化本身偏爱伦理政治，具有泛伦理政治倾向，忽视科学技术的存在与作用。

网络文化作为一种科技文化，从产生起，就与科技息息相关。网络技术促成了网络文化的诞生，网络文化延伸了网络技术的发展。网络文化用全新的科技手段，使传统文化通过独特而新颖的形式，得到广泛的普及与迅猛的发展，并逐渐融入人们的日常生活。

二、网络文化对中国传统文化的继承和弘扬

复兴中国传统文化，是时代赋予我们的重要使命。努力创建有中国特色的网络文化，用充满传统文化内容的网络文化去争取网民，借助网络文化来继承和弘扬中国传统文化，是网络文化建设的重要任务。

1. 利用网络文化整合中国传统文化

“内部分裂”，是中国传统文化所面临的巨大挑战之一。中国传统文化在不同的区域、不同人群有着不同的存在方式。虽然其间交流频繁，但是仍然使中国传统文化杂乱无章，未能形成一个有机的整体。这种分散传播的局面，极大地影响了中国传统文化的发展。利用网络对其进行整合，就成了关键之所在。

网络文化突破了文化传播的地域限制。传统文化可以通过网络技术实现快速交流，融合发展。中国传统文化拥有深厚的底蕴，具有强烈的包容能力，加之中华民族拥有世界上入网用户数量最为庞大的群体，中国传统文化的整合，必然能通过网络文化得以实现，从而建立起中国传统文化与现代精神文明相结合的、以网络文化为载体的现代传统文化。

2. 利用网络文化继承和弘扬传统文化

在网络文化建设过程中，若失去了中国传统文化，网络文化就失去了其独立存在的依据。现阶段，文化霸权主义的入侵，已经给中国网络文化建设者们敲响了警钟。

我们要主动占领网络阵地，积极寻求人们喜闻乐见的文化形式，将传统文化中的价值观念与民族特色融于其中，深深植入人们心中。用网络文化精品去占领网上阵地，用先进的传统文化去迎接霸权文化的挑战，影响人们的思想观念，用健康的网络文化产品去主导网络市场，让人类文明在中国优秀传统文化的传承中发扬光大，彰显力量，这正

是网络文化建设的最终目的之所在。

总之，网络文化要健康发展，必须以中国传统文化作为坚实后盾，中国传统文化要得以弘扬和发展，必须依靠网络文化作为支撑。[9]

第四节　网络文化产业：信息化社会的主导产业

20 世纪 70 年代以来，随着以计算机为基础的信息系统的快速发展，社会信息化发展的步伐逐步加快。目前，我国正进入以信息技术为基础、以信息产业为支柱、以信息价值生产为中心、以信息产品为标志的信息化社会。在互联网进入国内之初，就有关于其公益性与产业性两大功能的争辩。公益性主要体现在互联网要充分运用先进的传播技术，始终秉持现代化传播的责任感与使命感，从维护国家及全民利益的高度，发展健康的网络文化。

互联网的产业功能，在经济与技术的推动下，得到了很好的体现。日益普及的宽带网络和无线应用，使人们对于信息化的需求，远远超过从前。正是基于这种迫切的需求以及通信技术的飞速发展，一种新的文化产业——网络文化产业应运而生。通过网络教育、网络游戏、网络娱乐、网上购物，近年来发展起来的播客、博客，以及刚刚流行的微博、微信等的推动，网络文化产业发展前景十分广阔。可以说，网络文化产业，正逐步发展成为信息化社会的主导产业，成为一个新的经济增长点。有文化部官员表示，目前，网络不仅已成为重要的社会基础设施，而且已成为一个新的文化符号，网络文化成为主流文化的重要组成部分，成为文化产业中的生力军。[10]

一、什么是网络文化产业

网络文化产业，是 21 世纪信息化社会一个全新的产业，有着巨大的发展潜力。如果说农业社会是一种以生存为主导性的消费，工业社会是一种发展型消费，那么，信息社会，则是一种以个性化为特征的创造型消费。[11]

网络文化产业(internet culture industry)，是以互联网络创作、创造、创新为根本手段，以网络文化内容和网络创意成果为核心价值，以网络知识产权或网络消费为交易特征，为网民提供虚拟文化体验的具有内在联系的互联网行业集群，大致可分为网络出版、网络视听、网络游戏、网络动漫、网络学习、移动网络内容、其他网络服务和内容软件等八类。

网络文化产业，既建立在信息社会的经济基础之上，又带动信息经济与整个经济的发展。它是在满足人们的物质需求后，满足人们日益增长的精神文化需求的重要途径。“网络文化产业是借助现代网络技术，为人们提供数字化精神消费品和服务的一种新型产业形态。从形式上看，网络文化产业既包括文化的上网，又包括网上的文化。广义上说，网络文化产业是以现代网络为技术依托，以产业化方式提供文化产品和文化服务的行业，从本质上讲，网络文化产业是文化产业。信息技术只是载体和工具，终极目的是为了满足信息时代的文化消费需求。”[12]“网络文化产业作为文化内容与网络技术的融合，展现出人文化、高技术、虚拟化、个性化和交互性等特点。”[13]其实，网络文化产业的特点呈现出相互交融性，正是网络文化产业不同于其他产业形态的特色所在。随着网络技术的不断深入发展，网络文化产业的特征也在更新，意味着我们发展网络文化产业，必须立足于产业的发展变迁与技术创新所带来的变革之上，进行全面审视，这样才不至于失之偏颇。

网络文化产业是网络产业与文化产业、信息产业与内容产业的融合。它不仅仅是一种技术的发展，一种传播手段的延伸，更是一种新文化、新内容的产生与传播。这无疑是对传播学大师麦克卢汉“媒介即信息”观点的很好诠释。比如数字电视的产生，手机上网的流行，都是以强大的通信技术为依托的，而独特的网络文化形态也应运而生，如网络游戏、“客”文化等。

二、网络文化产业发展的基本概况

作为新兴文化产业，网络文化产业发展迅速，并带动了其他相关产业的发展。加快发展网络文化产业，不但有利于优化经济结构，实现经济的可持续发展，而且能满足人民群众日益增长的精神文化需要。

中国互联网络信息中心（CNNIC）2015 年 3 月发布的《第 35 次中国互联网络发展状况统计报告》相关数据显示，互联网促进了文化产业发展。网络游戏、网络动漫、网络音乐、网络影视等产业迅速崛起，大大增强了中国文化产业的总体实力。2014 年中国网络广告市场规模达到 1540 亿元，同比增长达到 40.0％。截至 2014 年 12 月，网民中整体游戏用户的规模达到 37716 万人，占网民总体的 58.1％，网络游戏市场规模达到 1108.1 亿元，同比增长 24.3％，其中移动游戏占比 24.9％，首次超过页游。2014 年，网络视听产业的市场规模将达到 378.4 亿，比 2013 年的 254.2 增长 48.8％。网络视频作为网络视听业的核心业务几乎占据了半壁江山，市场规模同比增长 44％，接近 200 亿元；单纯的网络音乐虽然还在苦苦探索盈利模式，但在在线音乐的带动下，近年来的市场规模呈现出爆炸式增长，接近 80 亿元。

中国网络文学、网络音乐、网络广播、网络电视等均呈快速发展态势。持续扩张的网络文化消费催生了一批新型产业，同时直接带动电信业务收入的增长。2014 年也是一个新的互联网公司上市窗口期，全年共有 31 家公司 IPO 上市，相比 2013 年的 16 起同比增长幅度达到 93.75％、几乎是翻番增长。网络文化产业已成为中国文化产业的重要组成部分。

三、网络文化产业——新的经济增长点

网络文化产业，已经成为经济领域一道亮丽的风景。它渗透、影响、带动了其他相关产业，成为整个国民经济中不可忽视的力量。

网络文化产业迅猛发展，网络游戏、网络动漫、网络音乐、网络影视等产业迅速崛起，

大大增强了文化产业的总体实力。网络文学、网络音乐、网络广播、网络影视等均呈快速发展态势。持续扩张的网络文化消费催生了一批新型产业,同时直接带动电信业务收入的增长。一批具有中国气派、中国风格的网络文化品牌和产品的影响力、市场占有率不断提高,形成了网络文化繁荣发展的良好局面。

2010年上半年,网络购物市场涌现出一些新的模式和机遇。其一,团购模式的兴起,显现出区域性电子商务服务发展的势头;其二,购物网站向手机平台平移,移动电子商务紧密布局;其三,B2C模式主流化发展,网络购物更加注重用户体验和安全保障等;其四,购物网站加快自建物流或合作提供物流的步伐,积极主动夯实线下服务基础。另外,随着免运费价格战再次打响,以及通过传统媒体开展宣传和促销活动等,网络购物正加速向社会大众渗透。中央电视台每晚黄金时间热播"网购上京东,省钱又放心"广告,就是购物网站同传统媒体合力推进网络文化产业发展的一个实例。

CNNIC《报告》显示,商务类应用,在整个互联网发展过程当中,较网络娱乐、交流沟通、信息获取来讲更为突出。2013年,中国网络购物用户规模达3.02亿人,使用率达到48.9%,相比2012年增长6.0个百分点。团购用户规模达1.41亿人,团购的使用率为22.8%,相比2012年增长8.0个百分点,用户规模年增长68.9%,是增长最快的商务类应用。

现在很多人都会用手机上网,看网络小说,玩网络游戏,或者上微博、人人网等。3G手机的使用,使手机网络使用量日益增加。手机网民,正逐渐成为网民增长的绝对主力军。例如,使用iPhone上微博,正渐渐变成一种流行时尚。

随着国家三网融合政策的部署和实施,中国网络视频也将迎来新的发展机遇:视频传输速率提高,接入渠道增多,将使网络视频获得更广泛的用户支持,成为大众视频消费的重要方式,从而快速提升网络视频的媒体价值和商业价值。

可以说,网络文化产业的发展同整个经济的增长,是相辅相成的。各种通信技术的研发和通信工具的生产,使得网络文化有了更好的发展平台,更加"平易近人";而网络文化的日渐发展与成熟,既离不开经济基础的保障,又是各类大小企业经济发展的"靠山",可以进一步促进产业结构不断转型升级。这说明,网络文化产业必须充分利用市场,在先进文化建设中发挥重要作用,从而真正成为信息化社会的新的增长点,成为信息化社会的主导产业。甚至可以说,网络文化,正是人们苦苦寻找的加快中国经济增长方式转变的新动力!

然而,网络文化并非铁板一块,很难用某些"总体性"的语汇,给它贴上一个合适的标签。这是由网络文化自身所包含的内在矛盾而引起的:一方面,网络是一个自由和解放的契机,它给人类的精神生活带来了前所未有的可能和光明的前景;另一方面,网络文化也暗藏着堕落和灾祸的危机。它有可能导致新的权力统治形式和全球经济发展的不平衡,也可能导致道德水准和审美趣味的降低。真是"说不尽的网络文化"![14]

正因为如此,网络文化未来的发展趋势,就存在着诸多对立的可能性。

本章小结

本章通过循序渐进的思路，一步步将网络文化已经发展成一个新的经济增长点的轮廓勾勒出来。首先是文化，文化是既有正统文化，也有山寨文化。着重强调山寨文化是可以创造经济价值的。山寨文化的有利点，是在一定程度上满足了草根阶级对生活乐趣的追求，激发了大众的创新思维。通过苹果皮520来说明山寨文化衍生的山寨产品的经济。当然，高仿的现象自然也会有一些弊端。会出现一些唯利是图的现象，各种不好的产品附带功能。最后提出了对山寨产品的发展愿景。

接着是网络文化。文化分为现代文化和传统文化，网络文化是现代文化的代表。网络文化可以从传统文化中获得给养；传统文化在网络文化中扬弃与创新；弘扬传统文化，提升网络文明。笔者通过理清网络文化和传统文化的关系，论证了网络文化在文化中的地位是不可或缺的。

文化网络化可以弥补传统文化的不足之处，也可以对传统文化进行继承和弘扬。网络文化产业正在成为有力的经济增长点。最后一节专门讲网络文化产业的发展趋势。网络文化产业可以分为八大类，每一类都与传统文化和经济的产业链有着不可分割的关系。现今世界的发展，是与网络文化共同存在的。

思考与练习

1. 说说山寨产品和创新的联系。
2. 比较分析传统文化与网络文化之间的关系。
3. 为什么说网络文化是加快中国经济增长方式转变的新动力？

参考文献

[1] 佚名. 河南两兄弟研制“苹果皮”让港媒感叹——中国“山寨现象”蕴涵创新潜能[N]. 参考消息，2010－9－20.
[2] 吴旭涛.《说谎的爱人》宁波电视台落幕 主演王千源接受本报专访 翻剧 怎么也不能超过原版[N]. 现代金报，2010－9－23.
[3] 鲍宗豪. 网络文化概论[M]. 上海人民出版社，2003：216.
[4] 吴杰. 网友恶搞《三枪》：张艺谋财，赵本山寨，二人赚[N]. 河南商报，2009－12－18.
[5] 孟威. 网络文化与传统文化的互动共生[N]. 中国社会科学院院报，2007－11－30.
[6] 康素娟. 网络文化冲击下的传统文化发展思考[J]. 理论导刊，2009(11).
[7] 佚名. 网络文化八大家[EB/OL]. 天极网.
[8] 王维，杨治华. 近年来国内网络文化研究热点综述[J]. 安徽电气工程职业技术学院学报，2008(2).
[9] 秦璐. 网络文化：中国传统文化的新发展[J]. 改革与开放，2009(4).
[10] 佚名，庹祖海：网络文化已成为主流文化[EB/OL]. 人民网.
[11] 鲍宗豪. 网络文化概论[M]. 上海人民出版社，2003：27.
[12] 文华. 网络文化产业的特性[EB/OL]. 文化传播网.
[13] 解学芳. 论网络文化产业的特征[J]. 学术论坛，2010(6).
[14] 孟建，祁林. 网络文化论纲[M]. 新华出版社，2002：291.

21世纪特殊教育创新教材·康复与训练系列

特殊儿童应用行为分析（第二版）　李　芳　李　丹
特殊儿童的游戏治疗　周念丽
特殊儿童的美术治疗　孙　霞
特殊儿童的音乐治疗　胡世红
特殊儿童的心理治疗（第三版）　杨广学
特殊教育的辅具与康复　蒋建荣
特殊儿童的感觉统合训练（第二版）　王和平
孤独症儿童课程与教学设计　王　梅

21世纪特殊教育创新教材·融合教育系列

融合教育本土化实践与发展　邓　猛等
融合教育理论反思与本土化探索　邓　猛
融合教育实践指南　邓　猛
融合教育理论指南　邓　猛
融合教育导论（第二版）　雷江华
学前融合教育（第二版）　雷江华　刘慧丽

21世纪特殊教育创新教材（第二辑）

特殊儿童心理与教育（第二版）　杨广学　张巧明　王　芳
教育康复学导论　杜晓新　黄昭明
特殊儿童病理学　王和平　杨长江
特殊学校教师教育技能　昝　飞　马红英

自闭谱系障碍儿童早期干预丛书

如何发展自闭谱系障碍儿童的沟通能力　朱晓晨　苏雪云
如何理解自闭谱系障碍和早期干预　苏雪云
如何发展自闭谱系障碍儿童的社会交往能力　吕　梦　杨广学
如何发展自闭谱系障碍儿童的自我照料能力　倪萍萍　周　波
如何在游戏中干预自闭谱系障碍儿童　朱　瑞　周念丽
如何发展自闭谱系障碍儿童的感知和运动能力　韩文娟　徐　芳　王和平
如何发展自闭谱系障碍儿童的认知能力　潘前前　杨福义
自闭症谱系障碍儿童的发展与教育　周念丽
如何通过音乐干预自闭谱系障碍儿童　张正琴
如何通过画画干预自闭谱系障碍儿童　张正琴
如何运用ACC促进自闭谱系障碍儿童的发展　苏雪云
孤独症儿童的关键性技能训练法　李　丹
自闭症儿童家长辅导手册　雷江华
孤独症儿童课程与教学设计　王　梅
融合教育理论反思与本土化探索　邓　猛
自闭症谱系障碍儿童家庭支持系统　孙玉梅
自闭症谱系障碍儿童团体社交游戏干预　李　芳
孤独症儿童的教育与发展　王　梅　梁松梅

特殊学校教育·康复·职业训练丛书　（黄建行　雷江华　主编）

信息技术在特殊教育中的应用
智障学生职业教育模式
特殊教育学校学生康复与训练
特殊教育学校校本课程开发
特殊教育学校特奥运动项目建设

21世纪学前教育专业规划教材

学前教育概论　李生兰
学前教育管理学（第二版）　王　雯
幼儿园课程新论　李生兰
幼儿园歌曲钢琴伴奏教程　果旭伟
幼儿园舞蹈教学活动设计与指导（第二版）　董　丽
实用乐理与视唱（第二版）　代　苗
学前儿童美术教育　冯婉贞
学前儿童科学教育　洪秀敏
学前儿童游戏　范明丽
学前教育研究方法　郑福明
学前教育史　郭法奇
学前教育政策与法规　魏　真
学前心理学　涂艳国　蔡　艳
学前教育理论与实践教程　王　维　王维娅　孙　岩
学前儿童数学教育与活动设计　赵振国
学前融合教育（第二版）　雷江华　刘慧丽
幼儿园教育质量评价导论　吴　钢
幼儿学习与教育心理学　张　莉
学前教育管理　虞永平

大学之道丛书精装版

美国高等教育通史　［美］亚瑟·科恩
知识社会中的大学　［英］杰勒德·德兰迪
大学之用（第五版）　［美］克拉克·克尔
营利性大学的崛起　［美］理查德·鲁克
学术部落与学术领地：知识探索与学科文化　［英］托尼·比彻　保罗·特罗勒尔
美国现代大学的崛起　［美］劳伦斯·维赛
教育的终结——大学何以放弃了对人生意义的追求　［美］安东尼·T.克龙曼
世界一流大学的管理之道——大学管理研究导论　程　星
后现代大学来临？　［英］安东尼·史密斯　弗兰克·韦伯斯特

大学之道丛书

市场化的底限　［美］大卫·科伯
大学的理念　［英］亨利·纽曼
哈佛：谁说了算　［美］理查德·布瑞德利

麻省理工学院如何追求卓越　［美］查尔斯·维斯特

大学与市场的悖论　［美］罗杰·盖格

高等教育公司：营利性大学的崛起　［美］理查德·鲁克

公司文化中的大学：大学如何应对市场化压力　［美］埃里克·古尔德

美国高等教育质量认证与评估　［美］美国中部州高等教育委员会

现代大学及其图新　［美］谢尔顿·罗斯布莱特

美国文理学院的兴衰——凯尼恩学院纪实　［美］P. F.克鲁格

教育的终结：大学何以放弃了对人生意义的追求　［美］安东尼·T.克龙曼

大学的逻辑（第三版）　张维迎

我的科大十年（续集）　孔宪铎

高等教育理念　［英］罗纳德·巴尼特

美国现代大学的崛起　［美］劳伦斯·维赛

美国大学时代的学术自由　［美］沃特·梅兹格

美国高等教育通史　［美］亚瑟·科恩

美国高等教育史　［美］约翰·塞林

哈佛通识教育红皮书　哈佛委员会

高等教育何以为“高”——牛津导师制教学反思　［英］大卫·帕尔菲曼

印度理工学院的精英们　［印度］桑迪潘·德布

知识社会中的大学　［英］杰勒德·德兰迪

高等教育的未来：浮言、现实与市场风险　［美］弗兰克·纽曼等

后现代大学来临？　［英］安东尼·史密斯等

美国大学之魂　［美］乔治·M.马斯登

大学理念重审：与纽曼对话　［美］雅罗斯拉夫·帕利坎

学术部落及其领地——当代学术界生态揭秘（第二版）　［英］托尼·比彻　保罗·特罗勒尔

德国古典大学观及其对中国大学的影响（第二版）　陈洪捷

转变中的大学：传统、议题与前景　郭为藩

学术资本主义：政治、政策和创业型大学　［美］希拉·斯劳特　拉里·莱斯利

21世纪的大学　［美］詹姆斯·杜德斯达

美国公立大学的未来　［美］詹姆斯·杜德斯达　弗瑞斯·沃马克

东西象牙塔　孔宪铎

理性捍卫大学　眭依凡

学术规范与研究方法系列

如何为学术刊物撰稿（第三版）　［英］罗薇娜·莫瑞

如何查找文献（第二版）　［英］萨莉·拉姆齐

给研究生的学术建议（第二版）　［英］玛丽安·彼得等

社会科学研究的基本规则（第四版）　［英］朱迪斯·贝尔

做好社会研究的10个关键　［英］马丁·丹斯考姆

如何写好科研项目申请书　［美］安德鲁·弗里德兰德等

教育研究方法（第六版）　［美］梅瑞迪斯·高尔等

高等教育研究：进展与方法　［英］马尔科姆·泰特

如何成为学术论文写作高手　［美］华乐丝

参加国际学术会议必须要做的那些事　［美］华乐丝

如何成为优秀的研究生　［美］布卢姆

结构方程模型及其应用　易丹辉　李静萍

学位论文写作与学术规范（第二版）　李　武　毛远逸　肖东发

生命科学论文写作指南　［加］白青云

法律实证研究方法（第二版）　白建军

传播学定性研究方法（第二版）　李　琨

21世纪高校教师职业发展读本

如何成为卓越的大学教师　［美］肯·贝恩

给大学新教员的建议　［美］罗伯特·博伊斯

如何提高学生学习质量　［英］迈克尔·普洛瑟等

学术界的生存智慧　［美］约翰·达利等

给研究生导师的建议（第2版）　［英］萨拉·德拉蒙特等

21世纪教师教育系列教材·物理教育系列

中学物理教学设计　王　霞

中学物理微格教学教程（第三版）　张军朋　詹伟琴　王　恬

中学物理科学探究学习评价与案例　张军朋　许桂清

物理教学论　邢红军

中学物理教学法　邢红军

中学物理教学评价与案例分析　王建中　孟红娟

中学物理课程与教学论　张军朋　许桂清

物理学习心理学　张军朋

中学物理课程与教学设计　王　霞

21世纪教育科学系列教材·学科学习心理学系列

数学学习心理学（第三版）　孔凡哲

语文学习心理学　董蓓菲

21世纪教师教育系列教材

教育心理学（第二版）　李晓东

教育学基础　庞守兴

教育学　余文森　王　晞

教育研究方法　刘淑杰

教育心理学　王晓明

心理学导论　杨凤云

教育心理学概论　连　榕　罗丽芳

课程与教学论　李　允

教师专业发展导论　于胜刚

学校教育概论　李清雁

现代教育评价教程（第二版）　吴　钢

教师礼仪实务　刘　霄

家庭教育新论　闫旭蕾　杨　萍
中学班级管理　张宝书
教育职业道德　刘亭亭
教师心理健康　张怀春
现代教育技术　冯玲玉
青少年发展与教育心理学　张　清
课程与教学论　李　允
课堂与教学艺术（第二版）　孙菊如　陈春荣
教育学原理　靳淑梅　许红花
教育心理学　徐　凯

21世纪教师教育系列教材·初等教育系列

小学教育学　田友谊
小学教育学基础　张永明　曾　碧
小学班级管理　张永明　宋彩琴
初等教育课程与教学论　罗祖兵
小学教育研究方法　王红艳
新理念小学数学教学论　刘京莉
新理念小学音乐教学论（第二版）　吴跃跃

教师资格认定及师范类毕业生上岗考试辅导教材

教育学　余文森　王　晞
教育心理学概论　连　榕　罗丽芳

21世纪教师教育系列教材·学科教育心理学系列

语文教育心理学　董蓓菲
生物教育心理学　胡继飞

21世纪教师教育系列教材·学科教学论系列

新理念化学教学论（第二版）　王后雄
新理念科学教学论（第二版）　崔　鸿　张海珠
新理念生物教学论（第二版）　崔　鸿　郑晓慧
新理念地理教学论（第三版）　李家清
新理念历史教学论（第二版）　杜　芳
新理念思想政治（品德）教学论（第三版）　胡田庚
新理念信息技术教学论（第二版）　吴军其
新理念数学教学论　冯　虹
新理念小学音乐教学论（第二版）　吴跃跃

21世纪教师教育系列教材·语文教育系列

语文文本解读实用教程　荣维东
语文课程教师专业技能训练　张学凯　刘丽丽
语文课程与教学发展简史　武玉鹏　王从华　黄修志
语文课程学与教的心理学基础　韩雪屏　王朝霞
语文课程名师名课案例分析　武玉鹏　郭治锋等
语用性质的语文课程与教学论　王元华
语文课堂教学技能训练教程（第二版）　周小蓬

中外母语教学策略　周小蓬
中学各类作文评价指引　周小蓬
中学语文名篇新讲　杨　朴　杨　旸
语文教师职业技能训练教程　韩世姣

21世纪教师教育系列教材·学科教学技能训练系列

新理念生物教学技能训练（第二版）　崔　鸿
新理念思想政治（品德）教学技能训练（第三版）　胡田庚　赵海山
新理念地理教学技能训练（第二版）　李家清
新理念化学教学技能训练（第二版）　王后雄
新理念数学教学技能训练　王光明

王后雄教师教育系列教材

教育考试的理论与方法　王后雄
化学教育测量与评价　王后雄
中学化学实验教学研究　王后雄
新理念化学教学诊断学　王后雄

西方心理学名著译丛

儿童的人格形成及其培养　［奥地利］阿德勒
活出生命的意义　［奥地利］阿德勒
生活的科学　［奥地利］阿德勒
理解人生　［奥地利］阿德勒
荣格心理学七讲　［美］卡尔文·霍尔
系统心理学：绪论　［美］爱德华·铁钦纳
社会心理学导论　［美］威廉·麦独孤
思维与语言　［俄］列夫·维果茨基
人类的学习　［美］爱德华·桑代克
基础与应用心理学　［德］雨果·闵斯特伯格
记忆　［德］赫尔曼·艾宾浩斯
实验心理学（上下册）　［美］伍德沃斯　施洛斯贝格
格式塔心理学原理　［美］库尔特·考夫卡

21世纪教师教育系列教材·专业养成系列（赵国栋 主编）

微课与慕课设计初级教程
微课与慕课设计高级教程
微课、翻转课堂和慕课设计实操教程
网络调查研究方法概论（第二版）
PPT云课堂教学法
快课教学法

其他

三笔字楷书书法教程（第二版）　刘慧龙
植物科学绘画——从入门到精通　孙英宝
艺术批评原理与写作（第二版）　王洪义
学习科学导论　尚俊杰